北京理工大学"双一流"建设精品出版工程

Design and Experiment of Bioseparation

生物分离工程
实验及设计

赵东旭 ◎ 编著

北京理工大学出版社
BEIJING INSTITUTE OF TECHNOLOGY PRESS

内容简介

本书在对常用的生物分离技术如离心、过滤、沉淀、吸附、层析、电泳等的原理进行简要介绍的基础上，以科学研究的角度和实验设计的视角设计了 19 个实验，内容涉及多糖及寡糖、药用蛋白质、生物活性蛋白、酶、疫苗及抗体等生物大分子、不饱和脂肪酸、灵芝酸、辣椒素等生物活性小分子；同时本文还提供了常用的实验数据分析方法。文后附录了在生物分离过程用到的一些常用资料如缓冲液的配制方法、离心分离因数与转速的对应关系、常用的分离介质等。

本书适合于高校本科生、研究生的实验教学，亦可作为本研究领域的手册性资料。

图书在版编目（CIP）数据

生物分离工程实验及设计 / 赵东旭编著. -- 北京：
北京理工大学出版社，2021.4
ISBN 978-7-5682-9725-7

Ⅰ. ①生… Ⅱ. ①赵… Ⅲ. ①生物工程-分离-实验
-高等学校-教材 Ⅳ. ①Q81-33

中国版本图书馆 CIP 数据核字（2021）第 065626 号

出版发行 /	北京理工大学出版社有限责任公司
社　　址 /	北京市海淀区中关村南大街 5 号
邮　　编 /	100081
电　　话 /	（010）68914775（总编室）
	（010）82562903（教材售后服务热线）
	（010）68944723（其他图书服务热线）
网　　址 /	http://www.bitpress.com.cn
经　　销 /	全国各地新华书店
印　　刷 /	保定市中画美凯印刷有限公司
开　　本 /	787 毫米 × 1092 毫米　1/16
印　　张 /	18.75
字　　数 /	345 千字
版　　次 /	2021 年 4 月第 1 版　2021 年 4 月第 1 次印刷
定　　价 /	76.00 元

责任编辑 / 孙　澍
文案编辑 / 孙　澍
责任校对 / 周瑞红
责任印制 / 李志强

科学研究可以认为是一个解题过程，例如某种生理现象与疾病的发生有何关系？为了解决这个大问题，必须提出一系列的小问题，进行实验和观察，然后对所得数据进行分析，从而得到问题的解答。整个过程可以分为以下几个步骤：提出问题；实验设计；开展实验；汇总并分析数据；得出结论。概括起来，前面的三项是取得数据，后面两项是分析数据。为了解决科研提出的问题，往往需要进行许多次实验和观察，得到大量的数据后，还需要对纷杂的数据进行统计和分析。生物分离工程本质上也是一个科学探索过程，本书即是基于这种思路而编写的。

我们在20余年的科研、教学工作的基础上，总结了本实验指导书。在内容设计上，除通常的实验内容介绍之外，还增加了生物分离技术的基本原理、实验设计与数据分析、实用的附录等内容。在实验内容部分，对多糖及寡糖、十余种生物活性蛋白、酶、药用蛋白以及几种小生物活性分子的分离方法进行了详细介绍。借此书提供的案例，学生可以得到比较专业的训练；此书尤其强调了实验设计的重要性，其主旨就是要增强学生的科研意识，再辅以对所得数据的科学统计分析，使学生不但能得到数据，而且还能对数据进行科学分析；此书对实验耗材、设备也进行了清晰的梳理，可以大大减少实验技术人员的准备工作，而准备工作是否充分是实验教学能否顺利实现的关键。借此，我们希望达到以下目标：①使学生将生物分离技术上升到科学研究的层面；②每个实验均相当于一个综合性实验，既包括分离方面的内容，还包括对纯度、含量检测方面的内容，使学生对生物分离工作的系统性有一个全面的认识，更为重要的是，我们希望这种认识能够在其他工作中得以体现。本书为各实验提供了多种实验方法，指导实验的老师可以根据所在单位的具体条件选择性地采用或修改其中的内容。

本书的第1章、第2章实验3至第5章实验16及附录部分由赵东旭编著，第2章实验1至实验2及第5章实验17至实验19由孙立权编著，第6章由张凤月编著。

近20年来，生物技术发展趋势之一就是产业化，相关产品如疫苗、抗体、蛋白及多肽类药物、核酸类药物等快速生产并投入市场，使得分离技术也得到巨大发展和广泛重视。本书未能穷尽所有的技术与产品，编辑过程难免挂一漏万，我们也敬请各位读者不吝赐教，以便再版时完善。

赵东旭

2020 年 10 月 10 日

目　录
CONTENTS

第1章
基本生物分离原理介绍

1.1 基本概念介绍

1.1.1 生物分离工程的基本概念

生物分离工程（或生化分离工程，bio - separation engineering）就是要通过各种方法和技术将生物活性成分从复杂的混合物中分离出来，因此生化分离工程或技术是现代生物制药工程的核心内容之一。

目标物或生物活性成分存在于动物组织、植物组织或细胞、微生物或它们的培养液内，在胞内也是以多种形式存在，如游离的单分子、与其他性质相似的分子构成聚集体或存在于生物膜系统中（如呼吸链上的一些膜蛋白、质膜系统上的各种受体等疏水性蛋白）。

活性成分一般分为极性成分和非极性成分（或称油溶性成分、脂溶性成分）两大类。极性成分中有绝大多数的蛋白质、肽、氨基酸、多糖、寡糖、核酸类、寡核苷酸类、核苷酸，上述成分的衍生物如激素、维生素等，次生代谢产物以及少数的极性脂类物质；非极性成分中包括脂溶性分子、膜蛋白等。

显然，提取、分离的过程要遵循化学理论中的相似相溶原理，即用极性溶剂来溶解、提取、分离极性成分，如采用一定盐浓度、一定 pH 的水相体系；提取、分离油溶性分子要用油溶性溶剂或含有一定比例水的极性有机溶剂（如不同浓度的乙醇、丙酮等）。因此，影响提取、分离目标物的因素无不是以生物分子的性质为基础的，这些性质包括分子的大小和形状、极性与非极性性质、带电情况、与其他分子有无特异性相互作用、远离生理环境条件下的稳定性、生物活性的稳定情况等。

生化分离工程是生物技术转化为生产力所不可缺少的重要环节，为突出其在生物技术领域中的地位和作用，常称它为生物技术下游加工过程（down -

stream processing)。

生化分离工程的一般操作流程如下。

(1) 发酵液（或破碎液）的预处理与固液分离（获得提取液）

↓

(2) 初步纯化（或称产物的浓缩）

↓

(3) 高度纯化（或称产物的精制）

↓

(4) 成品加工

1.1.2　胞内生物活性成分的正常状态

鲜活的细胞或组织中，含有 75%~80% 的水分，化学成分包括：不到 1% 的无机离子，小于 20% 的有机生物大分子和有机生物小分子。无机离子主要是存在于细胞质、细胞核和各种细胞器内的游离或结合的 Fe^{2+} 或 Fe^{3+}、Na^+、K^+、Mg^{2+}、Mn^{2+}、Cu^{2+}、Ca^{2+} 等离子以及以 Cl^-、PO_4^- 和 HCO_3^- 为主的阴离子。有机生物大分子包括蛋白质（水溶性蛋白质占比大于存在于质膜系统的脂溶性蛋白），极性很强但不溶于水的淀粉和/或纤维素、半纤维素、果胶等多糖类成分，水溶性强的核酸 ［DNA（脱氧核糖核酸）和 RNA（核糖核酸）］ 或具有一定极性的脂类分子，如脂肪酸、磷脂、糖脂、固醇等不溶于水的疏水性分子；另外，还有一些由上述四大类分子组成的杂合分子，如糖蛋白、肽聚糖、脂蛋白等。有机生物小分子主要是组成有机生物大分子单体的氨基酸、单糖、核苷酸及其寡聚物、衍生物等，水溶性强，或带有一定的电荷。

在分离生物活性成分之前，需要认识胞内成分的生理状态，这样会有助于提取、分离原理的设计，活性的维持等工作。对活性物质在胞内的状态的理解至少包括：

(1) 活性成分在胞内有相对独立的存在空间，如位于细胞质、线粒体、溶酶体内或各种膜系统。

(2) 从 pH 看，一般在 pH6~8 范围内。

(3) 从盐浓度看，一般低于数十 mmol/L。

(4) 从自身浓度看，处于相对较高的状态，而且周围是相似或相关的分子，使得其处于相对稳定的状态，有点类似于"抱团取暖"的意思，该状态在细胞或组织破碎后受到的影响最大，也是最难维持的一个条件。对于有机生物大分子尤其是在蛋白质的提取时，有时会添加一定浓度、一定分子量的高分子聚合物 ［如聚乙二醇（PEG）、蔗糖等］ 作为稳定剂。细胞或组织破碎后，从理论上看就是要设法使其处于一个接近生理环境的状态。

1.1.3　保持目标物生物活性的方法

细胞或组织破碎后，胞内的区域化间隔作用不复存在，一些酶或蛋白质、核酸等就有可能受到抑制剂、蛋白酶或核酸酶等的作用，进而影响到其结构的稳定和活性的保持。常用的维持活性的方法如下。

（1）低温环境。提取环境、提取用的缓冲液等最好能维持在 4 ~ 10 ℃范围内，这样可以减弱分子间的相互作用、酶对蛋白底物的酶解作用等。

（2）添加保护剂。上面提到的 PEG、蔗糖等是一种通用的保护剂，除此之外，为防止某些生理活性物质的活性基团与酶的活性中心在提取时被破坏，如巯基是许多活性蛋白和酶催化的活性基团，极易被氧化，故在提取液中常加入半胱氨酸、α-巯基乙醇、二巯基赤藓糖醇、还原型谷胱甘肽等，以减少不利条件对活性基团的袭扰。对易受重金属离子抑制的活性物质，在提取液中常加入一定浓度的金属螯合剂 [如 1 mmol/L EDTA（乙二胺四乙酸）]，以保持活性物质的稳定性。

（3）酶抑制剂。添加一定浓度的抑制剂可以阻止水解酶的活性。如提取 RNA 时添加核糖核酸酶抑制剂，常用的有 SDS（十二烷基磺酸钠）、三异丙基萘磺酸钠、4-氨基水杨酸钠、肝素、DEPC（二乙基焦碳酸盐）、蛋白酶 K 等。又如在提取活性蛋白和酶类等生化产品时，可加入苯甲基磺酰氟、碘乙酸等。其他降低或阻止酶活性的方法也可以利用不利于酶活性的 pH 溶液，对于温度敏感性酶，采用短时的高温变性方法等。

（4）其他保护措施。如避免高的剪切力（强烈搅拌）、高频振荡、长时间超声波处理等。

1.1.4　提取用溶液

蛋白质、核酸及其他生物活性成分的提取常用一定浓度的盐溶液（多为近生理 pH 的缓冲液）；糖类成分的提取可用水提或稀碱、稀酸溶液；疏水性成分的提取可用有机溶剂，如乙醇、丙酮、乙醚等。

（1）一定 pH 的盐溶液。常用的盐溶液浓度一般控制在 0.02 ~ 0.5 mol/L，如氯化钠溶液（0.1 ~ 0.15 mol/L）、磷酸盐缓冲液（0.02 ~ 0.05 mol/L）、焦磷酸钠缓冲液（0.02 ~ 0.05 mol/L）、醋酸盐缓冲液（0.1 ~ 0.15 mol/L）、柠檬酸缓冲液（0.02 ~ 0.05 mol/L）。具体例子：从固体发酵物麸曲中提取淀粉酶、蛋白酶等胞外酶时用 0.14 mol/L 的氯化钠溶液或 0.02 ~ 0.05 mol/L 磷酸盐缓冲液，提取枯草杆菌碱性磷酸酶用 0.1 mol/L $MgCl_2$ 溶液。有少数酶，如霉菌脂肪酶，用不含盐的清水提取的效果较好。

DNA 存在于细胞核中，通常以脱氧核糖核蛋白体的形式存在，因此，DNA 可以采用浓盐溶液提取。一般在细胞破碎后形成匀浆，先用 0.14 mol/L 的氯化钠溶液抽提除去 RNA，再用 1 mol/L 氯化钠溶液提取脱氧核糖核蛋白体，然后与含有少量辛醇或戊醇的氯仿一起振荡除去蛋白质而得到 DNA。

（2）酸溶液或碱溶液。某些生化成分需要用酸溶液（常用 pH3 ~ pH6）或碱溶液（常用 pH8 ~ pH11）提取。在此 pH 条件下，其活性得到较好的保持，如胰蛋白酶可用 0.12 mol/L 的乙酸溶液提取；细菌 L-天冬酰胺酶可用 pH11 ~ pH12.5 的碱溶液提取。

（3）有机溶剂提取。提取用的有机溶剂有极性溶剂甲醇、乙醇、丙酮、丁醇等和非极性溶剂乙醚、苯等。极性溶剂既有亲水性基团又有疏水性基团，从广义上看，极性溶剂也是一种表面活性剂。甲醇、乙醇、丙酮等极性溶剂能与水混溶，同时又有较强的亲脂性，穿透性强，对某些蛋白质、类脂起增溶作用，乙醚、氯仿、苯是脂类化合物的良好溶剂。如用丙酮从动物脑中提取脂溶性胆固醇、用醇醚混合物提取辅酶 Q_{10}、用氯仿提取胆红素等。琥珀酸脱氢酶、胆碱酯酶、细胞色素氧化酶等采用丁醇提取；植物种子中的醇溶谷蛋白采用 70% ~ 80% 的乙醇提取；胰岛素可以采用 60% ~ 70% 的酸性乙醇提取。

用有机溶剂（或含有一定比例的水）提取弱极性化合物时，使用的样品在较多的情况下是鲜活状态（含有大量水分），成分会在水相和油相之间或在液相和固相（样品或称物料）之间分配，最后达到平衡，此过程常出现乳化现象，尤其是在处理一些动物组织、含油成分多的植物种子时更为明显，通过静置或离心的方法可以实现分层。

对酸性成分的提取常在酸性条件下进行，对碱性成分的提取常在碱性条件下进行。一般来说，两性物质在其等电点（pI）时溶解性最低（注意：不是不溶解），因此，提取时常把溶液的 pH 控制在偏离等电点处。

1.1.5 目标物的提取

目标物的提取过程受到多种外界条件的影响，这些外界条件影响到目标物的溶解度、生物活性以及从生物材料向提取液中扩散的速度。外界因素包括提取液种类、提取液 pH、提取次数（体积）、提取温度、物料的破碎情况等。

新的动、植物组织，菌体在提取开始前一般需要进行组织或细胞破碎处理，少量样品用研钵研磨成匀浆，大量样品用常规的组织匀浆器。需要说明的是，在匀浆操作前，提取液、组织块、研磨杯等最好经过冷藏或冷冻处理，以便阻止或减缓匀浆过程的温度快速升高。新收集的菌体最常用的破碎方法是超声波处理法。除对上述物品进行冷处理外，破碎过程还需要在冰水浴条件下进行，即盛放菌体悬浮物的容器要放在冰水浴中，这是因为超声波处理过程溶液温度升高十分迅速。破碎次数或提取次数一般为 2~3 次，视具体情况而定，也就是说，破碎过程要监测目标物的释放情况。

对于诸如中草药等干物料中的活性成分提取，要用专业粉碎机对烘干后的样品粉碎，越彻底越好，这样可以减少活性成分从组织中释放出来的时间。样品量少时，也可以用家用的料理机进行粉碎操作。干物料的破碎过程仅达到组织破碎水平，未达到细胞破碎水平，所以破碎粒度对提取效果有较大影响，后面的具体实验中有专门的设计。

在选取提取液（包括盐缓冲液的种类、浓度、pH）时，除强调上面提到的"相似相溶"原理外，还有一点就是看溶液的选择性，即对目标物的高溶解性和对其他成分的低溶解性，从源头上降低物料的复杂程度，从经济学的角度是最理想的。细胞或组织破碎后，包括目标物在内的数十种（或更多）主要物质全部释放到溶液中，无疑增加了选择的难度，这一点正是提取、分离工作的难度所在。

为提高提取效果，破碎后的悬浮物可用多层纱布或单层滤纸过滤或抽滤的方法收集提取液和二次破碎的物料，有条件的话也可以用离心的方法，这种方法既快又比较彻底，离心机的转速达到 $1\,000 \times g$ 即可。

中草药活性成分经水煎煮提取后，为节省提取时间，第 2 次和第 3 次用的提取液最好在同样温度（或接近提取温度）下保温，这样可以减少第 2 次和第 3 次提取时的升温时间，使成分快速、连续释放。如前所述的固液分离后的粗提取液经过冷沉处理（放冰箱，过夜），然后再经过离心处理（$1\,000 \times g$，$10 \sim 200$ min）后即可用于后续的分离操作。

其他的最终提取液经过 4 ℃ 离心处理（$10\,000 \times g$，20 min）后即可用于后续的分离操作。注意，这个过程是必需的。

1.1.6　目标物的提取率

目标物的提取过程其实就是一个"相转移"过程，目标物从破碎的材料内部或表面转移到水相或油相中，即目标物会在两相之间发生分配，因此，提取率与提取液的性质、体积、次数等有关。尽管大体积提取液多次提取可以得到尽可能多的目标物，但势必会增加后续工作的强度和难度。原则上，提取所用的体积是样品鲜重量的 2~5 倍（对于干物料，一般是 8~10 倍），提取次数是 2~3 次。少数情况下，也可用 10~20 倍提取液一次性提取。需要说明的是，在进行一次性提取时要注意破碎装置能否处理相对比较稀的样品。

对于非单细胞类样品，样品中目标成分的提取率可以采用间接方法进行测定。间接法：测定每次提取液中总的可溶性蛋白的浓度（或者测定某一种酶的活性），再换算出每次提取液中的总蛋白量，就可以知道每次提取所占的比例（按共提取 3 次计算）。而且，根据 3 次提取的比例，最终确定是将 3 次提取液全部合并，还是仅将前两次提取液合并。

对于单细胞的生物来说，除上述的间接测定法外，也可以采用直接测定法测定其提取率，即直接用显微镜测定破碎后视野内的完整细胞的数量，然后进行简单换算。

破碎率的评价：破碎率定义为被破碎细胞的数量占原始细胞的数量的百分比数，即

$$Y(\%) = \frac{N_0 - N}{N_0} \times 100\%$$

式中，N_0 为最初的细胞或细菌数量；N 为破碎后看到的完整细胞或细菌的数量。

1.1.7 目标物的检测方法

绝大多目标物没有特定的颜色，有时即便是呈现某种颜色也不能用目视方法进行判别，在分离过程中，对不同成分的鉴别要依据其基本的理化或生物学性质。

（1）样品中目标成分的初步判断。含有目标成分的最初提取物、分离过程中的中间样品以及最终样品中目标成分的检测常用到以下方法。

①蛋白质类的定性和定量测定。样品液通过考马斯亮蓝测定方法、BCA（二喹啉甲酸）法、双缩脲法、紫外法（UV 方法）即可定性或定量判断溶液中的总蛋白的含量（注意：不仅仅是目标蛋白），其中最便捷的方法是 UV 方法。将样品液（或经过一定比例的稀释）放入分光光度计，直接测定其紫外吸收光谱（200~400 nm），若吸收光谱在 280 nm 处有明显的吸收峰，就说明样品中含有蛋白类（也包括多肽、氨基酸及其衍生物）成分。目前最常用的层析系统的检测装置其实就是一个分光光度计，其与普通分光光度计中样品液不动的情况不同，在层析系统的检测装置中，样品液是流动的，其 A_{280} 值就直接反映了分离过程中样品液中各蛋白成分的浓度。在得到的样品紫外吸收光谱中，若单独或同时存在 260 nm 吸收峰，说明样品液中含有核酸、寡核苷酸、核苷酸或其衍生物成分，这也是层析过程检测核酸类样品是否存在的依据。

活性测定法是检测样品中含有目标物的另外一个重要方法。对于酶类，可以测定样品中的酶活性的大小，进而指导分离过程。对于某些糖蛋白因可以用凝集素沉淀，因此用凝集素沉淀法来判断其存在情况。抗原与抗体的特异性沉淀反应也是一种较为常用的检测方法。

SDS – PAGE（SDS – 聚丙烯酰胺凝胶电泳，一种蛋白质变性电泳）法也是

一种判断样品中蛋白种类的方法，电泳结果可以清晰地指出目标蛋白在总蛋白中的占比以及杂质蛋白的大小、含量等，只是该方法的操作较为烦琐、耗时长，且电泳过程需要目标蛋白的标准样（或对照品）或标准蛋白。在对最终产品纯度进行测定时，该技术是最为常用的方法。

②核酸类定性和定量测定。UV 法、核糖测定法是比较常用的方法。UV 法已在蛋白质定性中进行过介绍。DNA 经加热酸解后，水解所得到的脱氧核糖转变为 ω-羟-γ-酮戊醛，再与二苯胺反应生成蓝色物质，在 595 nm 处呈现最大光吸收，借此可用于 DNA 的定性和定量测定。含有核糖的 RNA 分子与浓盐酸及苔黑酚（3,5-二羟甲苯）一起在沸水中加热 10 ~ 20 min 后生成绿色物质，其原理是，RNA 脱去嘌呤后的核糖与酸作用生成糠醛，后者再与 3,5-二羟甲苯作用产生绿色物质，后者在 670 nm 处呈现最大光吸收，借此可用于 RNA 的定性和定量测定。

琼脂糖凝胶电泳法也是一种定性鉴定核酸类存在的方法。对于大于 100 bp 的片段可以用 0.8% ~ 4.0% 范围的琼脂糖凝胶进行电泳，然后用核酸专一性染料［如 EB（溴化乙锭）、花青素类］来判断样品中核酸片段的种类和纯度；小片段的寡核苷酸可以用分辨度更高的 PAGE 法进行分析。

总核酸含量的测定一般采用磷钼酸法。DNA 分子中含磷量为 9.2%，RNA 分子中含磷量为 9.0%。核酸分子中的有机磷在强酸中可消化成无机磷，后者与钼酸铵结合成磷钼酸铵（黄色不溶物），后者再与钼酸（MoO_4^{2-}）结合成 $Mo(MoO_4)_2$ 或 Mo_3O_8，呈蓝色，又称钼蓝。在一定浓度范围内，蓝色的深浅和磷含量成正比，可用比色法进行测定并换算。对于纯的 DNA 或 RNA 可以用紫外法直接定量，浓度 1 μg DNA/mL，其 $A_{260} = 0.02$，浓度 1 μg RNA/mL，其 $A_{260} = 0.022$。

③多糖的定性和定量测定。多糖与强酸共热可产生糠醛衍生物，然后通过与显色剂缩合成有色络合物，再进行比色，即可对多糖进行定量，主要方法有苯酚－硫酸法、蒽酮法，下面主要介绍蒽酮－硫酸法。

糖类遇浓硫酸脱水生成糠醛或其衍生物，可与蒽酮试剂缩合产生颜色物质，反应后溶液呈蓝绿色，于 620 nm 处有最大吸收，显色与多糖含量呈线性关系。

（2）目标成分的纯度分析。

①蛋白质类。一般至少采用两种方法配合才能表征目标蛋白的纯度，常用的方法是 SDS－PAGE、分析性凝胶过滤层析，后者所用的层析柱多为商品柱或预装柱（长 25 cm，内径 4.6 mm）。在两种方法中，还需要有纯品或标准品作为参照，或者有系列标准蛋白做参考。有条件的实验室也可用毛细管电泳、质谱、反相 HPLC（高效液相色谱）等方法测定样品的纯度。

②核酸类。常用的方法是琼脂糖凝胶电泳法（前已述及）。除上述方法外，对于小片段核酸的分析也可以用反相 HPLC 方法，检测用波长 260 nm，此过程

需要有标准品做对照。常用的分析柱也是 C_{18} 柱（ODS 柱，$\phi = 4.6$ mm，$d = 25$ cm）。

③多糖类。多糖类纯度的测定一般采用带有示差检测器（折光仪）的 HPLC 层析设备，其原理是通常的凝胶过滤技术原理。需要有标准品或纯品做对照，操作过程同分析蛋白的凝胶过滤层析。需要强调的是，不同于蛋白质都有一个明确的分子量（降解蛋白物除外），多糖的分子量一般不是唯一的，多在一个较窄的范围内，如 40 000～50 000、9 000～11 000，但对于某一寡糖，其分子量是明确的。

1.1.8　现代生物技术产品的类型

目前的现代生物技术产物也归属于生物活性成分的范畴，根据目标成分所处的位置一般分为两类。

（1）细胞内：不被细胞分泌到体外的产品，如胰岛素、干扰素、由微生物表达的重组蛋白质产品。

（2）细胞外：在胞内产生，然后又分泌到胞外的产品，如抗生素（如红霉素）、胞外酶（如 α-淀粉酶）、蛋白质（如人血清白蛋白）等。动物细胞表达的多数重组蛋白均属于外分泌类型。

胞内产品和胞外产品各有利于分离的优点和缺点。在制备胞内产品的过程中，虽然待处理的样品体积相对较少、提取物中目标物浓度较高，但会增加一个破碎环节。破碎条件选择不当时，对目标物的活性影响较大，而且破碎所得到的提取物的成分更为复杂，这些都会给后续的操作带来不利影响。虽然原始的胞外产品所在的提取物成分比较简单且免去了细胞或组织破碎的环节，但在多数情况下浓度较低甚至极低，待处理的样品体积较大。相对来看，对于来自动物、植物、微生物细胞或组织培养的目标成分，胞外产物的纯化比胞内产物的纯化要简单些。因此，利用现代生物技术表达的目标成分最好在其最初构建时以外分泌形式构成。

1.1.9　生物技术下游产品的特点

目前生物分离技术的主要工作或核心技术是围绕现代生物技术下游产品所设计的，前面已对生物技术产品简略介绍，下面归纳生物技术下游产品的特点。

1. 发酵液或细胞培养液是产物浓度很低的水溶液

在发酵过程中，发酵液中虽然细胞浓度可高达 120 g/L，此时黏度很高，目标产物浓度却不高。如青霉素发酵液中，其含量为 4.2%，庆大霉素为 0.2%，而动物细胞培养液中仅为 5～50 μg/mL（0.000 5%～0.005%）。有时产物浓度也很高，但常引起反馈抑制，如柠檬酸发酵。

2. 培养液是多组分的混合物

发酵过程会产生一些更为复杂的产品混合物，如核酸、蛋白质、多糖、脂类、脂多糖等大分子物质，还有一些小分子中间代谢物。在对发酵液进行预处理时，还可能添加有一定量的化学品，如土霉素发酵液在预处理时添加有硫酸锌、黄血盐等。

3. 生化产物的稳定性差

产物失活的主要机制是化学降解或因微生物引起的降解，在化学降解的情况下，产物只能在窄的 pH 值和小的温度变化范围内保持稳定，如蛋白质。青霉素在酸性条件下，其 β-内酰胺环会受到破坏。蛋白类的生产还应防止降解酶的降解，故要在快速或低温下进行。

4. 对最终产品的质量要求很高

如同生物试剂需达到试剂标准、食品要符合食品规范一样，医药产品需达到药典的要求。如青霉素的皮试，蛋白类药物一般规定杂蛋白含量 <2%，而胰岛素中杂蛋白应 <0.01%。

1.1.10　生物技术下游加工过程的重要性

生物技术产品一般是从各种杂质的总含量大大高于目标产物的悬液开始进行制备的，唯有经过分离和纯化等下游加工过程才能制备符合使用要求的高纯度产品，因此生化分离工程是生物技术产品工业化中的必要手段，具有不可取代的地位。但分离纯化所用的方法、设备十分复杂而昂贵。

在大多数生物产品的开发研究中，下游加工过程的研究费用占全部研究费用的 50% 以上；在产品的成本构成中，分离与纯化部分占成本的 40%~80%，药用产品的比例则更高；在生产过程中，下游加工过程的人力、物力占全部过程的 70%~90%。所以，开发新的生化分离过程是提高经济效益或减少投资的重要途径。

1.2　常用的生物分离技术

常用的生物分离技术包括膜过滤技术、离心分离技术、沉淀技术、吸附技术、层析技术和电泳技术。

1.2.1　膜过滤技术

膜过滤技术是用半透膜作为选择障碍层，允许某些组分透过而保留混合物中其他组分，从而达到分离目的的技术总称。因此，膜过滤技术和离心分离技术一样，都可以快速实现液固分离，而且处理量均比较大。

1. 膜的概念

在一定流体相中，有一薄层凝聚相物质，把流体相分隔成两部分，这一薄层物质称为膜。膜的厚度在 0.5 mm 以下。膜具有选择透性，可以独立存在，也可以附着在一定的载体上。目前，为保持膜的较稳定、持久的过滤或筛分性能，一般将膜与特定的载体复合并制成一定的形状，以组件形式存在，这样既方便使用，也便于安装、维修、替换等。

2. 膜的类型

膜根据形态学（有孔或无孔、孔的大小、膜层的对称性）和化学特性（膜材料）以及组件的外形与种类来分类。

有孔膜和无孔膜：在分离过程中所采用的膜多是多孔膜，因此可以把膜看作是一种滤器，是一种"表面滤器"而不是"深层滤器"。分离过程在多孔膜的表面进行，而深层滤器是由纤维或念珠随机填充而成的，粒子会被截流在其中。

在利用膜过滤进行生化分离操作时，最常用的技术是微滤（micro - filtration，MF）操作和超滤（ultra - filtration，UF）操作。微滤操作使用微滤膜，超滤操作使用纳米滤膜。微滤膜孔的大小在 0.05 ~ 10 μm 范围内，超滤膜孔的大小在 1 ~ 50 nm 范围内，通常用截断相对分子质量（molecular weight cut - off，MWCO）来表示在膜表面被截留分子的限度（图 1 - 1）。商用超滤膜的 MWCO 值在 $1.5 \times 10^3 \sim 300 \times 10^3$ 之间。如果微孔滤膜孔的大小是按分子截留来定义的，那么孔径 0.1 μm 的膜的 MWCO $> 2 \times 10^6$。

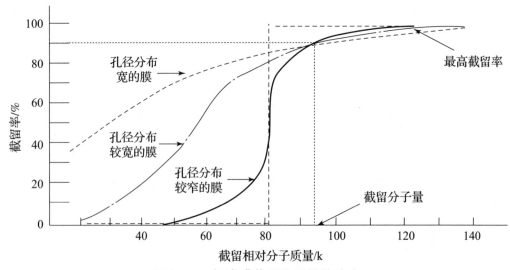

图 1 - 1 超滤膜截留分子量的确定

在生化分离过程中，微滤操作特别适用于去除微生物、细胞碎片、微细沉淀物和其他"微米级"范围的粒子。如用于 DNA 和病毒等溶液中目标物的截留和浓缩。而超滤适用于分离、纯化和浓缩一些大分子物质，如蛋白、多糖和抗生素等。

上述两种分离过程中使用的膜都是微孔状，作用类似于筛子，目前的最大压差为 34×10^5 Pa （约为 34 atm）。

超 – 微滤膜截留一给定溶质的能力可用表观截留率 $\delta_{表}$ 来表示，其计算公式为

$$\delta_{表} = \frac{C_b - C_f}{C_b} \times 100\%$$

式中，C_b 和 C_f 分别为主体溶质浓度和透出溶质浓度。如果膜完全截留溶质，则透出溶质浓度为 0，其截留率为 1。与此相反的是，如果溶质完全可以通过，则截留率为 0。

理论上，δ 对给定的膜 – 溶质系统来说是常数，并且与流动条件无关。截流率与分子量之间的关系称作截断曲线（图 1 – 1），高质量的膜，应有陡直的截断曲线，可使不同相对分子质量的溶质分离完全、快速，而质量较差的膜则具有斜坦的截断曲线，这种膜常导致分离不彻底。

3. 多级再循环过滤操作

在进行膜过滤操作时，一般采用多级过滤的操作方式，而不是采取单级过滤方式。在进行多级过滤时，第 1 级过滤所得到的浓缩液是第 2 级过滤的原料，依次类推。该法克服了进料 – 排放式操作时通量低的缺点，而且可以很快地得到最终所需的浓度。其中只有最后一级是在最高浓度和最低通量的情况下进行的，其他各级都是在较低浓度和较高通量的情况下进行的。因此，每级过滤的膜面积低于相应的单级操作。这种过滤接近于间歇操作，最少要求 3 级，7 ~ 10级较为普遍。

1.2.2　离心分离技术

离心分离：利用惯性离心力和物质的沉降系数或浮力密度的不同而进行的一项分离、浓缩或提炼操作。与过滤法相比，对于固体颗粒小、黏度大、过滤速度慢或难以过滤的悬浮液有明显优势，但离心设备较复杂、价格较贵。常用的离心分离形式有三种。

（1）离心沉降：利用固液两相的相对密度的差异，在离心机无孔转鼓或管子中进行悬浮液的分离操作。这是实验室里最常规的一种离心操作。

（2）离心过滤：利用离心力并通过过滤介质，在有孔转鼓离心机中分离悬

浮液的操作。在实验里，一般借助超滤管完成此操作，在超滤管的底部有可以截留一定大小分子的滤膜；在工业上，在离心转鼓内装有高密度的滤布以便截留固体成分，离心后将滤布（袋）取出，倒掉固体，清洗后再用。

（3）离心分离和超离心：利用不同溶质颗粒在离心介质中各部位分布的差异，分离不同相对密度溶质的操作。该操作一般用来分离密度相接近的分子如高分子量的蛋白、脂蛋白等。所用的介质一般是一定密度的蔗糖或 $CsCl_2$，在离心操作时，可以先将不同密度的介质按从高到低的顺序依次缓慢加入形成预形成密度梯度（样品加在离心管的上端），也可以对介质进行较长时间离心，形成底部高、上端低的线性的自形成梯度（样品可加在离心管的上端，亦可与介质混合），超离心操作结束后，不同密度的分子或聚集体就会汇集在与其密度相同的部位，用一定针状容器吸取对应的条带即可。

1. 离心机的分类

离心沉降的基础是固体的沉降。一般用离心分离因数 Fr（又称相对离心力强度）来定量评价分离的效果。Fr 表示粒子在离心机中产生的离心加速度与自由下降的加速度之比；Fr 越大，越利于分离。

常根据离心分离因数 Fr 的大小对离心机分类。

（1）$Fr < 3\,000 \times g$，常速或低速离心机。

（2）$Fr = 3\,000 \sim 50\,000 \times g$，中/高速离心机。

（3）$Fr \geqslant 50\,000 \times g$，超速离心机。

目前超速离心机的 Fr 已超过 $10^6 \times g$。

2. 离心时间的计算

在离心过程中，分子的沉降时间与分子大小、形状、离心速度、转头半径、分子在离心管中的位置（近离心轴和远离心轴）、介质黏度等有关。宏观描述是：对于特定的离心机，速度越高，离心时间越短；转头半径越大，离心时间越短；分子越大或密度越大，离心时间越短；分子呈球形或近球形要比不规则的分子离心时间短；离心介质的黏度越低，离心时间越短。在具体操作中，可以利用离心时间的计算公式来初步估算某一分子的离心时间（T）。公式如下：

$$K_{\text{实际}} = \frac{\text{最高转速}^2}{\text{实际转速}^2} \times K$$

$$T = \frac{K_{\text{实际}}}{S} \times k$$

式中，K 为离心机的转子常数；S 为分子的沉降系数（sedimentation coefficient）；k 为与非球形分子的长、短半径之比有关的阻力系数。

K 是指该转头在最高转速时从距轴心最近位置 $r_{\min}$ 沉降到距轴心最远位置（即离心管底部）$r_{\max}$ 时的 K 值，在离心机说明书或转子上有说明或标示。在离心管盛满液体的情况下，当未使用最高转速进行离心沉降时，常用 $K_{实际}$ 表示。$K_{实际}$ 换算如上。

关于沉降系数 S：溶质颗粒在单位离心场的沉降速度是一定值，该值称为沉降系数或沉降常数，用 S 表示。S 只和溶剂黏度与密度、颗粒密度以及半径有关。分子越大，沉降系数越大，蛋白质的 S 值一般在 $1\sim200$ 范围内（表 $1-1$）。对于未知分子，根据其分子量的大小以已知分子的 S 作为参照即可。

表 1 – 1　部分蛋白的沉降系数

蛋白质	相对分子量/Da	沉降系数/($s_{20,w} \times 10^{-13}$)s	摩擦比（f/f_0）
核糖核酸酶 A（牛）	12 600	1.85	1.14
细胞色素 c（牛心肌）	13 370	2.04	1.19
血红蛋白（人）	64 500	4.46	1.16
血清清蛋白（人）	68 500	4.6	1.29
过氧化氢酶（马肝）	147 500	11.3	1.25
烟草花叶病毒	40 590 000	198	2.03

关于与非球形分子的长、短半径之比有关的阻力系数 k：如前所述，球形分子在沉降过程中受到的阻力最小，而椭球形或棒状分子受到的阻力较大，阻力增加的多少与非球形分子的长、短径比 c 有关。对于球形或近球形分子，k 取 1，对于椭球状分子，k 值从表 $1-2$ 中选取。

表 1 – 2　k 与 c 关系的经验参考表

系数	数值				
c	1 : 1	3 : 1	5 : 1	10 : 1	20 : 1
阻力系数 k	1.0	1.1	1.25	1.5	2.0

1.2.3　沉淀技术

1. 沉淀的概念

溶液的物理、化学条件改变时，生物分子如蛋白质等的溶解度降低，生成固体凝聚物即沉淀，沉淀过程是新相形成的过程。这种改变溶液的条件，使蛋白质或其他生物分子以固体形式从溶液中分出的操作技术称为固相析出分离法。其可粗略地分为两种：结晶法和沉淀（precipitation）法。在固相析出分离时，析出物为晶体时称为结晶法；析出物为无定形固体时称为沉淀法。所以析出技术既是一种固化技术，又是一种分离手段。

蛋白质是一种由具有亲水基团和疏水基团的各种氨基酸组成的聚合物，其表面特性包括：亲水性氨基酸残基带有正负电荷或亲水基团。水溶液中，亲水性氨基酸残基多分布在蛋白质立体结构的外表面。疏水性氨基酸残基具有向内部折叠的趋势，同时，仍有部分疏水性氨基酸残基暴露在外表面，形成疏水微区。

蛋白质相对分子量 6 ~ 1 000 kD，直径 1 ~ 30 nm。蛋白质水溶液呈胶体（colloid）性质。蛋白质周围存在与蛋白质分子紧密或疏松结合的水化层（hydration shell），可达到 0.35 g/g 蛋白质，疏松结合的水化层可达到蛋白质分子质量的 2 倍以上。蛋白质周围的水化层使蛋白质形成稳定的胶体溶液。

蛋白质总体是带电粒子，净电荷为正或负。在电解质溶液中，带电荷的蛋白质分子会吸引相反电荷的离子，这些反离子又吸引了对应的离子，因此在蛋白质周围形成了分散的双电层（electrical double layer），存在 ζ 电位。双电层中的扩散层厚度决定 ζ 电位，它描述带电粒子之间的静电作用。

2. 增大及降低蛋白质溶解性的方法

保持分子自身的离子化状态可增加水溶性；保持分子与水溶剂的氢键作用，在蛋白质周围形成稳定的水化层可增大溶解性；破坏蛋白质分子间的静电吸引作用，增加静电排斥作用可增大溶解性。详见表 1-3。

表 1-3　蛋白质的稳定性及对应的沉淀方法

目标	机制	措施/手段	注
通过改变溶液性质——添加不同试剂，改变试剂浓度，改变溶液 pH，使蛋白质沉淀即破坏蛋白质溶液的稳定性	降低蛋白质周围的水化层	无机盐——盐析法	常在低温下操作
		水溶性有机溶剂——有机溶剂沉淀法	
	降低蛋白质周围双电层厚度（ζ 电位）	溶液 pH——等电点沉淀法	
		加入非离子型聚合物	
	使蛋白质疏水基团暴露（变性）	其他方法——选择性沉淀	

3. 蛋白质盐析及提高盐析效果的方法

蛋白质在高离子强度的溶液中溶解度降低，发生沉淀的现象称为盐析

（salting - out）。盐析的原因分析如下。

（1）盐离子与生物分子表面的带相反电荷的极性基团相互吸引，中和生物分子表面的电荷，使扩散层厚度压缩，降低了 ζ 电位，使静电相互排斥作用减弱。

（2）盐离子的水化作用削弱了生物分子与水分子之间的相互作用，破坏了表面的水化膜。使蛋白质疏水区域暴露，增大了蛋白质分子间的疏水相互作用，使其容易发生凝聚，进而沉淀。

蛋白质的盐析行为通常用 Cohn 经验方程描述：

$$Log\ S = \beta - KsI$$

式中，S 为蛋白质在离子强度为 I 时的溶解度，g/L；β 为常数（蛋白质在纯水中溶解度，与温度、pH 有关）；Ks 为盐析常数（与蛋白质种类、质量、构型有关）；I 为离子强度，mol/L，$I = 1/2 \sum c_i Z_i^2$；c 为离子的摩尔浓度；Z 为离子的电荷数。

其中，β 相当于蛋白质在纯水中的溶解度 S_0 的 log S_0，为特征常数，中性盐种类对其影响趋于零，但温度和 pH 变化对其影响很大；一般来说，在 pI 时，β 值最小；盐析常数 Ks 为直线的斜率，与中性盐的种类和盐析对象有关，而与环境的 pH 和温度无关。

Ks 大时，溶质的溶解度受盐浓度的影响大，盐析效果好；相反，Ks 小时，盐析效果差。由于生物大分子表面电荷多、分子量大，溶质的溶解度受盐浓度的影响大，其 Ks 值比一般小分子要高 10～20 倍。

中性盐之阴离子对 Ks 的影响是主要的，价数越高，盐析常数 Ks 越大。

根据公式 log $S = \beta - KsI$ 可将盐析分为两种类型。

（1）在一定的 pH 和温度下改变离子强度（盐浓度）进行盐析，称作 Ks 盐析法。

（2）在一定离子强度下改变 pH 和温度进行盐析，称作 β 盐析法。

在生产初期，多采用 Ks 盐析法，溶解度迅速下降，此时常产生共沉淀现象，分辨率不高；而 β 盐析法由于溶质溶解度变化缓慢且变化幅度小，沉淀分辨率比 Ks 盐析法好。

蛋白质盐析受盐的种类、温度、pH 影响较大。常用的中性盐包括硫酸铵、硫酸镁、硫酸钠、氯化钠等。

提高盐析效果的方法：

（1）控制蛋白质的纯度和浓度：混合蛋白质易发生相互作用导致共沉淀。蛋白质浓度越高，共沉淀现象越明显，盐析分离效果越差。

通常情况下，蛋白质样品溶液浓度在 0.2%～3% 之间。

（2）控制温度：温度升高，蛋白质溶解度增大。需要在更高的离子强度下，才有可能保持低溶解度，故需控制合适温度。

（3）控制 pH：接近等电点时，溶解度最小。调节溶液 pH 在等电点附近有利于提高盐析效果。

硫酸铵盐析法操作注意事项：

在添加中性盐进行盐析时，既可以直接添加固体盐，也可以添加预先配制的 100% 饱和度的母液。加入固体盐或浓盐溶液时，要控制加入速度，通常是在低温（冰水浴）、搅拌下，以少量多次方式加入，直到加入的浓度达到盐析点，蛋白质沉淀出来。各种饱和度硫酸铵的配制方法见附录三。

4. 等电点沉淀法及注意事项

在等电点时，蛋白质在溶液中的净电荷为零，蛋白质间静电排斥力最小，溶解度最低。需要强调的是，在蛋白质的等电点处，绝大多数蛋白质不是不溶解，而是溶解度很低而已。或者说，在等电点处，蛋白质溶解特性对体系条件的变化更敏感。

（1）本方法适用于去除疏水性较强的蛋白质。亲水性强的蛋白质在水中溶解度大，在 pI 下也不易沉淀。疏水性较强的蛋白溶解性较差，此时又不带电荷，没有相互间的排斥力，并且疏水部分还有相互作用力，有利于沉淀。

（2）本方法更适合用来除去 pI 相差较大的共存蛋白，保留溶液中的目标物，与盐析法不同。对于两种等电点差异较大的蛋白质，可以分别调至各自等电点处依次盐析，以实现最大限度、最高效的沉淀。对于等电点相近的两个或一组蛋白质，采用等电点沉淀法则很难将它们分别沉淀出来。

5. 有机溶剂沉淀法及注意事项

1）有机溶剂沉淀的机制

（1）有机溶剂可与水作用，破坏分子外周的水化层，使分子相互聚集析出，降低了溶解度。

（2）有机溶剂的介电常数比水小，混合溶液的介电常数降低、极性小，导致带电的溶质分子间静电排斥力降低，引力增强，易发生相互吸引。

2）影响沉淀的因素

（1）温度。温度高，溶解度高，不利于沉淀，还易引起蛋白质变性。低温操作时，可以减少溶剂混合时的放热和温度的快速增高，也可以减少溶剂挥发。所以，使用前溶剂要预冷（如 $-10\ ℃$），样品液最好也于 $4\ ℃$ 环境存放。

在使用乙醇、甲醇、丙酮等沉淀蛋白质时，同盐析操作一样也是少量多次加入，避免温度骤升。

（2）pH。pH 选择 pI。

（3）溶质浓度和选择性。溶质分子量越大，越易沉淀，所需有机溶剂浓度越低。根据分子大小不同，控制有机溶剂量，提高选择性。

溶质浓度越高，需要溶剂越少，溶液的总体积变化越小，沉淀的组分损失越少。但共沉淀严重，使分离的选择性低。

将溶质浓度控制在一定范围，可协调分离效果和回收率，同时避免有机溶剂使用量过大。

蛋白质溶液一般在 0.5%～2% 范围内；黏多糖溶液一般在 1%～2% 范围内。

3）有机溶剂加入量的计算

根据如下公式对体系中需要加入的有机溶剂的量进行计算。

$$V = \frac{S_2 - S_1}{100 - S_2} \times V_0$$

式中，V 为加入的有机溶剂体积；V_0 为蛋白质溶液的原始体积；S_1 为蛋白质溶液中有机溶剂的浓度（v/v，%）；S_2 为要达到的有机溶剂浓度；分母中的 100 为使用的有机溶剂浓度，若使用 95% 的有机溶剂，则用 95 替换 100。

4）有机溶剂沉淀法的特点

优点：有机溶剂密度较低，易于沉淀分离，不需脱盐处理。

缺点：容易引起蛋白质变性，必须在低温下进行。某些有机溶剂易燃，使用时要多加防范。

6. 非离子型高分子聚合物沉淀法及注意事项

1）沉淀机制

以聚乙二醇为例进行介绍。PEG 起到类似有机溶剂作用，破坏生物分子表面的水化膜，增强静电作用引力引起分子沉淀。另外一种观点则认为，PEG 从溶剂中排斥蛋白质，优先与水作用，使蛋白质分子挤压到一起引起沉淀。

2）常用非离子型高分子聚合物

常用于沉淀蛋白质的高分子聚合物包括聚乙二醇、聚乙烯吡咯烷酮（PVP）、葡聚糖等。其中常用的 PEG 分子是 PEG – 4000、PEG – 6000（4000 或 6000 指分子量的大小）。此处的 PEG – 4000 或 PEG – 6000 并非指分子量恰好为 4 000 或 6 000，而是指聚合物以 4 000 或 6 000 为主要的分布范围。

在进行 PEG 沉淀蛋白质时，pH 接近 pI，所需 PEG 浓度低。pH 不变时，离子强度（盐浓度）越高，所需 PEG 浓度越低。

3）PEG 沉淀作用的特点

优点：体系温度控制在室温；沉淀颗粒较大，容易收集；不易使蛋白质变性。

缺点：沉淀中含有大量 PEG，需用沉淀、盐析、超滤、液液萃取等方法去除。

1.2.4 吸附技术

1. 吸附的含义

对于液体来说，其表面分子与内部分子所具有的能量是不相同的，内部分子会受到来自周围分子的均衡引力，但位于表面的液体分子受到的引力不平衡，向下的引力大于上方稀疏气体分子对它的引力，表面的分子比内部分子具有更高的能量。由于所有的液体都有缩小其表面积而呈球形的趋势，故在各种形状的物体中，球体的表面积与体积比最小，其表面自由能也最低。

与液体分子表面现象相似，固体表面的分子也具有过剩自由能，但又不能通过减小表面积的方法来降低体系的表面能，而是通过吸附固体表面的气体分子的方法来降低固体的表面能，其气体分子会在固体表面发生相对聚集。这种气体分子在固体表面相对聚集的现象称为气体在固体表面的吸附，简称"气固吸附"。固体表面的分子同样具有吸附扩散到其表面的溶质分子的能力。

负吸附：用吸附剂吸附提取液中的杂质。负吸附宜于在杂质少的溶液中进行。

正吸附：用吸附剂吸附提取液中的有效成分。

由此可见，吸附分离过程可用于：

（1）除去杂质，杂质吸附在固相，保留液相。

（2）提取目标物吸附在固相，保留固相，再解吸。

2. 吸附的类型

吸附作用可根据其相互作用力的不同来分类，产生吸附效应的力有范德华力、静电作用力、疏水相互作用力等。吸附类型有物理吸附、化学吸附、交换吸附、其他吸附（亲和吸附、疏水吸附）。

（1）物理吸附：吸附剂与吸附物之间通过分子之间的力即范德华力所产生的吸附。这是一种最常见的吸附现象，其特点是吸附不仅限于一些活性中心，而是发生在整个自由界面。

分子被吸附后，动能降低，故吸附属于放热过程，发生物理吸附时，吸附物分子的状态变化不大，需要的活化能很小，较低的温度下即可进行。物理吸附的选择性一般都很差；物理吸附的过程是可逆的，可以分成单分子层吸附或多分子层吸附。

物理吸附特点如下：

①分子被吸附后，动能降低，吸附是放热过程，产生的吸附热较小。

②物理吸附时，吸附分子的状态变化不大。吸附时除吸附剂的表面状态，其他性质不改变，可快速达到吸附平衡。

③吸附是可逆过程，分子在被吸附的同时，由于热运动会离开固体表面，存在解吸现象。

④由于分子间范德华力的普遍存在，一种吸附剂可吸附多种物质，吸附无严格的选择性。但由于吸附物性质不同，被吸附的量有差别，它取决于吸附分子的性质。

⑤针对相同吸附分子，吸附量的大小由吸附剂的表面积、细孔分布、温度决定。

（2）化学吸附：化学吸附是由于在吸附剂和吸附物之间发生了电子转移，即发生了化学反应而产生的一种吸附，属于库仑力范围。与一般化学反应的区别在于吸附剂表面的原子未发生转移，只是失去或接受了电子，故需要一定的活化能，且选择性较强，即一种吸附剂只对某种或几种特定物质有吸附作用。其一般为单分子层吸附，吸附后较稳定，不易解吸。

（3）交换吸附：吸附剂表面如由极性分子或离子所组成，则会吸附溶液中带相反电荷的离子而形成双电层，这种吸附称为极性吸附；若是吸附剂与溶液之间发生了离子交换则称为离子交换吸附。因此，溶质所带电荷越多，水化半径（斯笃克半径）越小，则吸附剂对此吸附力越大。

3. 吸附等温线及类型

1）作用力与分子间距离的关系

分子间距离大时，范德华力较弱。分子间距离小，范德华力增大，有利于分子间吸附。当距离过小时，产生推斥力。

分子间相互作用的最佳距离为吸附分子中心间比两个分子半径之和稍大一点，在此距离下，吸附物分子处于最稳定状态。

2）吸附等温线

固体在溶液中的吸附是溶质和溶剂分子争夺表面的净结果，即在固、液界面上，总是被溶质和溶剂两种分子占满。如果不考虑溶剂的吸附，当固体吸附剂与溶液中的溶质达到平衡时，其吸附量 m 应与溶液中的溶质的浓度和温度有关。当温度一定时，吸附量只和浓度有关，即

$$m = f(c)$$

这个函数关系称为吸附等温线。

在生物分离中，一般吸附的吸附等温线有四种类型（图 1-2），最常见的是凸型（b 型，兰格缪尔型），此种类型是由于被吸附物在最强亲和力的位点上

首先被吸附，而它的附加增量是那些较弱的结合力引起的，所以呈一条双曲线型饱和曲线，这种图形说明是单分子层吸附，一旦形成，吸附就不再继续进行。吸附等温线可以表示平衡吸附量，用来判断吸附作用力的大小以及吸附剂的性能和结构。

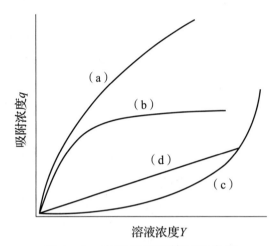

图 1 - 2　常见的吸附等温线类型

a—弗罗因德利希（经验型）；b—兰格缪尔型；c—凹型；d—直线型

注：固体吸附剂与溶液中的溶质达到平衡时，吸附量与溶液中溶质的浓度和吸附温度有关。温度恒定时，吸附量只与浓度有关。

在进行兰格缪尔型吸附时，吸附是在吸附剂的活性中心上进行的；这些活性中心具有均匀的能量，且相隔较远，因此吸附物分子之间无相互作用力；每个活性中心只能吸附一个分子，即形成单分子吸附层。吸附相当于溶质分子和吸附剂分子之间发生了一个"聚合"反应，该反应是一动态过程。吸附方程如下：

$$A = \frac{A_{\max} K_{ad}[B]}{1 + K_{ad}[B]}$$

式中，A 为吸附剂在给定的温度下对某一溶质分子的吸附量；$[B]$ 为被吸附分子在吸附初始时在溶液中的浓度；$A_{\max}$ 为介质的最大吸附量；K_{ad} 为理想状态下平衡的解离常数（可用浓度代替活度来表示）。

当吸附分子浓度很高时，$[B]$ 值很大，$K_{ad}[B] \gg 1$，$A = A_{\max}$，表面吸附处于饱和状态，单分子层吸附完全，不可能有更多的分子再被吸附；当吸附分子浓度低时，$[B]$ 值小，$K_{ad}[B] \ll 1$，$A = A_{\max} K_{ad}[B]$，被吸附的分子的量与平衡浓度成正比。

4. 吸附曲线与穿透曲线

在进行吸附时，既可以进行静态吸附，也可以进行动态吸附。进行静态吸附时，将吸附剂装入合适容器中，倒入含有待吸附成分的溶液进行适度搅拌即可，然后倒出料液，换用洗脱剂即可将吸附的成分解吸下来，这是一个相对粗犷的操作。在进行搅拌罐吸附时，料液浓度与吸附时间的关系曲线，称为吸附曲线。

在进行动态吸附时，将吸附剂装入吸附柱，然后逐渐注入待吸附的料液，用检测器记录并保存流出液的变化情况，待吸附穿透或饱和，停止进样，用溶剂冲洗吸附柱后，即可改用解吸溶液进行洗脱。在稳定的吸附床进行吸附时，吸附床出口处溶质浓度达到进料浓度时的浓度变化曲线称为穿透曲线。溶液连续输入吸附床，溶质被不断吸附。当吸附剂接近其饱和吸附时，溶质开始流出，柱床出口浓度开始增加，最后达到吸附前的最初浓度，此时，吸附达到完全饱和。如图 1 − 3 所示。

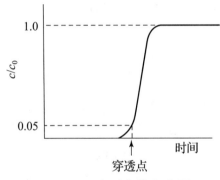

图 1 − 3　穿透曲线示意图

注：穿透点为出口处溶质浓度开始上升的点；穿透时间为达到穿透点所用的时间，一般指出口浓度达到入口浓度 5% ~ 10% 的时间。

5. 传统的吸附层析分离法

常用的传统吸附剂包括硅胶、活性炭、氧化铝、高分子合成的大孔吸附剂等。

1）吸附剂的特性

将吸附剂磨碎成小的颗粒可增加其比表面积。所谓吸附剂的活化，就是通过处理使其表面具有一定的吸附特性或增加表面积。如活性炭经 500 ℃ 活化所得糖炭易吸附酸而不吸附碱，800 ℃ 活化的结果则相反。

被吸附物的性质：

（1）能使表面张力降低的物质，易为表面所吸附。

（2）溶质从较易溶解的溶剂中被吸附时，吸附量较少。

（3）极性吸附剂易吸附极性物质，非极性吸附剂易吸附非极性物质；因此极性吸附剂适宜从非极性溶剂中吸附极性物质，而非极性吸附剂适宜从极性溶剂中吸附非极性物质。

活性炭是非极性吸附剂，在水溶液中易吸附有机化合物，硅胶是极性吸附剂，在有机溶剂中易吸附极性物质。

影响吸附的条件如下。

（1）温度：吸附一般是放热的，故升温可使吸附量降低。生物质的吸附可能是吸热反应。

（2）pH：对蛋白质或酶的吸附一般在 pI 附近进行。

（3）盐的浓度：低盐吸附，高盐下洗脱。

由吸附等温线可知，在稀溶液中吸附量和浓度的一次方成正比；而在中等浓度的溶液中，吸附量与浓度的 $1/n$ 次方成正比。

2）常用到的吸附剂及其吸附

（1）活性炭。活性炭一般由木屑、兽骨等经高温（800 ℃）碳化而成。

活性炭是一种吸附能力很强的非极性吸附剂，其吸附作用在水溶液中最强，在有机溶剂中较弱。其多用于注射液的制造，"中毒"后可于 160 ℃ 加热干燥 4～5 h。如用 766 型活性炭（颗粒）吸附伴刀豆球蛋白 A（ConA）。一般来说，颗粒越细，吸附的表面积越大，吸附效果越强。目前也有公司开发出碳纤维材料用作过滤组件，既提高了吸附效率和流速，也简化了后期的再生步骤。

（2）氧化铝。氧化铝特别适用于分离亲脂性成分，广泛地应用于醇、酚、生物碱、染料、甾体化合物、苷类、氨基酸、蛋白质以及维生素、抗生素的分离。其价格低，但操作不便，不易于工业规模级的应用。其有碱性氧化铝、中性氧化铝、酸性氧化铝之分。

氧化铝的活化及活性改变：氧化铝除去水后可活化；再引入一定量的水分可使活性降低，以制得不同活性的氧化铝。见表 1-4。

表 1-4　氧化铝的活性与含水量的关系

氧化铝的活性	I	II	III	IV	V
加水至/%	0	3	6	10	15

（3）磷酸钙（羟基磷灰石）凝胶。磷酸钙凝胶有多种形式，如磷酸钙 $[Ca_3(PO_4)_2]$、磷酸氢钙（$CaHPO_4$）、羟基磷灰石 $[Ca_5(PO_4)_3 \cdot OH]$。一般认为，磷酸钙对蛋白质的吸附作用主要缘于其中 Ca^{2+} 与蛋白质负电基团结合。

磷酸钙凝胶多用于制备蛋白类产品如胰岛素、藻胆蛋白等。

（4）硅胶。层析用硅胶用 $SiO_2 \cdot nH_2O$ 表示，具有多孔性网状结构，硅胶分子内的水称为结构水，升温到 500 ℃ 以上，结构水即逐渐失去（170 ℃ 以上开始有少量结构水失去）。硅胶表面带有大量的硅羟基，硅羟基有很强的亲水性，能吸附大量的水，所吸附的水称为自由水。硅胶活性强弱和自由水的含量有关，自由水多，活性低；自由水少，活性高（表1-5）。

表1-5 硅胶的活性与含水量的关系

硅胶活性等级	I	II	III	IV	V
含水量/%	0	5	15	25	30

当含水量高达16%~18%时，硅胶的吸附作用很差，可作为分配层析的载体。活化后的硅胶在使用之前最好于110 ℃活化0.5~1 h后再用。

硅胶是一种极性吸附剂，既可吸附非极性化合物，也可吸附极性化合物。其可用于芳香油、萜类、固醇类、生物碱、氨基酸、前列腺素等的分离。

硅胶分析或制备的样品应是无水的有机溶剂，样品用极性很弱的溶剂溶解、上样，此时，非极性物质未被吸附，先被洗脱下来，增加洗脱剂的极性，可以将极性成分洗脱下来。

（5）大网格聚合物吸附剂。大网格聚合物吸附剂由高分子材料聚合而成，根据交联剂的添加量的比例可以控制网孔的大小，根据骨架极性的不同可以赋予吸附剂所能吸附分子的偏好。

根据骨架极性的强弱，大网格聚合物吸附剂分为三种。

①非极性：由苯乙烯和二乙烯苯聚合而成，也称芳香族吸附剂。

②中等极性：具有甲基丙烯酸酯结构，也称脂肪族吸附剂。

③极性：含有硫氧基、酰胺基功能团。

美国罗姆-哈斯（Rohm and Haas）公司于1960—1967年研制生产了系列型号Amberlite XAD吸附剂，日本、国内的其他公司也各有自己研发的产品。XAD-1~XAD-5为非极性吸附剂，XAD-6~XAD-8为中等极性吸附剂，XAD-9~XAD-12为极性吸附剂。该吸附剂能借助范德华力从溶液中吸附各种有机物。一般非极性吸附剂适宜从极性溶剂（如水）中吸附非极性物质；极性吸附剂适宜于从非极性溶剂中吸附极性物质。中等极性的吸附剂则对上述两种情况均具有吸附能力。无机盐对吸附过程没有影响。

大网格聚合物吸附剂特点：选择性好，解吸容易，机械强度好，可反复使用，尤其是其孔隙大小、骨架结构和极性可按照需要而设计、合成。

3）溶剂与洗脱

吸附过程的溶剂与洗脱剂之间并无根本区别，溶解样品的液体介质叫溶剂，洗脱吸附柱的溶液叫作洗脱剂。作为溶剂和洗脱剂应符合的条件如下。

（1）纯度合格，杂质会影响吸附与洗脱。

（2）与样品或吸附剂不发生化学变化。

（3）能溶解样品中的各成分。

（4）溶剂被吸附剂吸附得越少越好。

（5）黏度小、易流动，不致使洗脱太慢。

（6）容易与目的物成分分开。

吸附洗脱剂的极性顺序：

石油醚→环己烷→CCl_4→甲苯→苯→二氯甲烷→乙醚→氯仿→乙酸乙酯→丙酮→正丁醇→乙醇→甲醇→水→吡啶→乙酸

在进行洗脱时，不同的吸附剂要选择不同的洗脱剂。

（1）以氧化铝或硅胶为吸附剂时，所用洗脱剂应从极性低的溶剂开始（该溶剂的极性≥溶解样品的溶剂极性）；比较多的情况是对不同溶剂进行组合，以寻找合适的洗脱剂组成。

（2）以活性炭为吸附剂时，采用的洗脱剂顺序按减少洗脱剂极性的方法进行。即水→乙醇→甲醇→乙酸乙酯→丙酮→氯仿。

尽管洗脱剂很多，实际上进行梯度洗脱最常用的是水和乙醇。

（3）对于大网格吸附剂，其吸附能力一般低于活性炭。其解离方法如下。

①以低级醇、酮或水溶液解吸附。最好降低溶质分子与吸附剂之间的吸附能力。

②对弱酸性物质可用碱来解吸附，如 XAD – 4 吸附酚后，可用稀碱（0.2%～0.4%）来洗脱，如分离头孢菌素（酸性氨基酸衍生物）。

③对弱碱性物质可用酸来解吸附。

④如吸附在高浓度盐中进行，则可用水洗脱。

1.2.5　层析技术

层析（chromatography）分离，又称为色谱分离、色层分离，在分析检测中常称为色谱分析（chromatographic analysis），它是一种物理的分离方法，利用多组分混合物中各组分物理化学性质（如吸附力、分子极性、分子形状和大小、分子亲和力、分配系数等）的差别，使各组分以不同程度分布在两个相中的过程。因此，层析系统分为两相，其中一个相是固定的，称为固定相；另一个相则流过此固定相，称为流动相。为了减少分子在层析介质中的保留时间，研究人员对介质进行了充分的改进，增加其亲水性，减少其与目标物和杂质的非特异性相互作用；增加其孔大小或密度，减少分子在介质内的扩散阻力，增加扩散交换或扩散速度，提高流速；通过提高介质的硬度，维持层析体系的稳定性和流速，进而稳定层析效果的均一性；通过原位反应制备整体柱，提高层析柱的均一性，进而提高层析效果。

由于分离原理的不同，可以认为层析技术是一组相关技术的总称。

当待分离的混合物通过固定相时，由于各组分的理化性质存在差异，与两相发生相互作用（吸附、溶解、结合等）的能力不同，在两相中的分配（含量对比）不同，与固定相相互作用力越弱的组分，随流动相移动时受到的阻滞作用越小，向前移动的速度越快；相反，与固定相相互作用越强的组分，向前移动速度越慢，从而达到将各组分分离的目的。

1. 根据分离机理对层析的分类

固定相的形状、流动相的物态、溶质分子与固定相的相互作用机理有差异，所以有不同的层析分类方法。下面简要介绍一下根据分离机理进行层析分类的情况，即吸附层析（adsorption chromatography）和分配层析（distribution chromatography）。

1）吸附层析

吸附层析：混合物随流动相流过固定相（吸附剂）时，由于固定相对不同物质的吸附力不同而使不同的溶质分开的技术/方法。

如前所述，传统的吸附剂多为无机材料如氧化铝、硅胶、活性炭、磷酸钙及羟基磷灰石等，其吸附过程包括多种作用力。在此基础上发展的新型层析介质多为有机介质并通过化学修饰后制成，形成了多种层析模式，如疏水相互作用层析（hydrophobic interaction chromatography）、金属螯合层析（metal chelating chromatography）、离子交换层析（ion exchange chromatography，IEC）、亲和层析（affinity chromatography）。其中疏水相互作用层析、离子交换层析、亲和层析普遍用于生物大分子尤其是蛋白质的分离纯化过程。

（1）疏水相互作用层析：利用分子所具有的疏水基团与固定相表面疏水基团的相互作用，不同分子与固定相的疏水作用强弱不同进行分离。蛋白质分子亲水性外壳包裹着疏水性核心，外表面局部存在疏水区，不同蛋白质表面有疏水微区分布大小的差异，此为疏水作用层析分离的基础。

（2）离子交换层析：离子交换介质上的可解离的离子与流动相中具有相同电荷的溶质离子可进行可逆交换，由于混合物中不同溶质对交换剂具有不同的亲和力而将它们分离。该法适合于离子和在溶剂中可发生电离的物质的分离。由于绝大多数生物分子是极性分子，可以电离而呈离子状态，所以，生物活性成分的分离过程，IEC 占据主导地位。离子交换作用和亲和作用也可以看作是特殊的吸附作用，故离子交换层析和亲和层析也可以归类于吸附层析。

（3）亲和层析：把与目标产物有特异性亲和力的生物分子或基团固定化作

为固定相，当含有目的物的混合物（流动相）流经固定相时，即可把目的产物从混合物中钓出来（分离出来）。生物体中许多生物大分子具有与其结构相对应的专一分子之间有特异性的可逆结合的特性，如酶蛋白与辅酶、抗原与抗体、激素与其受体、RNA 与其互补的 DNA 之间都有此能力。

以蛋白质为例，在进行亲和作用层析时，固定相与蛋白质分子间由特定的空间结构相匹配以及相关基团之间产生明显的化学作用，是多点结合的"锁和钥匙"的结合方式。其作用力包括疏水作用、弱共价键、氢键、静电作用（离子相互作用或库仑引力）、金属配位键等（图 1 - 4）。不同的亲和作用层析，其作用力是不同的，一般是以上述提到的两种作用力为主、其他作用力为辅。

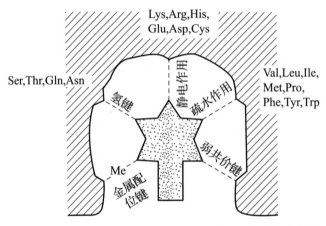

图 1 - 4　亲和过程的空间匹配与结合部位中的各种结合力

2）分配层析

分配层析的流动相和固定相都是液体，因而又称为液液色谱。其原理是利用混合物中各物质在两液相中的分配系数不同而分离。

分配是根据相似相溶原理进行的，即极性分子易于分配到极性溶剂中，非极性分子易于分配到非极性溶剂中。

凝胶过滤层析是分配层析的一种方式，在生物大分子尤其是蛋白类产品的分离和鉴定过程中，凝胶过滤层析几乎是一种必需的方法/技术。

分配层析可分为正相层析/色谱和反相层析/色谱。

（1）正相色谱（normal phase chromatography）：固定相为极性，容易结合极性成分，流动相为非极性（溶剂）。当混合物随流动相通过固定相时，极性较强的化合物被保留，极性较弱的化合物先被洗脱下来，如硅胶柱层析。增加洗脱剂的极性可以将极性大的分子洗脱出来。

（2）反相色谱（reversed phase chromatography）：固定相为非极性，流动相为极性，用于分离非极性或弱极性物质。

分配层析与吸附层析的比较如下。

分配层析过程没有吸附和相互作用，会稀释样品，对电导和 pH 的宽容度很大，温和，速度慢，处理量小，稳定性好；buffer 不参与介质的相互作用。

吸附层析过程有相互作用和浓缩作用，对电导和 pH 有限制，高载量，高速度，高选择性，稳定性低。

2. 常用的层析操作使用的术语

1）层析装置及层析曲线

一套完整的层析装置包括层析柱、动力系统、检测装置、进样系统、收集系统、溶液系统、软件控制系统。如图 1 – 5 所示。

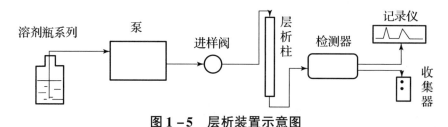

图 1 – 5 层析装置示意图

层析柱是核心，从理论上决定了不同成分之间的分离程度。但层析曲线是否完美还要取决于动力系统是否稳定、流速是否合适、进液量是否合适等。高质量（价格也比较高）的层析柱一般是与配套的层析装置相匹配的。条件相对不足的实验室也可以自行装柱。装柱的均匀性或均一度对于柱效的高低是关键因素。

成套的层析装置一般具有一套稳定动力系统，出液速度稳定而且耐高压，多为柱塞泵。相对简单的动力系统可用高质量的蠕动泵替代。

检测装置一般是配有紫外检测仪，波长或固定（如 280 nm、260 nm）或可以根据情况进行选择。高端设备配备的紫外检测仪灵敏度高，可以检测流动相中微量的蛋白或其他样品。即便是自己搭建简单层析装置，检测仪也是必需的。

进样系统是评价一套层析系统是否方便的重要特征，毕竟开放式进样是很不方便的。一般的进样系统是由定量环的大小来决定进样量的多少。在大量进样时，也可以添加单独的管道以便进样。

收集系统控制的分步收集器可以实现对洗脱液的分段收集或根据洗脱峰进行收集，当然，也可以根据出峰情况进行收集。

溶液系统是一看起来低端却非常实用的辅助系统，可以自行用多通道阀或多向阀进行人工控制，以实现对多种溶液（如柱平衡液、洗脱液、再生液等）的便捷切换。

软件控制系统可以对流速、操作压力、收集时间、层析时间、多样品的重复操作进行自动控制，对线性变动洗脱液的浓度进行线性洗脱等，并保存数据、给出层析曲线（图 1-6），极大方便了操作人员。

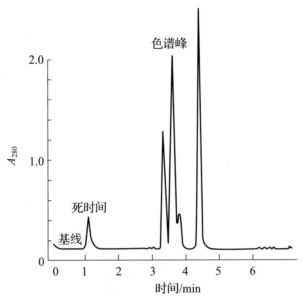

图 1-6　层析曲线（借鉴分析光谱的色谱图）

基线—无试样通过检测器时，检测到的信号；死时间（t_M）—不与固定相作用的分子的保留时间；保留时间—组分从进样到柱后出现浓度极大值时所需的时间。

2）分配系数

样品分子在固定相和流动相间发生的吸附、脱吸附的过程叫作分配过程。在一定温度、压力下，组分在两相间分配达到平衡时的浓度（单位：g/mL）比，称为分配系数（distribution coefficient）K。

$$K = \frac{\text{组分在固定相中的浓度}}{\text{组分在流动相中的浓度}} = \frac{C_s}{C_m}$$

样品中，每个组分在各种固定相上的分配系数 K 不同是分离的基础；一定温度下，组分的分配系数 K 越大，出峰越慢，t 值越大。组分的 $K=0$ 时，即不被固定相保留，最先流出；组分一定时，K 主要取决于固定相性质。选择适宜的固定相可改善分离效果。

3）容量因子

一定温度压力下，当组分在两相间达到分配平衡时，组分在两相中的质量比称为容量因子（分配比）（capacity factor）k。

$$k = \frac{\text{组分在固定相中的质量}}{\text{组分在流动相中的质量}} = \frac{m_s}{m_m}$$

容量因子与分配系数的关系如公式所示：

$$K = \frac{C_s}{C_m} = \frac{m_s/V_s}{m_m/V_m} = k\frac{V_m}{V_s} \quad k = K\frac{V_s}{V_m}$$

式中，V_m、V_s 分别为流动相和固定相的体积。

分配系数与容量因子都是与组分及固定相的热力学性质有关的常数，随分离柱温度、柱压的改变而变化。

分配系数与容量因子都是衡量色谱柱对组分保留能力的参数，数值越大，该组分的保留时间越长。对给定的色谱体系，容量因子常用来衡量色谱柱对组分的保留能力。

4）选择因子

两种物质在相同色谱条件下的分离选择性即选择因子（selectivity factor）α。

$$\alpha = k_2/k_1 = t_2/t_1$$

式中，k 为两种成分的容量因子；t 为两种成分的出峰时间。

α 越大，两组分分离越好。两组分 k 值或 t 值相差越大，分离度越好。特定混合组分下，固定相对 α 影响最大。特定固定相条件下，通过调整流动相性质以及洗脱方式可以提高分离选择性。

5）分辨率（分离度）

几种不同的分离度（resolution）R_s，如图 1-7 所示。理想状态是所有分离组分之间 R_s 均大于 1。分离度计算分工如下：

$$R_s = \frac{t_2 - t_1}{(W1_{1/2} + W2_{1/2})}$$

6）柱效评价

层析过程是一动态过程，反映柱的分离能力即柱效（column efficiency）常借用蒸馏过程中的塔板理论（plate theory）。塔板理论：将色谱分离过程比作精馏过程，将色谱柱比拟为精馏塔，将连续的色谱分离过程分割成多次平衡过程的重复。柱效用理论塔板数 n 表示，n 值越大，达成平衡的次数越多，柱效越好。n 与半峰宽有关。

选用不同柱长 L 的层析柱或改变塔板高

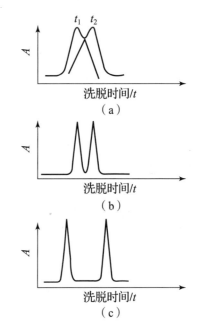

图 1-7　几种不同的分离度示意图
(a) $R_s = 0.6$；(b) $R_s = 1$；(c) $R_s = 4$

度 H 均可以改变塔板数 n。前者是一种物理性改变措施，后者除通过改变介质粒径的方法来改变塔板高度之外，还可以借助流体的动力学性质来改变塔板高度。如调节流动相的流速、流动相黏度、扩散系数等。

当固定相粒径小、流动相流速快、分离柱足够长时，柱效高，但势必会增加柱压、系统压力，同时也要求系统各部件具有较高的耐压性能。

总的来说，选用不同的固定相，就是调整选择性因子 α；选用不同的流动相，就是改变容量因子 k，进而实现不同成分之间的分离。

3. 常用的层析操作

1）凝胶过滤层析

凝胶过滤层析是以具有一定网状结构的凝胶为固定相，根据各物质分子大小的不同而进行分离的色谱技术，因而又称为分子筛色谱（molecular sieve chromatography）、空间排阻色谱或尺寸排阻色谱（size exclusion chromatography）。凝胶是一种不带电荷的具有三维空间的多孔网状结构的物质，每一个颗粒的细微结构就如一个筛子。

当混合物随流动相流经凝胶柱时，较大的分子不能进入所有的凝胶网孔（图 1 – 8 中的圆形空间代表一个个独立的凝胶颗粒）而受到排阻，它们与流动相一起较快速流动而首先流出；相对于凝胶颗粒内部的空间，尽管凝胶颗粒装填紧密，实际上颗粒之间的缝隙要远远大于生物大分子，因此生物大分子的穿行速度是很快的，相当于直接穿过层析介质。较小的分子能进入部分凝胶网孔，阻力较大，流出的速率较慢；更小的分子能进入全部凝胶网孔，阻力最大，路径最长，而最后流出。

凝胶色谱柱的总体积 V_t 的计算公式如下：

$$V_t = V_o + V_i + V_m$$

式中，V_t 为凝胶色谱柱的总体积；V_i 为凝胶颗粒内部空隙的总体积（内水体积）；V_o 为凝胶颗粒之间空隙的总体积（外水体积）；V_m 为凝胶颗粒基质本身所占体积。

凝胶柱床中 V_t、V_0 等关系示意图如图 1 – 8 所示。

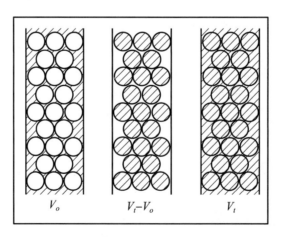

$$V_o \qquad V_t - V_o \qquad V_t$$

图 1 – 8　凝胶柱床中 V_t、V_o 等关系示意图

在进行洗脱时，理论上，洗脱液将全部的层析柱的空间替换一遍即可将全部的分子洗脱出来（此时不考虑分子与介质之间发生一定的相互作用）。

洗脱体积是指自加样品开始到该组分的洗脱峰（峰顶）或洗脱峰上升边缘的半高点出现时所流出的体积（溶质分子在色谱柱中所占的体积，即所有的颗粒内的间隙和颗粒之间的间隙中能够被溶质分子所占据的体积），较大的空间有溶质分子存在，稍小处无溶质分子存在，主要是全部的 V_o 和部分的 V_i（即溶质分子在内水体积的分配量，$Kd \cdot V_i$）。因此在替换或洗脱时，至少将溶质分子所占据的空间的溶剂（包括溶质分子）全部替换才有可能将溶质分子替换完全。理论上，在不考虑基质本身所占的体积 V_m 和柱之外的管道所占的体积即死体积时，将某一成分完全洗脱出来所用的洗脱液的体积 V_e 计算公式如下：

$$V_e = V_o + Kd \cdot V_i$$

式中，V_e 为将某一成分完全洗脱出来所用的洗脱液的体积。

到底有多少分子进入凝胶颗粒内部，这主要看分子的大小，分子越小则分布越广，即 $Kd \cdot V_i$ 越大；分子越大，分布到颗粒内部的比率越低，$Kd \cdot V_i$ 越小。因此有最大的 $V_e = V_o + V_i$，即将全部的外水、内水溶液彻底替换；最小的 $V_e = V_o$（分子太大，未进入颗粒内部），则

$$Kd = (V_e - V_o)/V_i$$

其中，Kd 为分配系数，表示某溶质分子可以进入凝胶颗粒内部空隙的分数（百分率）。当 $Kd = 1$ 时，意味着溶质分子完全不能被排阻，它们可以沿径向自由进入所有的凝胶颗粒的微孔中，最后流出层析柱。当 $Kd = 0$ 时，意味着溶质分子完全被排阻于凝胶颗粒的微孔之外，最先流出色谱柱；外水体积可采用分子量远超过凝胶排阻极限的有色分子溶液来测定，此时，$V_e = V_o$，内水体积则可以选用自由扩散的小分子（如中性盐）溶液来测定，此时，$V_i = V_e - V_o$，$Kd = 1$。

流动相组成对分离的影响不大，通常选 pH 恒定并对分离物质有保护作用的单一缓冲溶液（磷酸缓冲液，Tris – HCl 缓冲液）或盐溶液，浓度为 0.05 ~ 0.5 mol/L，也可用蒸馏水洗脱。用缓冲液时有利于消除微弱的离子化作用。

凝胶过滤层析的不足之处：选择性低；洗脱速度仅能依据流量控制，样品被稀释。

凝胶过滤层析主要用于脱盐、分级及分子量的测定。脱盐是分离两类大小相差极大的分子即无机盐和生物大分子；分级是将分子大小相近的物质分开，即无特异性的分离法。

凝胶过滤层析中，水相系统是最常见的一种，所用凝胶是亲水性的，用来分离水溶性的大分子化合物。当流动相是油相时，则称为凝胶渗透色谱，其所用的凝胶是疏水性的，用来分离油溶性的高分子化合物。

2）离子交换层析

带电荷的目标分子与离子交换固定相上带固定电荷的功能基团之间发生静电作用，不同目标分子与固定相的静电作用力不同导致相互分离。分子越小，带的电荷越多，则与介质发生相互作用的力越大，此时若介质的带电荷也较高，则二者会发生最强的相互作用，与此对应的是，若想把结合的离子解析出来，也需要较高的替换离子浓度。因此，要采用pH、缓冲液浓度合适的离子交换层析介质以使离子与分离介质发生有一定选择性的相互作用。

（1）离子交换层析用介质及其交换容量。离子交换层析用介质一般由纤维素、葡聚糖、琼脂糖、聚苯乙烯-二乙烯基苯构成，其上面共价交联有不同的功能基团即阴离子交换基团或阳离子交换基团，前者结合可替换的阳离子，后者结合可替换的阴离子。具体如下。

弱阴离子功能基团是二乙基胺基乙基（DEAE）：$-OCH_2CH_2NH^+(C_2H_5)_2$。

强阴离子功能基团是三甲基胺基羟乙基（TEAE）：$-OCH_2CH(OH)N^+(CH_3)_3$。

弱阳离子功能基团是羧甲基（CM）：$-OCH_2COO^-$。

强阳离子功能基团是磺酸基（S）：$-CH_2SO_3^-$。

不同的离子交换层析有不同的交换容量，表示交换容量有离子全交换容量、有效容量等概念，目前一般用动态载量来表示，它更能准确说明在给定溶剂系统、流速下，某一介质的实际交换量。几个概念描述如下。

离子全交换容量：单位重量介质中带有的功能基团质量，可由酸碱滴定测得。

有效容量：一定色谱条件下介质的实际容量。

动态载量：在特定的进样体系条件下，在一定的流速时的实际载量。

层析过程是一流动状态，不能保证在任何一个时刻固相和液相都保持一定的平衡，二者之间有一定偏差，这个偏差受传质的影响很大，孔越大，越接近平衡。动态载量与颗粒的大小关系十分密切，小颗粒平衡快、载量高。

（2）离子交换层析过程对溶液的要求。流动相选择（一般采用含盐的水溶液），该溶液具有合适的pH、离子强度且具有一定的缓冲能力。

①酸度。pH决定样品分子的电荷性质，影响固定相的离子化程度。它是影响样品分子保留强弱的重要因素。因此，改变环境的pH可以使蛋白质或其他带电的生物分子处于不同的带电状态。换句话讲，对于同一种蛋白分子，既可以采用阳离子交换层析的方法，也可以采用阴离子交换层析的方法。一般会根据混合成分的具体情况最终确定采用何种层析方式。

进行蛋白质的阴离子交换层析时，溶液pH大于蛋白质组分的pI 1个单位；进行阳离子交换层析时，溶液pH小于蛋白质组分的pI 1个单位。

②离子强度（流动相浓度）。流动相的离子强度影响分子的保留、分离度和回收率。

流动相中的交换离子可与目标分子竞争固定相中的带电位点。交换离子的离子半径、电荷数决定离子交换能力强弱。使用相同的离子交换溶液，浓度高时，交换作用强，解吸附作用强。电解质解离常数的对数与离子强度的指数成正比，在 10 mmol/L 时，平衡常数很高，即分布在固定相的成分很多；在 500 mmol/L 时，平衡常数很低，意味着结合力很弱（解离了），故选用高离子强度解离。在相同的离子强度下，不同蛋白的平衡常数相差很大，即结合能力有大的差别，但一旦增加离子强度，平衡常数均降至很低，逐步解离直至全部解离。

③缓冲液。溶液中离子与固定相上的反电荷离子交换后，释放到溶液中的反电荷离子可使流动相的离子强度增大，pH 可能也会发生改变，容易导致分子失活。使用缓冲液可稳定流动相 pH，还可以稳定分子上的电荷量，保证分析结果的重现性。离子交换色谱中常用的流动相为缓冲体系和盐的混合溶液。非缓冲盐 NaCl 作为替代离子，用于改变离子强度。阴离子交换流动相：Tris-HCl-NaCl，Cl^- 为替代离子。阳离子交换流动相：醋酸盐-NaCl，磷酸盐-NaCl，Na^+、K^+ 为替代离子。通常缓冲液浓度为 0.01 ~ 0.05 mol/L，在洗脱过程逐渐增加 NaCl 浓度（一般不高于 1 mol/L）。离子交换介质及含盐的缓冲液流动相环境与蛋白质稳定存在的生理条件相似，有利于生物分子活性的保持，因此，这一点在生物分子分离过程中必须引起重点关注。

3）亲和层析

利用生物大分子与固定相表面偶联对应的配基存在的特异性亲和作用及具有可逆性结合的特性对生物分子进行特异性分离。这种分离技术称为亲和层析。生物大分子和配基在亲和过程中的特异结合作用力包括静电作用、氢键、疏水性作用、配位键、弱共价键。在某一具体的结合过程中，可能会存在其中的 2 ~ 3 种力，而且相互作用基团之间在三维空间方面的互补也有利于亲和作用的进行和稳定。亲和过程实质上是一种分子识别过程。

（1）亲和层析用介质的基质与配基。其常用的基质包括葡聚糖凝胶、琼脂糖凝胶、聚丙烯酰胺凝胶、多孔玻璃珠等亲水性强的材料。基质上面通常会有一定的活泼基团（如氨基、羧基、羟基、巯基、醛基等），以便与配基共价交联。配基与基质之间往往需要加入一定长短的烷烃链，以增加空间和柔性，以利于待分离的生物分子和配基的结合。所选用的配基包括酶或蛋白质的抑制剂、效应物、酶的辅助因子、酶的类似底物、抗体（包括半抗原－蛋白质复合物抗体）和其他物质（外源性凝集素、染料、金属离子）等。

配基对生物大分子物质的亲和力越高，在亲和层析中应用价值越大。解离

常数 Ka 或 Ki 较小（如小于 5×10^3）时不适用。但过大时（如 $\sim 1 \times 10^{15}$）很难解吸附，也不适用。

（2）典型的亲和介质。这里主要介绍蛋白 A 亲和介质和组氨酸（histidine）亲和介质。

蛋白 A 亲和介质：蛋白 A 是一相对分子量约 42 kD 的蛋白质，存在于黄色葡萄球菌的细胞壁中，约占该细胞壁构成成分的 5%。其与动物 immunoglobulin G（免疫球蛋白，IgG）具有很强的亲和作用，与人 IgM、IgA 具有较弱的亲和结合作用。据此，研究人员构建了基于蛋白 A 的亲和介质。该介质的特点如下。

①不与抗体的抗原结合部位结合，而与 Fc 片段结合。

②由于任何抗体的 Fc 片段的结构都非常相似，因此可以作为各种抗体的亲和配体（但不同抗体的结合常数有差别）。

③与抗体结合并不影响抗体与抗原的结合能力，故可以用于分离抗原－抗体的免疫复合体。

组氨酸亲和介质：组氨酸是一种具有弱疏水性且具有弱电性咪唑环的氨基酸。在合适的盐浓度和 pH 约等于目标蛋白质等电点的溶液中，末端带有组氨酸的蛋白质与介质的亲和作用最强。洗脱时采用增大盐浓度的梯度洗脱方式，常用的洗脱用盐是咪唑。

在较多地利用基因工程技术表达的蛋白质分子的末端一般都会添加 6 个组氨酸，称为 His taq，以便于后期的分离。

（3）亲和层析的洗脱。

①特异性洗脱。在流动相中引入对目标分子（蛋白质）有高亲和力的新配体，使目标分子与原配体解吸。特异性洗脱流动相通常为低浓度、中性 pH，洗脱条件温和。

②非特异性洗脱。具有一定 pH、离子强度的缓冲液和盐溶液，有利于亲和作用减弱，同时保证蛋白质的活性和固定相的稳定性。如前述的咪唑洗脱法。

③洗脱用流动相。加样后，用大量平衡液洗去无亲和力的杂蛋白，留下专一吸附的大分子。根据亲和力强弱，选择洗脱用流动相。

4）疏水相互作用层析

疏水相互作用吸附介质的骨架主要有琼脂糖、有机高分子、大孔硅胶等。在骨架上交联的可与生物大分子相互作用的配基主要是一些疏水性较弱的短烷烃链或苯环，如辛烷基、戊烷、丁基、丙基、苯基。其目的就是要提供适当而不是很强的相互作用，以便后续在不使蛋白质变性或结构破坏的情况，使二者较顺利地解离、回收。这一点是其同以分析为主的反相层析的主要区别（反相层析中，介质的疏水性强，目标物如蛋白质或其他小分子具有一定强度的疏水性，因此相互作用强，只有体系改变较大时如加有高浓度的有机溶剂乙腈等，才可使目标物解吸。此过程会引起蛋白质的变性，一般用于蛋白质的鉴定，此时是不用考虑回收问题的）。

（1）疏水作用层析的介质。目前使用的疏水相互作用介质的基质以琼脂糖居多，其大小一般在 $40 \sim 180 \ \mu m$ 范围内。很显然，介质的大小要远远大于反相层析的颗粒大小（$5 \sim 10 \ \mu m$）。因此装填紧实程度比反相色谱差，操作压力低。

（2）层析条件。待分离的溶液需要调至高浓度的盐（如硫酸铵、醋酸铵、磷酸盐、NaCl，pH6 ~ pH8）溶液，体现或增强蛋白质的疏水特性，以便与疏水配基发生较强的相互作用而被捕获。盐浓度降低时，疏水作用减弱，蛋白质逐步被洗脱下来。因此采用降低盐浓度梯度的方法进行洗脱，这一点刚好与离子交换层析的洗脱条件相反。疏水相互层析使用的盐浓度一般低于 2 mol/L，要低于盐析用的盐浓度，几种常用离子的盐析效应顺序是：$PO_4^{-3} > SO_4^{2-} > Ac^- > Cl^-$。

4. 液相层析洗脱模式

液相层析洗脱包括三种模式，即洗脱展开层析、前沿（frontal）展开层析、置换（displacement）展开法。这几种方式尤其对离子交换层析有重要的指导价值。

1）洗脱展开层析

样品在固定相和流动相中的分配系数不同。加入样品后，样品随流动相移动，通过改变流动相的组成而得以分离。

（1）等度洗脱（isocratic elution）。恒定组成的洗脱溶液，具有恒定的洗脱能力。见图 1-9 的曲线 a。如在离子交换层析时，进样、冲洗后，改用一定浓度的盐溶液即可洗脱出一部分目标物或杂质。

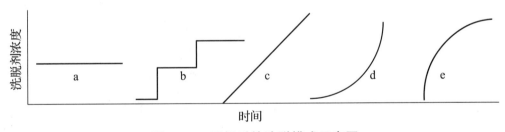

图 1-9　层析后的洗脱模式示意图

（2）梯度洗脱（gradient elution）。洗脱溶液的组成分段或连续变化，洗脱能力连续或分段提高或降低。梯度洗脱时，流动相浓度和组分随时间而改变〔图 1-9 曲线 b〕。通过两台或两台以上的高压泵的流量控制来调整所需各种流动相的比例，加压后经混合器混合，然后输入层析柱（图 1-9 曲线 c、d、e）。

形成线性梯度的简易方法，线性梯度仪的示意图如图 1-10 所示。其中，A

杯和 B 杯为两个形状、规格完全一样的容器，二者底部由带有开闭功能的水平细通道相连，B 杯内有磁力搅拌子。该梯度仪放置在磁力搅拌器上，A 杯内溶液（与 B 杯内溶液的浓度或成分不同）通过底部连通管道进入 B 杯后，与 B 杯内溶液混合后方可流出，由此造成了流出液浓度的线性变化（图 1-9 曲线 c）。当需要流出液浓度由低浓度线性变化到指定的高浓度时，设定 A 杯内为高浓度溶液；当需要流出液浓度

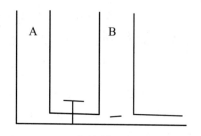

图 1-10 线性梯度仪的示意图

注：A 杯盛有高浓度盐溶液，

B 杯盛有低浓度盐溶液

（底部有磁力搅拌子）

由高浓度线性变化到指定的低浓度时，设定 A 杯内为低浓度溶液。当需要流出液浓度变化先慢后快时，A 杯采用口径大、底部小的形状即可，反之亦然（图 1-9 曲线 d、e）。

通过改变环境的 pH 使交换到层析介质上的分子带电状态发生改变进而改变与介质之间的相互作用也是洗脱的常用方式。同盐梯度的改变可以是线性改变和阶段梯度形式改变一样，pH 的改变也可以采用两种方式，只是线性 pH 梯度的形成要比盐梯度形成复杂得多，必须借助特定的设备（软件和硬件）完成。阶段性 pH 梯度的形成通过替换不同 pH 的溶液即可完成。

2）前沿展开层析

前沿展开层析与一般的固定床吸附的操作相同。大量料液连续输入层析柱，直到在出口处发生溶质穿透。前沿分离中各个溶质按照其在固定相和流动相间分配系数的大小依次穿透。只有分配系数最小的组分（最先穿透的组分）能以纯物质的形态得到部分回收。之后的流出液均为双组分以上的混合物（图 1-11）。

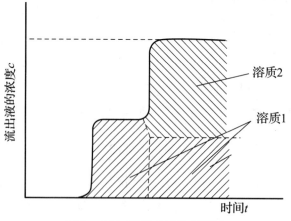

图 1-11 前沿层析示意图

前沿层析洗脱法的特点：样品溶液本身就是流动相，组分的浓度既不会被稀释，也不会被浓缩（或富集）。如在混合物中，含有大量吸附性弱的物质 1 和

含有很少的吸附能力强的溶质 2, 溶质 1 (纯) 先流出来, 出现第一个平台, 而且持续时间很长, 待整个柱中的位点被溶质 2 占据后, 多余的溶质 2 开始流洗出来, 即出现第 2 个平台, 此时洗脱液中含有大量的溶质 1 和溶质 2。当同进样液浓度一样时, 停止进样。

3) 置换展开法

置换色谱 (displacement chromatography) 作为一种非线性色谱技术, 是指样品输入色谱柱后, 用一种与固定相作用力极强的置换剂 (displacer) 通入色谱柱, 去替代结合在固定相表面的溶质分子。样品在置换剂的推动下沿色谱柱前进, 使样品中各组分按作用力强弱的次序, 形成一系列前后相邻的谱带, 并在置换剂的推动下流出色谱柱。

传统的洗脱层析是利用各分离组分在流动相与固定相之间的分配平衡常数不同而引起的各组分在流动相的迁移速度不同达到分离目的。而置换层析的分离是被吸附的各组分对固定相吸附部位的直接竞争作用的结果, 依据与固定相的亲和性不同, 在置换剂的推动下, 形成一系列已分离的置换序列。目前该方法还未普及。

5. 液相层析的放大

在进行液相层析尤其是中试或生产时, 需要对研发期间的技术进行放大 (scale‑up), 此时层析柱体积的放大是关键。一般均是采用内径放大而不是高度增加的方式来实现体积的放大。为确保层析时间和层析效果没有实质性变化, 柱内径的变大必须确保供液体积流速按比例放大, 以保证各种液体的线性流速是一样的, 即体积增大 10 倍, 进料量增加 10 倍, 体积流速也要增加 10 倍, 其他条件如所用的介质颗粒的大小、溶液 pH 及盐浓度等则不能有变化。比如小试时, 柱直径 2.6 cm、长度 40 cm, 进料量 20 mL, 放大时, 进料量需要达到 2 000 mL, 柱床体积就需放大 100 倍, 对应的是将柱直径放大 10 倍, 即直径 26 cm, 高度仍为 40 cm。

线性流速与体积流速的换算公式如下：

$$线性流速(cm/min) = \frac{体积流速(mL/min)}{柱横截面积(cm^2)}$$

在层析柱内径变大时, 经常遇到的一个问题就是如何保证溶液以平推流的方式流过层析柱。柱内径较小时, 柱四周和中心点的流速几乎是一样的 (即平推流), 那么当内径增加, 由于供液管道较细, 中间流速会高于四周, 导致溶液的推进不平均。如何解决这个问题呢? 一般是要在层析介质的上部和底部加装层析用分布器 (图 1-12), 这样就可保证液体的平行推进了。

图 1 – 12　层析用分布器

注：在可透液体的分布器上，分布有均匀的沟槽。

1.2.6　电泳技术及蛋白质纯度的检测

1. 电泳及影响电泳的因素

电泳是指带电粒子在电场中发生定向泳动的现象。带电粒子在电场作用下，以不同速度向其所带电荷相反的电极方向迁移。迁移速率随粒子大小和所带电荷量及性质的不同而不同。

影响迁移率的因素如下。

（1）粒子性质：有效电荷数，半径，荷质比，淌度。

（2）电场强度：淌度一定时，电场强度高，速度快。

（3）溶液性质：溶液组成、pH、离子强度（影响离子有效电荷和半径）、黏度（影响有效淌度）等均有直接或间接的影响。

影响电泳分离的因素如下。

（1）焦耳热：电场的使用和产生的电流会产生焦耳热，使系统的温度增加。

（2）电渗：外加电场作用下，与固体支持物接触的液体层发生移动的现象，如图 1 – 13 所示。

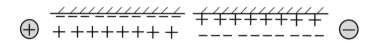

图 1 – 13　电渗现象示意图

注：电泳介质与支持物之间或有缝隙，液体流动的阻力小于主体电泳介质，
液体中的离子的迁移带动液体发生轻微的位移，进而与主体介质同性电荷的移动速度产生细微区别。

（3）吸附：支持物若吸附粒子，则速度减小。

（4）凝胶分离：使用具有一定网状结构的凝胶支持物，可提高分辨率，但电泳速度会降低。

（5）扩散：扩散影响分辨率，使分离的区带相互重叠。扩散受粒子大小、体系温度影响。

电泳后经过显色所得到的电泳图（图 1 - 14）和前述的色谱图（层析图 1—6）有相似之处，实际上对单一的泳道进行扫描分析即可得到扫描图，该图与层析图基本上是一致的。

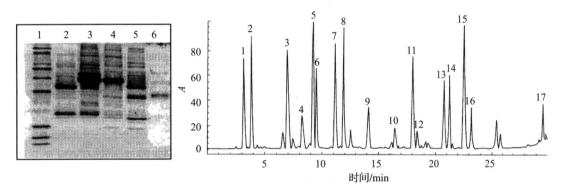

图 1 - 14　电泳（左）与色谱图（右）的对比

电泳一般都是在一定介质中发生的，常用的介质是水相、不同孔径的各类水凝胶等，最为常用的凝胶是聚丙烯酰胺凝胶和琼脂糖凝胶，以纸为介质的电泳也曾有较广泛的应用，目前已较少使用。聚丙烯酰胺凝胶电泳用于蛋白质、多肽、寡核苷酸的分离和分析，琼脂糖凝胶电泳则主要用于核酸的分析，亦可用于核酸的分离。下面主要介绍聚丙烯酰胺凝胶电泳及其制备电泳等内容。

2. 聚丙烯酰胺凝胶电泳

PAGE 是目前最常用的实验室凝胶电泳方法。PAGE 是以聚丙烯酰胺为支持介质的电泳，其分离以分子大小和净电荷数为基础，适合分离电泳淌度相近的大分子。血清蛋白可分离出几十条带，分辨率高。

1）优点

根据需要，凝胶可原位聚合成不同孔径的胶，机械强度好，且不带电荷，不产生电渗，焦耳热低，分离过程扩散小，具有化学惰性。

2）制备

聚丙烯酰胺凝胶由丙烯酰胺和交联剂甲叉双丙烯酰胺按一定比例在化学试剂过硫酸铵（AP）-四甲基乙二胺（TEMED）或光催化下聚合而成。如图 1 - 15 所示。

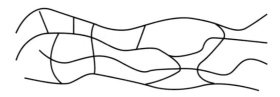

图1-15 聚丙烯酰胺凝胶结构示意图

丙烯酰胺：$CH_2(CH-CO-NH-CH_2)n-NH-CO-CH=CH_2$。

交联剂：N,N'-甲叉双丙烯酰胺。

与凝胶孔大小有关的两个概念是凝胶浓度（T）和交联度（C）。前者与孔的密度有关，后者与孔大小有关，二者共同影响了凝胶的强度或硬度。公式如下：

$$T = \frac{a+b}{m} \times 100(\%)$$

$$C = \frac{b}{a+b} \times 100(\%)$$

式中，凝胶浓度T为两个单体（丙烯酰胺，N,N'-甲叉双丙烯酰胺）的总百分浓度；交联度C为与总浓度有关的交联剂的百分浓度；a为丙烯酰胺，g；b为N,N'-甲叉双丙烯酰胺，g；m为溶液体积，mL。

确定凝胶浓度为5%~20%范围内交联度的经验公式：

$$C = 6.5 - 0.32T$$

在低胶浓度时（如$T=5\%$），可选用较高的交联度（如$C=5\%$）；在较高的凝胶浓度（如$T=10\%$）时，可以选用较低的交联度（如$C=3.5\%$）。

3）所适应的生物大分子的大小范围

聚丙烯酰胺凝胶电泳使用的凝胶浓度、孔径和分级范围见表1-6。对于未知样品如各种动、植物组织的破碎液、细胞、细菌破碎液等一般选用7%~7.5%浓度的胶先行实验，然后再根据具体电泳结果对胶浓度进行调整。

表1-6 聚丙烯酰胺凝胶电泳使用的凝胶浓度、孔径和分级范围

凝胶浓度/%	孔径	分级范围/kD
15~30	小（20 Å）	<10
7~7.5	较小（50 Å）	10~1 000
3.5~4	较大	1 000~5 000

注：相对分子量更大的分子，采用孔径更大的凝胶，如聚丙烯酰胺与琼脂糖的混合胶或纯琼脂糖凝胶。

3. 制备电泳

受到进样量的制约，利用制备电泳可以制备一些附加值高的生物样品。在实验室，可以对电泳后的胶板进行切割，对目标胶块进行提取；改进的方法是：利用常规聚丙烯胺凝胶板电泳，在玻璃板下部一定位置开一个条形贯穿孔，当蛋白经过迁移并出现在通道内时，便被流动的缓冲液带走，进而实现不同蛋白的分离。板式或柱式制备凝胶电泳装置示意图如图 1-16 所示。进一步改进的制备电泳方法是借助等电点聚焦，样品中各等电点不同的蛋白质分子进入凝胶后，在电场作用下，各自向不同的电极方向移动，由于凝胶由一些等电点不同的电解质构成，而且 pH 的范围是可调的，因此，蛋白移动到与此等电点相等的位置时，蛋白质便不带电荷，不同的蛋白质停留在不同的位置，再通过冲洗的方法，即可以获得一系列不同的分子，由此实现对蛋白混合物的分离（图 1-17）。

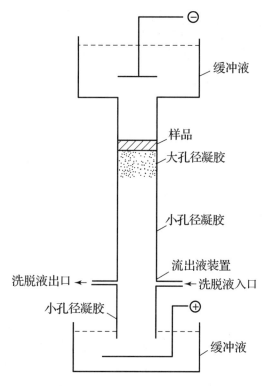

图 1-16　板式或柱式制备凝胶电泳装置示意图

4. 平板凝胶电泳过程中的异常现象

同层析过程一样，样品进样后，很难保证同种分子按相同速度在凝胶内部穿行并离开凝胶。凝胶中的蛋白条带也会出现一些不尽如人意的状况，下面简要分析原因并给出对应的解决方法。

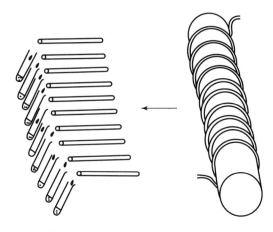

图 1 – 17 螺旋管等电聚焦电泳

（1）电泳用的指示剂前沿呈现"微笑"现象［图 1 – 18（a）］（指示剂呈现"微笑"现象，意味着在相同电泳体系中进行电泳的蛋白条带也呈现"微笑"现象），说明凝胶的冷却不均匀，中部冷却不好，温度差异导致中部分子迁移率大。凝胶较厚时易出现"微笑"现象。"皱眉"现象［图 1 – 18（b）］，常因为凝胶和玻璃板底部有气泡而引起。前者可通过增加电泳电极缓冲液的体积来进行液体降温的方法解决，后者可通过排空底部缝隙中气泡的方法解决。

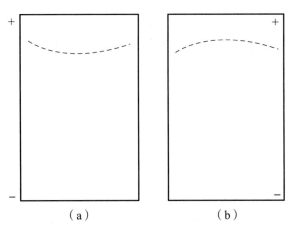

（a） （b）

图 1 – 18 电泳谱带异常现象示意图（1）

（a）"微笑"现象；（b）"皱眉"现象

（2）拖尾现象［图 1 – 19（a）］。拖尾现象常常由于样品溶解不好而引起。解决办法：①加样前对样品进行离心预处理（10 000 ~ 12 000 ×g，10 ~ 15 min）；②选择适当的样品缓冲液和凝胶缓冲液，增加溶剂，或降低凝胶浓度。

（3）纹理现象［图 1 – 19（b）］。纹理现象常常是由于样品中的不溶颗粒引起。解决办法：对样品进行离心（10 000 ~ 12 000 ×g，10 ~ 15 min）除去颗粒。

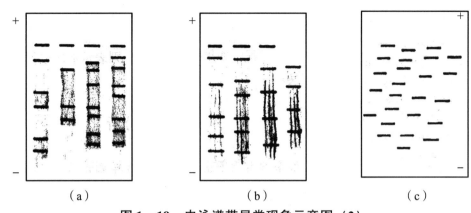

（a） （b） （c）

图1-19 电泳谱带异常现象示意图（2）

（a）拖尾现象；（b）纹理现象；（c）蛋白带偏斜现象

（4）蛋白带偏斜现象［图1-19（c）］。该现象是由于缓冲液中凝胶或电极放置不平行，以及加样位置偏斜而引起。

（5）蛋白条带过宽，与邻近蛋白泳道的带相连。这是由于加样量太大，加样孔泄漏引起。

参考文献

［1］李校堃，袁辉. 药物蛋白质分离纯化技术［M］. 北京：化学工业出版社，现代生物技术与医药科技出版中心，2005.

［2］李校堃，袁辉. 生物制药工艺学［M］. 北京：中国医药科技出版社，1993.

［3］李津，俞咏霆，董德祥. 生物制药设备和分离纯化技术［M］. 北京：化学工业出版社，现代生物技术与医药科技出版中心，2003.

［4］严希康. 生化分离工程［M］. 北京：化学工业出版社. 2001.

［5］朱宝泉. 生物制药技术［M］. 北京：化学工业出版社，现代生物技术与医药科技出版中心，2004.

［6］陈芬，胡莉娟. 生物分离与纯化技术［M］. 武汉：华中科技大学出版社，2012.

第 2 章

多糖及寡糖的提取与分离

实验 1　灵芝子实体中多糖的提取与分离

组长：＿＿＿＿＿　操作核查员：＿＿＿＿＿　数据记录员：＿＿＿＿＿

灵芝在我国古代被盛传为仙草，可治愈百病。古代医学家发现灵芝通过扶正固本使人体处于平衡状态，从现代医学的视角看，灵芝起了生物反应调节剂的作用。近 30 年的研究表明，灵芝中的多糖类是其重要的活性成分。灵芝多糖可提高机体免疫力，提高机体耐缺氧能力，消除自由基，抑制肿瘤生长，抵抗射线的辐射，提高肝脏、骨髓、血液合成 DNA、RNA、蛋白质的能力等，即通过直接或间接对免疫系统的影响，维持机体的免疫调节平衡，提高机体抗病能力。

灵芝多糖在子实体中的含量一般在 1% 左右，分子量分布比较宽泛，一般在 10^4 量级。多糖在较高温度下具有良好的水溶性，不溶于乙醇、丙酮、乙醚等有机溶剂，因此采用高温水提的方法可将多糖从破碎的灵芝子实体内提取出来；再通过乙醇沉淀的方法可将其与其他水溶性的小分子（包括单糖、生物碱、氨基酸、核苷酸等极性分子）分开。通过丙酮、乙醚的洗涤除去脂溶性成分，即可得到纯度较高的灵芝多糖。

本实验通过物料的破碎操作、溶剂的多糖提取操作、乙醇沉淀多糖操作（富集技术）、卷式膜和中空纤维膜过滤（初步纯化技术）、多糖含量测定等环节来实现灵芝样品中多糖的提取、纯化和含量测定。

一、实验目的

（1）了解水溶性多糖类物质的提取原理、实验设计和基本操作。

（2）掌握灵芝子实体中多糖的提取、初步纯化及含量测定方法。

二、实验要求

（1）学生在老师的指导下查阅相关的文献，包括生物活性成分的一般提取方法、纯化技术，灵芝多糖的理化性质、提取和纯化技术、检测方法。

（2）独立完成一个实际样品中灵芝子实体中多糖的提取、纯化和含量测定过程；同时对本班级不同实验条件的实验结果进行整体分析，找出规律。

（3）通过完整实验过程，能灵活处理和解决实验中遇到的问题，优化实验方法，提高实验过程中分析和解决问题的综合能力。

（4）根据整理的实验结果，按照科技论文的格式撰写实验报告。

三、教学形式

教学以研究型、工程型方式进行。正常分组，但每组实验操作之间有一定差异；实验分若干个操作环节，连续进行；实验结果组间共享，在分析中一并讨论。

四、预习内容

（1）从相关书籍、期刊网等处查阅、记录灵芝多糖基本的理化性质。

（2）样品提取液中目标成分的富集方法一般有哪些？文献中关于灵芝多糖的纯化方法有哪些？

五、实验材料、器材与仪器

1. 实验材料（供一个实验班用）

市售灵芝子实体（片状）或其他真菌类均可，每组 30 ~ 50 g，共 1 kg。实验开始前，需要对其进行烘干和物料破碎处理。

2. 试剂与配制（供一个实验班用）

（1）乙醇，500 mL，8 瓶；

（2）丙酮，500 mL，4 瓶；

（3）$NaHCO_3$，500 g，2 瓶；

（4）蒽酮，50 g，1 瓶；

（5）葡糖糖，1 g，1 瓶；

（6）浓硫酸，500 mL，2 瓶。

试剂配制：

（1）蒽酮试剂配制：称取 1 g 纯化的蒽酮，溶解于 1 000 mL 稀硫酸（将

760 mL 比重为 1.84 的浓硫酸加到 300 mL 水中制成）溶液中，现配现用。

注：务必先小心配制好稀硫酸，然后再配制该蒽酮试剂。稀硫酸的配制要在通风橱中进行，做好安全防护。

（2）葡萄糖标准溶液：称取已在 80 ℃ 烘箱中烘至恒重的葡萄糖 100 mg，配制成 500 mL 溶液，即得 200 μg/mL 的葡萄糖标准液。将其用冰箱保存，使用前提前 1 h 取出。

3. 实验用品

每组用品：

（1）50 mL 离心管，4 只；

（2）50 mL 离心管架，1 个；

（3）0~1 mL 移液器，1 只；

（4）0~5 mL 移液器，1 只；

（5）10 mL 试管，10 只；

（6）10 mL 试管架，1 个；

（7）滴管，2 只；

（8）200 mL 或 250 mL 烧杯，2 个；

（9）500 mL 三角瓶，2 个；

（10）100 mL 量筒，1 个；

（11）5 mL 替补头，1 盒；

（12）1 mL 替补头，1 盒；

（13）记号笔，1 支；

（14）20 cm 玻璃棒，1 根；

（15）剪刀，1 把；

（16）计时闹钟，1 个（或用手机计时）。

共用实验用品：

（1）称量用天平（量程 200 g）（含配套的称量纸），2 台；

（2）离心管平衡用台秤，2 台（各含两个 50 mL 或 100 mL 烧杯，烧杯固定在托盘上）；

（3）8~9 cm 布氏漏斗，6 只；

（4）抽滤用缓冲瓶，6 只（与布氏漏斗配套）；

（5）8~9 cm 滤纸，2 盒；

（6）剪刀，4 把；

（7）1 000 mL 量筒，1 个；

（8）500 mL 量筒，1 个；

（9）1 000 mL 试剂瓶，4 个；

（10）PE 手套，2 包；

（11）封口膜，2 卷；

（12）10 mL 离心管，1 包；

（13）标签纸，若干；

（14）蒸馏水，2 桶；

（15）0.22 μm 水溶性滤膜（5 cm），1 盒；

（16）0.22 μm 油溶性滤器（1 cm），1 包（50~100 个）。

4. 实验仪器

（1）物料粉碎机，1 台；

（2）离心机，可离心 50 mL 离心管，2 台；

（3）四孔水浴锅，4 台；

（4）超声波清洗器，2~4 台；

（5）水泵，2~4 台；

（6）普通磁力搅拌器，1 台（含搅拌子）；

（7）分析型闪式提取器，2 台；

（8）普通分光光度计，3~5 台；

（9）膜过滤装置，4 台（配有 MWCO 3 K、30 K 滤膜）。

六、实验内容

（一）实验材料的预处理

灵芝干片于 50~60 ℃烘干至恒重（6~8 h），对应于不同的实验有三种粉碎情况：①高度粉碎：剪成 2~4 cm 大小，然后用粉碎机粉碎，混匀备用。这是一种最为常用的实验材料。②中度粉碎：另取适量灵芝干片用剪刀剪成 0.5 cm 见方，混匀。③低度粉碎：灵芝片简单掰碎即可，以容易放到三角瓶中。

注：在实验中不设计材料粉碎程度作为多糖提取效果的影响因素时，就不用选择中度和低度粉碎。

（二）灵芝多糖及寡糖的提取

本实验提供 5 种提取实验设计的思路供参考，各学校根据各自情况参考或选用其中 1 种或 2 种方法即可。

第 1 种思路是较为简单的实验设计，采用传统的水煮提取方法，主要是考察不同的提取液、提取次数对多糖提取量的影响；第 2 种思路也是基于传统的水煮提取方法，主要是考察不同 $NaHCO_3$ 浓度的溶液，不同提取温度、提取次数、物料粉碎程度对多糖提取量的影响；第 3 种思路是基于超声波辅助提取方法，主要是考虑不同的浸泡时间、提取温度、提取次数、超声波处理时间对多糖提取量的影响；第 4 种思路是基于闪式提取方法，主要是考虑不同的浸泡时间、提取温度、提取次数、闪式提取时间对多糖提取量的影响；第 5 种实验思路是相同提取剂的条件下，比较不同的提取技术（常规的水煮提取法、超声波处理提取法和新式闪提技术）、浸泡时间、提取次数对多糖提取的影响。

1. 提取实验设计 I （普通水煮法 1）

1）两种提取液的配制

①配制 5%（W/V） $NaHCO_3$ 溶液（提取液）：称取 50 g 无水 $NaHCO_3$ 溶解并用 1 000 mL 量筒定容至 1 L。

②配制 5%（W/V） Tris 溶液（提取液）：称取 50 g Tris 溶解并用 1 000 mL 量筒定容至 1 L。

2）实验设计

灵芝多糖的提取效果与多种因素有关，本次实验仅考虑提取温度、提取次数、提取溶剂的种类对提取效果的影响，因此在多组同学进行实验时可按如下方法进行（表 2 - 1）。提取 2 ~ 3 次的实验组用的时间肯定比提取 1 次的实验组用的时间长，后者在做完本组实验后参与或观察前者的实验即可。本实验设计仅给出了 9 个实验组的安排，更多的实验组可采用重复的方法进行，这样便可观察到重复实验的结果。

表 2 - 1　不同实验组的实验条件 （一）

实验组	提取方法	实验组	提取方法	实验组	提取方法
1	水煮法提取 1 次，100 ℃	4	5% $NaHCO_3$ 提取 1 次，100 ℃	7	5% Tris 提取 1 次，100 ℃
2	水煮法提取 2 次，100 ℃	5	5% $NaHCO_3$ 提取 2 次，100 ℃	8	5% Tris 提取 2 次，100 ℃
3	水煮法提取 3 次，100 ℃	6	5% $NaHCO_3$ 提取 3 次，100 ℃	9	5% Tris 提取 3 次，100 ℃

注：煎煮时间指提取混合物达到设定温度后的时间，不包括前面的升温时间；每次煎煮时间要相同，一般在 30 ~ 60 min 范围内，自行设定即可。下同。

3）多糖及寡糖的提取

每组称取 10 g 混匀后的灵芝样品（粉末），置于 500 mL 三角瓶中，加入 150 mL（按料液比 1∶15 计）提取液（蒸馏水或 5% NaHCO₃ 或 5% Tris），室温浸泡 1 h，然后置于 100 ℃ 条件下煎煮 1 h（以提取液温度到达设定温度开始计时），简单封口以保湿，其间不断搅拌。

提醒： 蒸发会导致液体体积明显减小。补救方法：达到预定温度时，简单标记液面高度，以便适当补充水分以保持水分总量。

煎煮结束的提取液用自来水降温（约 10 min），之后用布氏漏斗双层滤纸进行过滤，尽量将提取液抽提干净，滤液再于 10 000 ×g 离心 15 min（或用双层滤纸再过滤 1 次），保存好上清液（_____ mL），该样品中不能含有任何可见颗粒状杂质，标清样品号，从中取 3~5 mL 单独保存，以用于多糖含量的测定。

对于要提取 2~3 次的实验组，还要进行 1 次或 2 次的煎煮提取操作。具体操作是：将第 1 次过滤后所得到的物料（圆饼状）重新放回提取瓶，加入 100 mL（按料液比 1∶10 计）提取液，用玻璃棒搅散，重新提取 1 次，保存好所得到的提取液（_____ mL），从中取 3~5 mL 单独保存，以用于多糖含量的测定。进行第 3 次提取时，操作同上，所得的提取液体积为（_____ mL），从中取 3~5 mL 单独保存，以用于多糖含量的测定。

得到分别保存的提取液后，一般先进行多糖含量的测定，以便决定对第 2 次及第 3 次提取液是否与第 1 次提取液合并，之后将最后合并的提取液（_____ mL）用于多糖初步纯化。

2. 提取实验设计 II（普通水煮法 2）

1）提取液的配制

配制 5%（*W/V*）NaHCO₃ 溶液（提取液）：称取 50 g 无水 NaHCO₃ 溶解并用 1 000 mL 量筒定容至 1 L。

2）实验设计［按 $L_9(3^4)$ 方式进行］

灵芝多糖的提取效果与多种因素有关，本次实验仅考虑提取温度、提取次数、粉碎情况、提取溶剂的浓度等因素，因此在多组同学进行实验时可考虑采用正交设计的方法来考察何种因素对提取效果的影响最大，以便于优化提取工艺。本实验考察的实验因素及水平见表 2-2、表 2-3。提取 2~3 次的实验组用的时间肯定比提取 1 次的实验组用的时间长，后者在做完本组实验后参与或观察前者的实验即可。

表 2-2　实验因素及水平（一）

水平	提取温度/℃	提取次数/次	NaHCO₃溶液的浓度/%	物料粉碎度/级
1	80	1	0	低
2	90	2	2	中
3	100	3	5	高

表 2-3　正交设计实验表 [$L_9(3^4)$]（一）

实验	提取温度/℃	提取次数/次	提取溶剂的浓度/%	物料粉碎度/级	多糖提取量
1	80	1	0	低	
2	80	2	2	中	
3	80	3	5	高	
4	90	1	2	高	
5	90	2	5	低	
6	90	3	0	中	
7	100	1	5	中	
8	100	2	0	高	
9	100	3	2	低	

3）多糖及寡糖的提取

根据表 2-3 的正交设计，9 个实验组每组条件都不相同。如实验 1 组的条件是：提取温度 80 ℃、提取 1 次、提取液 NaHCO₃ 浓度为 0、灵芝片简单掰碎或保持原状；实验 7 组的条件是：提取温度 100 ℃、提取 1 次、提取液 NaHCO₃ 浓度为 5%、灵芝片简单剪碎。对于实验组超过 9 组的情况，可以对上述任何一组或几组采用多组重复的方法。

具体操作时：每组称取 10 g 对应的混匀后的灵芝样品，置于 500 mL 三角瓶中，加入 150 mL（按料液比 1∶15 计）提取液（蒸馏水或不同浓度的 NaHCO₃ 溶液），室温浸泡 1 h，然后置于 80～100 ℃ 条件下煎煮 1 h（以提取液温度到达设定温度开始计时），简单封口以保湿，其间不断搅拌。

提醒：蒸发会导致液体体积明显减小。补救方法：达到预定温度时，简单标记液面高度，以便适当补充水分以保持水分总量。

煎煮结束的提取液用自来水降温（约 10 min）后用布氏漏斗双层滤纸进行

过滤，尽量将提取液抽提干净，滤液再于 10 000 ×g 离心 15 min（或用滤纸再过滤 1 次），保存好上清液（_____mL），该样品中不能含有任何可见颗粒状杂质，标清样品号，从中取 3~5 mL 单独保存，以用于多糖含量的测定。

对于要提取 2~3 次的实验组，还要进行 1 次或 2 次的煎煮提取操作。具体操作是：将第 1 次过滤后所得到的物料（圆饼状）重新放回提取瓶，加入 100 mL（按料液比 1∶10 计）提取液，重新提取 1 次，保存好所得到的提取液（_____mL），从中取 3~5 mL 单独保存，以用于多糖含量的测定。进行第 3 次提取时，操作同上，所得的提取液体积为_____mL，从中取 3~5 mL 单独保存，以用于多糖含量的测定。

得到分别保存的提取液后，一般先进行多糖含量的测定，以便决定对第 2 次及第 3 次提取液是否与第 1 次提取液合并，之后将最后合并的提取液（_____mL）用于多糖初步纯化。

3. 提取实验设计Ⅲ（超声波处理方法）

实验材料：选用高度粉碎的灵芝粉。

1）提取液的配制

配制 5%（W/V）$NaHCO_3$ 溶液（提取液）：称取 50 g 无水 $NaHCO_3$ 溶解并用 1 000 mL 量筒定容至 1 L。

2）实验设计 $[L_9(3^4)$ 方式]

灵芝多糖的提取效果与多种因素有关，本次实验考虑提取前的浸泡时间、提取温度、提取次数、超声波处理时间等四个因素对提取效果的影响，采用四因素三水平的正交设计的方法来考察何种因素对提取效果的影响最大，以便于优化提取工艺。本实验考察的实验因素及水平如下（表 2-4 和表 2-5）。提取 2~3 次的实验组用的时间肯定比提取 1 次的实验组用的时间长，后者在做完本组实验后参与或观察前者的实验即可。本次仅给出了 9 个实验组的安排，更多的实验组可采用重复的方法进行，这样便可观察到实验重复的结果。

表 2-4　实验因素及水平（二）

水平	提取温度 /℃	提取次数 /次	提取前的浸泡 时间/h	超声波处理 时间/min
1	36~45	1	0	30
2	46~55	2	0.2	45
3	56~65	3	1	60

表 2 – 5   正交设计实验表［$L_9(3^4)$］（二）

实验	提取温度/℃	提取次数/次	提取前浸泡时间/h	超声处理时间/min	多糖提取量
1	36 ~ 45	1	0	30	
2	36 ~ 45	2	0.5	45	
3	36 ~ 45	3	1	60	
4	46 ~ 55	1	0.5	60	
5	46 ~ 55	2	1	30	
6	46 ~ 55	3	0	45	
7	56 ~ 65	1	1	45	
8	56 ~ 65	2	0	60	
9	56 ~ 65	3	0.5	30	

3）多糖及寡糖的提取

根据表 2 – 5 的正交设计，9 个实验组每组条件各不相同。如实验 1 组的条件是：提取温度 36 ~ 45 ℃、提取 1 次、提取前浸泡时间为 0 h、超声波处理 30 min；实验 7 组的条件是：提取温度 56 ~ 65 ℃、提取 1 次、提取前浸泡时间为 1 h、超声波处理 45 min。

具体操作时：每组称取 10 g 混匀后的灵芝样品（粉末），置于 500 mL 三角瓶中，加入 150 mL（按料液比 1∶15 计）提取液［5%（W/V）NaHCO$_3$］，在各组的最低超声处理温度下浸泡，然后置于装有一定水的超声波清洗器处理一定时间，简单封口以保湿。

超声波处理结束的提取液用布氏漏斗双层滤纸进行过滤，尽量将提取液抽提干净，滤液再于 10 000 × g 离心 15 min（或用双层滤纸再过滤 1 次），保存好上清液（_____ mL），该样品中不能含有任何可见颗粒状杂质，标清样品号，从中取 3 ~ 5 mL 单独保存，以用于多糖含量的测定。

对于要提取 2 ~ 3 次的实验组，还要进行 1 次或 2 次的超声提取操作。具体操作是：将第 1 次过滤后所得到的物料（圆饼状）重新放回提取瓶，加入 100 mL（按料液比 1∶10 计）提取液，用玻璃棒搅碎后重新提取 1 次，保存好所得的提取液（_____ mL），从中取 3 ~ 5 mL 单独保存，以用于多糖含量的测定。进行第 3 次提取时，操作同上，所得的提取液体积为_____ mL，从中取 3 ~ 5 mL 单独保存，以用于多糖含量的测定。

得到分别保存的提取液后，一般先进行多糖含量的测定，以便决定对第 2 次及第 3 次提取液是否与第 1 次提取液合并，之后将最后合并的提取液

（_____mL）用于多糖初步纯化。

4. 实验设计Ⅳ（闪式提取法）

实验材料：选用高度粉碎的灵芝粉。

灵芝多糖的提取效果与多种因素有关，因此在多组同学进行实验时可按如下方法进行。

1）提取液的配制

配制 5%（W/V）$NaHCO_3$ 溶液（提取液）：称取 50 g 无水 $NaHCO_3$ 溶解并用 1 000 mL 量筒定容至 1 L。

2）实验设计

灵芝多糖的提取效果与多种因素有关，本次实验考虑提取前的浸泡时间、提取温度、提取次数、闪式处理时间等四个因素对提取效果的影响，采用四因素三水平的正交设计的方法来考察何种因素对提取效果的影响最大，以便于优化提取工艺。本实验考察的实验因素及水平如下（表 2-6 和表 2-7）。提取 2~3 次的实验组用的时间肯定比提取 1 次的实验组用的时间长，后者在做完本组实验后参与或观察前者的实验即可。本次仅给出了 9 个实验组的安排，更多的实验组可采用重复的方法进行，这样便可观察到实验重复的结果。

表 2-6　实验因素及水平（三）

水平	提取温度/℃	提取次数/次	提取前的浸泡时间/h	闪式提取时间/min
1	36~45	1	0	4
2	46~55	2	0.5	8
3	56~65	3	1	12

表 2-7　正交设计实验表 [$L_9(3^4)$]（三）

实验	提取温度/℃	提取次数/次	提取前的浸泡时间/h	闪式提取时间/min	多糖提取量
1	36~45	1	0	4	
2	36~45	2	0.5	8	
3	36~45	3	1	12	
4	46~55	1	0.5	12	
5	46~55	2	1	4	
6	46~55	3	0	8	

实验	提取温度/℃	提取次数/次	提取前的浸泡时间/h	闪式提取时间/min	多糖提取量
7	56～65	1	1	8	
8	56～65	2	0	12	
9	56～65	3	0.5	4	

3）多糖及寡糖的提取

根据表 2-7 的正交设计，9 个实验组每组条件各不相同。如实验 1 组的条件是：提取温度 36～45 ℃、提取 1 次、提取前浸泡时间为 0 h、闪式提取处理 4 min；实验 7 组的条件是：提取温度 56～65 ℃、提取 1 次、提取前浸泡时间为 1 h、闪式提取处理 8 min。

具体操作时：每组称取 10 g 混匀后的灵芝样品（粉末），置于 500 mL 烧杯中，加入 300 mL（按料液比 1：15 计）提取液 [5%（W/V）$NaHCO_3$]，在各组的最低处理温度下浸泡，然后用闪式提取器处理，此过程要控制设备功率，确保设备运转过程中产生的泡沫不溢出烧杯。

闪式处理结束的提取液用布氏漏斗双层滤纸进行过滤，尽量将提取液抽提干净，滤液再于 10 000 × g 离心 15 min（或用双层滤纸再过滤 1 次），保存好上清液（_____mL），该样品中不能含有任何可见颗粒状杂质，标清样品号，从中取 3～5 mL 单独保存，以用于多糖含量的测定。

对于要提取 2～3 次的实验组，还要进行 1 次或 2 次的闪式提取操作。具体操作是：将第 1 次过滤后所得到的物料（圆饼状）重新放回最初的提取烧杯中，加入 100 mL（按料液比 1：10 计）提取液，用玻璃棒搅碎后重新提取 1 次，保存好所得到的提取液（_____mL），从中取 3～5 mL 单独保存，以用于多糖含量的测定。进行第 3 次提取时，操作同上，所得的提取液体积为_____mL，从中取 3～5 mL 单独保存，以用于多糖含量的测定。

得到分别保存的提取液后，一般先进行多糖含量的测定，以便决定对第 2 次及第 3 次提取液是否与第 1 次提取液合并，之后将最后合并的提取液（_____mL）用于多糖初步纯化。

5. 实验设计 V（不同提取方法的比较）

实验材料：选用高度粉碎的灵芝粉。

1）提取液的配制

配制 5%（W/V）$NaHCO_3$ 溶液（提取液）：称取 50 g 无水 $NaHCO_3$ 溶解并用

1 000 mL 量筒定容至 1 L。

2）实验设计

灵芝多糖的提取效果与多种因素有关，如提取温度、提取次数、粉碎情况、提取溶剂的种类及浓度、提取设备等。本次实验仅考察不同提取方法对多糖提取效果的影响（表 2 - 8）。

表 2 - 8　不同实验组的实验条件（二）

实验组	提取方法	实验组	提取方法	实验组	提取方法
1	水煮法提取 1 次，100 ℃	4	闪式提取 1 次，100 ℃	7	超声提取 1 次，100 ℃
2	水煮法提取 2 次，100 ℃	5	闪式提取 2 次，100 ℃	8	超声提取 2 次，100 ℃
3	水煮法提取 3 次，100 ℃	6	闪式提取 3 次，100 ℃	9	超声提取 3 次，100 ℃

注 1：在进行本实验时，可以用其他溶液如 5%（W/V）$NaHCO_3$ 溶液全部替换本次提取用的水。

注 2：煎煮时间指提取混合物达到设定温度后的时间，不包括前面的升温时间；每次煎煮时间要相同，一般在 30～60 min 范围内，自行设定即可。

3）多糖及寡糖的提取

第 1～3 组的具体操作：①每组称取 10 g 混匀后的灵芝样品（粉末），置于 500 mL 三角瓶中，加入 300 mL（按料液比 1∶15 计）提取液［蒸馏水或 5%（W/V）$NaHCO_3$］，室温浸泡 1 h，之后分别置于不同的条件下进行操作。②置于 100 ℃ 条件下煎煮 1 h（以提取液温度到达设定温度开始计时），简单封口以保湿，其间不断搅拌。

提醒：蒸发会导致液体体积明显减小。补救方法：达到预定温度时，简单标记液面高度，以便适当补充水分以保持水分总量。

煎煮结束的提取液用自来水降温约 10 min 后，用布氏漏斗双层滤纸进行过滤，尽量将提取液抽提干净，滤液再于 10 000 × g 离心 15 min（或用滤纸再过滤 1 次），保存好上清液（_____ mL），该样品中不能含有任何可见颗粒状杂质，标清样品号，从中取 3～5 mL 单独保存，以用于多糖含量的测定。

对于要提取 2～3 次的实验组，还要进行 1 次或 2 次的煎煮提取操作。具体操作是：将第一次过滤后所得到的物料重新放回提取瓶，加入 100 mL（按料液比 1∶10 计）提取液，重新提取 1 次，保存好所得到的提取液（_____ mL），从中取 3～5 mL 单独保存，以用于多糖含量的测定。进行第 3 次提取时，操作同上，所得的提取液体积为＿＿＿＿＿＿＿＿ mL，从中取 3 ~ 5 mL 单独保存，以用于多糖含量的测定。

得到分别保存的提取液后，一般先进行多糖含量的测定，以便决定对第 2 次及第 3 次提取液是否与第 1 次提取液合并，之后将最后合并的提取液（＿＿＿＿＿＿＿＿ mL）用于多糖初步纯化。

第 4 ~ 6 组的具体操作：①每组称取 10 g 混匀后的灵芝样品（粉末），置于 500 mL 烧杯中，加入 300 mL（按料液比 1 : 15 计）提取液［蒸馏水或 5%（W/V）NaHCO$_3$］，室温浸泡 1 h，之后分别置于不同的条件下进行操作。②用闪式提取器处理 5 min，此过程要控制设备功率，确保设备运转过程中产生的泡沫不溢出烧杯。

闪式处理结束的提取液用布氏漏斗双层滤纸进行过滤，尽量将提取液抽提干净，滤液再于 10 000 × g 离心 15 min（或用双层滤纸再过滤 1 次），保存好上清液（＿＿＿＿＿＿＿＿ mL），该样品中不能含有任何可见颗粒状杂质，标清样品号，从中取 3 ~ 5 mL 单独保存，以用于多糖含量的测定。

对于要提取 2 ~ 3 次的实验组，还要进行 1 次或 2 次的闪式提取操作。具体操作是：将第 1 次过滤后所得到的物料（圆饼状）重新放回最初的提取烧杯中，加入 100 mL（按料液比 1 : 10 计）提取液，用玻璃棒搅碎后重新提取 1 次，保存好所得到的提取液（＿＿＿＿＿＿＿＿ mL），从中取 3 ~ 5 mL 单独保存，以用于多糖含量的测定。进行第 3 次提取时，操作同上，所得的提取液体积为＿＿＿＿＿＿＿＿ mL，从中取 3 ~ 5 mL 单独保存，以用于多糖含量的测定。

得到分别保存的提取液后，一般先进行多糖含量的测定，以便决定对第 2 次及第 3 次提取液是否与第 1 次提取液合并，之后将最后合并的提取液（＿＿＿＿＿＿＿＿ mL）用于多糖初步纯化。

第 7 ~ 9 组的具体操作：①每组称取 10 g 混匀后的灵芝样品，置于 500 mL 三角瓶中，加入 150 mL（按料液比 1 : 15 计）提取液［蒸馏水或 5%（W/V）NaHCO$_3$］，室温浸泡 1 h，之后分别置于不同的条件下进行操作。②置于装有一定水的超声波清洗器处理 1 h，简单封口以保湿。

超声波处理结束的提取液用布氏漏斗双层滤纸进行过滤，尽量将提取液抽提干净，滤液再于 10 000 × g 离心 15 min（或用双层滤纸再过滤 1 次），保存好上清液（＿＿＿＿＿＿＿＿ mL），该样品中不能含有任何可见颗粒状杂质，标清样品号，从中取 3 ~ 5 mL 单独保存，以用于多糖含量的测定。

对于要提取 2 ~ 3 次的实验组，还要进行 1 次或 2 次的超声提取操作。具体操作是：将第 1 次过滤后所得到的物料（圆饼状）重新放回提取瓶，加入 100 mL（按料液比 1 : 10 计）提取液，用玻璃棒搅碎后重新提取 1 次，保存好所得的提取液（_____mL），从中取 3~5 mL 单独保存，以用于多糖含量的测定。进行第 3 次提取时，操作同上，所得的提取液体积为_____mL，从中取 3~5 mL 单独保存，以用于多糖含量的测定。

得到分别保存的提取液后，一般先进行多糖含量的测定，以便决定对第 2 次及第 3 次提取液是否与第 1 次提取液合并，之后将最后合并的提取液（_____mL）用于多糖初步纯化。

（三）多糖及寡糖的初步纯化 1——超滤法分离

提醒 1：实验室无相关过滤设备时，省去此步操作。

提醒 2：每组提取液量较少时，可以将若干组的提取液合并后进行过滤操作。

本步操作是用截留分子量为 30 K 和 3~5 K 的卷式膜对上述提取液进行过滤，以得到低分子量的多糖和寡糖、较高分子量的多糖等组分，直接将最原始的提取液用于后续的乙醇沉淀操作即可。

取剩余的多糖提取液（_____mL），用 MWCO 30 K 的卷式膜进行过滤，通过调节穿透液的流出速度（或过滤压力）来调控超滤时间，出液速度越快，体系运行压力越大，其负面作用就是较易导致过滤微孔的堵塞，本次过滤时间是（_____h），过滤后的滤出液（含有多糖及寡糖成分）体积是（_____mL）；浓缩液（含有更高分子量的多糖）体积是（_____mL）。各取一定体积（2~3 mL）的上述两种溶液标清号码，以用于多糖含量的测定。

寡糖及较高分子量多糖的分离：取上述渗出液（_____mL），用 MWCO 3~5 K 的卷式膜进行过滤，通过调节穿透液的流出速度（或过滤压力）来调控超滤时间，出液速度越快，体系运行压力越大，其负面作用就是较易导致过滤微孔的堵塞，本次过滤时间是（_____h），过滤后的滤出液（主要含有寡糖成分）体积是（_____mL）；浓缩液（主要成分是较高分子量的多糖）体积是（_____mL）。取一定体积（2~3 mL）的上述两种溶液标清号码，以用于多糖含量的测定。

在上述两次超滤过程中，为使较小分子较彻底渗出，可以采用多次超滤的方式进行，即对于某一样品，经过一定时间的超滤处理后，可向循环的过滤液中加入一定体积的水以减少逐渐浓缩的高分子成分对膜孔堵塞，这种操作的副作用就是造成滤出液体积的增加，使目标成分浓度降低，给后续操作带来不便。

（四）多糖及寡糖的初步纯化 2——乙醇沉淀

本步操作所需要的样品包括提取时所得到的最初提取液、超滤后所得到的系列溶液。取多只 50 mL 离心管，洗净、烘干、做好标记并称重。再取待乙醇沉淀的样品液 30 mL 置于 200 mL 或 250 mL 烧杯中，冰浴 30 min 或更长时间后，加入 120 mL 冷乙醇（即按 1 : 4 的比例），静置 2 ~ 4 h 或过夜，倾去上层清液（回收），下层沉淀物转入上述 50 mL 离心管（1 只或 2 只）中，然后 10 000 × g 离心 15 min，迅速倒掉上清液（回收），保存好沉淀，沉淀颜色呈（_____）颜色。然后在离心管中加入纯乙醇 5 ~ 10 mL 将上述沉淀捣碎悬浮（即清洗）（若沉淀分散在两只离心管中，将两管合并到 1 只管中），相同条件下离心后，再用 5 ~ 10 mL 丙酮洗涤以脱脂。最后的沉淀于 40 ℃ 干燥、恒重后，称重（_____ mg）（相当于_____ mg/mL 提取液）（此重量是在相应提取条件下的提取物的重量，不全是要提取的多糖的重量）。

不同操作环节中多糖提取量的计算如下。

（1）最初提取液中多糖/寡糖的总量 = 提取液稀释后的多糖浓度 × 稀释倍数 × 最初的提取液体积（mg）

（2）实际多糖的提取量。将上述公式中"最初的提取液体积"减去（30 + 3）mL 即可。

（3）寡糖（截留分子量 3 ~ 5 K）提取量 = 3 ~ 5 K 过滤后渗出液经稀释后的多糖浓度 × 稀释倍数 × 最初的提取液体积（mg）

（4）较高分子量多糖（截留分子量 30 K）提取量 = 3 ~ 5 K 过滤后的浓缩液经稀释后的多糖浓度 × 稀释倍数 × 进行 3 ~ 5 K 滤膜过滤时的过滤液体积（mg）

（五）样品中多糖含量的测定（蒽酮比色法）

1. 多糖测定原理（蒽酮比色法）

蒽酮比色法是一个快速而方便的定糖方法。糖在浓硫酸的作用下生成糠醛，糠醛再与蒽酮作用形成一种蓝绿色的络合物，它于 620 nm 波长处有最大吸收，颜色深浅与糖含量有关。反应式如下：

该方法在测定糖含量时没有专一性，绝大部分的碳水化合物（如游离的或多糖中存在的己糖、戊糖及糖醛酸等）都能与蒽酮反应，产生颜色。当存在含有较多色氨酸的蛋白质时，反应不稳定，碳水化合物呈现红色。

2. 试剂配制

配制方法见前面的试剂及配制部分。

3. 标准曲线的绘制

（1）取 7 只干净的 10 mL 离心管，按表 2 - 9 配制一系列的标准葡萄糖溶液，浓度分别为每 mL 含葡萄糖 0 μg、10 μg、20 μg、40 μg、60 μg、80 μg、100 μg。

表 2 - 9　系列标准葡萄糖溶液配制表

所用母液量/mL	0	0.25	0.5	1	1.5	2	2.5
蒸馏水/mL	5	4.75	4.5	4	3.5	3	2.5
总体积/mL	5	5	5	5	5	5	5
终浓度/($\mu g \cdot mL^{-1}$)	0	10	20	40	60	80	100
OD_{620}							

（2）取 7 只干净的 10 mL 玻璃试管，标号后，每管加入准确量取的上述系列的标准葡萄糖溶液 1 mL，然后加入蒽酮试剂 5 mL，迅速摇匀，在沸水浴中煮沸 10 min，取出冷却。

注：因用到高浓度硫酸，以后的操作过程要格外小心，以免伤及人体及设备。

（3）取上述系列溶液在分光光度计上测定 620 nm 处的光吸收值（或称吸光值、OD 值、光密度值）。

（4）以光吸收值为纵坐标，以葡萄糖浓度为横坐标，绘制标准曲线。

4. 样品中糖浓度的测定

参照上述方法，将样品液替代标准葡萄糖溶液即可，每样需要进行 3 次平行性检测。一般情况下，提取液中糖浓度都较高，在测量前需要适当稀释。对于上述实验，稀释倍数一般在 5～20 范围内。

对于固体样品，要称量准确、浓度大小合适，其浓度可参考按标准曲线测定时用的最高浓度 100 μg/mL 的 10 倍配制即 1 mg/mL。

5. 数据换算

根据标准曲线和检测样品的光密度值计算各样品中的糖浓度，同时对上述各空格处的含糖量进行计算，求出提取的多糖总量、各纯化步骤的得率和纯化效果。

七、思考题

（1）文献中提供的灵芝多糖的分子量范围是多少？须给出明确的文献出处（1~2 篇）。

（2）在本实验结果的基础上，根据理论课所学知识，你认为可以用何种方法或技术进一步对灵芝多糖进行纯化？

（3）你觉得本实验的改进之处在什么地方？

参考文献

[1] 王琪．灵芝子实体多糖的分离纯化、硫酸化及生物活性研究［D］．南京：南京农业大学，2010.

[2] 杨祖金，江燕斌，葛发欢，等．超滤膜技术分离灵芝多糖的研究［J］．中药材，2009，32（1）：126－129.

[3] 赵世华，姚文兵，庞秀炳，等．灵芝多糖分离鉴定及抗肿瘤活性的研究［J］．中国生化药物杂志，2003，24（4）：173－176.

实验 2　水苏糖的提取与纯化

组长：_____操作核查员：_____数据记录员：_____

水苏糖（stachyose）是由半乳糖 – 半乳糖 – 葡萄糖 – 果糖构成的四糖，是一种功能性低聚糖，具有抑制肠道有害菌群增殖、改善排便、防止便秘、保护肝脏、降血压和血脂、增强机体免疫力等功能，同时也是具有防癌、抗癌、增进健康等生理功能的低聚糖之一。其广泛分布在豆科和唇形科植物中，尤其在地黄［*Rehmannia glutinosa*（Gaetn.）Libosch. ex Fisch. et Mey.］、草石蚕等的肉质块茎中含量丰富。

中药地黄为玄参科植物地黄的块根，使用历史悠久，是著名的"四大怀药"之一，始载于《神农本草经》，列为上品；历代本草均有记载，为常用滋补类中药之一。据统计它在中药处方中的使用频率排名处于前 10 位。地黄中含有水苏糖、棉子糖、甘露三糖、毛蕊花糖、半乳糖及地黄多糖 a、b 等糖类成分。水苏糖在鲜地黄中含量最高，达总糖的 64.9%，在干地黄中达地黄干重的 30% 左右。地黄多糖 b 是地黄中兼具免疫与抑瘤活性的有效成分。熟地黄多糖具有免疫和抑瘤活性，并对心血管系统有强心、降压、保护心肌、抑制血栓形成和降血脂等作用。水苏糖的提取采用对地黄进行提取，对地黄提取液进行大孔树脂吸附，再用乙醇沉淀杂质以制备水苏糖等低聚糖，最后用高效液相色谱法进行鉴定的方法。

本实验对地黄采用传统的提取方法和最新的提取方法相结合，通过对提取液进行粗分离，获得含量较高的水苏糖产品，并进行相互对比研究。

1. 溶剂提取

水苏糖分子量小，具有良好的水溶性，不溶于乙醇、丙酮、乙醚等有机溶剂，因此采用高温水提的方法可将多糖从破碎的地黄内提取出来；另外，也可以采用超声波辅助提取和微波辅助提取。

超声提取过程产生强烈的振动、空化、搅拌，与传统提取方式比较具有收率高、生产周期短、无须加热、有效成分不被破坏等优点。

将微波应用于提取，其对物质的作用表现在：当被提取物与溶媒共同处于微波场时，目标组分分子受到高频电磁波的作用，产生剧烈振荡，分子本身获得了巨大的能量以挣脱周边环境的束缚，当环境存在一定的浓度差时，可以在非常短的时间内使分子自内向外的迁移达到一个平衡点，这就是微波可以短时间内实现提取的原因。

2. 浓缩和分离

传统溶液浓缩采用溶剂蒸发的方法，现在也常采用膜过滤等方法。样品分离传统方法有结晶、挥发和过滤等。在生物工程过程里面，我们也会相应地采用溶剂沉淀，添加金属离子沉淀等。一般乙醇沉淀是一个普遍实用的方法。

可以通过乙醇沉淀的方法将水苏糖与其他的水溶性小分子（包括单糖、生物碱、氨基酸、核苷酸等极性分子）分开，即可得到纯度较高的水苏糖。

3. 活性炭脱色

活性炭是一种黑色粉状、粒装或者丸状的无定型且具有多孔的碳材料。其具有石墨样的精细结构，具有非常高的比表面积和很强的吸附性能，常常被用于脱色材料。活性炭脱色就是用利用活性炭的高吸附能力，以吸附的方法除去化合物样品中的杂质。当样品（产品）为固体时，一般是先用适当溶剂将其溶解，加入活性炭吸附剂，停留或搅拌片刻，杂质即被活性炭吸附剂吸附。然后过滤，被吸附的杂质即与活性炭吸附剂一起留在过滤介质上，而与样品分离。

4. 高效液相色谱法测定

高效液相色谱法同其他色谱法一样，都是溶质在固定相和流动相之间进行的一种连续多次的分配过程，是借不同组分在两相间亲和力、吸附能力、离子交换过程或分子排阻作用等的差异进行分离。其基本方法是用高压输液泵将流动相泵入装有填充剂的色谱柱，注入的供试品被流动相带入柱内进行分离后，各成分先后进入检测器，用记录仪或数据处理装置记录色谱图并进行数据处理，得到测定结果。高效液相色谱仪由输液泵、进样器、色谱柱、检测器和色谱数据处理系统组成。最常用的检测器为可变波长的紫外－可见光检测器，其他检测器有二极管阵列紫外－可见光检测器、荧光检测器、电化学检测器、示差折光检测器、蒸发光散射检测器、质谱检测器等。色谱信息的收集和处理常用积分仪或数据工作站进行。洗脱分等度洗脱和梯度洗脱两种。梯度洗脱可用两台泵或单台泵加比例阀实现程序控制。

高效液相色谱法测定水苏糖含量，定量方法主要有两种，一是面积归一化法，即测定水苏糖占总糖的百分比；二是外标法，即测定水苏糖占样品质量的百分比。本书采用两种方法对正常水苏糖样品和外加了其他成分的水苏糖样品进行分析对比，探讨两种定量方法在水苏糖生产和产品质量控制方面的应用特性。

一、实验目的

（1）掌握低聚糖类化合物溶剂提取的原理、实验设计和基本操作。

（2）熟悉地黄中水苏糖的提取、纯化和含量测定方法。

（3）掌握用高效液相色谱法测定水苏糖的含量方法。

二、实验要求

（1）学生在老师的指导下查阅相关的文献，包括生物活性成分的一般提取方法、纯化技术，水苏糖的理化性质、提取和纯化技术、检测方法。

（2）独立完成一个地黄实际样品中水苏糖的提取、纯化和含量测定；同时对本班级的其他方法获得水苏糖的实验结果进行整体分析，找出规律。

（3）通过整理全部实验过程，学会灵活处理和解决实验中遇到的问题，优化实验方法，提高实验中分析和解决问题的综合能力。

（4）根据整理的实验结果，按照科技论文的格式撰写综合实验报告。

三、教学形式

教学以研究型、工程型方式进行。正常分组，但每组的实验条件设定有一定差异；实验分若干个操作环节，连续进行；实验结果组间共享，最终一并分析实验结果并讨论。

四、预习内容

（1）从相关书籍和文献，包括中文期刊网等处查阅资料、了解水苏糖基本的理化性质。

（2）水苏糖粗品提取的方法和初步提纯的方法有哪些？水苏糖的纯化方法有哪些？有何特点？

五、实验材料、器材与仪器

1. 实验材料（供一个实验班用）
市售生地黄饮片，每组 50 ~ 100 g，共 1 kg。粉末状活性炭 1 kg。

2. 试剂（供一个实验班用）
乙醇 4 L；乙腈 2 L。

3. 实验用品
每组用品：

（1）50 mL 离心管，2 只；

（2）50 mL 离心管架，1 个；

（3）50 mL 量筒，1 个；

（4）计时闹钟（或用手机），1个；

（5）1 000 mL 烧瓶，1个；

（6）铁架台及固定层析柱的夹子；

（7）20 cm 玻璃棒，1根；

（8）记号笔，1支；

（9）层析柱（带转换接头，10 mm×40 cm），1只。

共用实验用品：

（1）称量用天平（量程200 g）（含配套用的称量纸），2~3台；

（2）离心管平衡用台秤，2~3台（各含两个50 mL 或100 mL 烧杯，烧杯固定在托盘上）；

（3）8~9 cm 布氏漏斗，4~5只；

（4）封口膜，1卷；

（5）8~9 cm 滤纸，4盒；

（6）剪刀，3~4把；

（7）0~1 mL 移液器，4只；

（8）1 mL 替补头，1盒；

（9）80 目筛子，2个；

（10）氨基 C_{18} 高效液相色谱柱，2只；

（11）500 mL 量筒，2个；

（12）2 mL 或 5 mL 离心管，1包；

（13）标签纸，若干；

（14）100 mL 量筒，2个；

（15）蒸馏水，1桶；

（16）手套，2包；

（17）废液回收桶，5 L，1个；

（18）0.22 μm 一次性滤器，1包（30~50个）；

（19）抽滤瓶，5只（与布氏漏斗配套）；

（20）过滤瓶1套（1 000 mL）及配套的0.22 μm 滤膜，1盒。

4. 实验仪器

（1）物料粉碎机，1台；

（2）高速离心机（可离心50 mL 离心管），2~3台；

（3）四孔或六孔水浴锅，3台；

（4）HPLC 仪，2套；

（5）超声波提取器，2台；

（6）微波提取器，1 台；

（7）旋转蒸发仪，4~5 台；

（8）多头水泵，2 台（双头水泵 3~4 台）；

（9）鼓风干燥箱，1~2 台。

六、实验内容

（一）实验材料的预处理

生地黄饮片于 60 ℃烘干至恒重（约 24 h），剪成约 2 cm 大小，然后用粉碎机粉碎，过 80 目筛子，所得地黄粉即可用于提取操作（本操作应提前进行，以节约实验课时）。

（二）水苏糖的提取与浓缩

本实验提供 3 种提取实验设计的思路供参考，指导教师根据各自学校情况参考或修改其中 1 种或 2 种方法即可。

（1）高温水煮法：每组称取 20 g 混匀后的地黄样品，置于 1 000 mL 烧杯中，加入提取液（蒸馏水）400 mL，浸泡 1 h，然后置于设定的温度条件下分别煎煮 1 h、2 h、3 h，简单封口以保湿，其间不断搅拌（注意达到预定温度时的液面高度，以便适当补充水分以保持水分总量）。

加热结束的溶液待放凉后，用双层滤纸进行抽真空过滤，滤液于旋转蒸发仪浓缩至原体积的约 1/10，之后上述浓缩液于 12 000 ×g 离心 15 min，迅速取出并保存好上清液（_____mL）（弃沉淀），该样品中不得含有任何可见颗粒状杂质，标清样品号。

每个班分若干组，每个组的提取条件（提取温度和提取时间）有一定差异，具体如下。

第 1 组条件：100 ℃，1.0 h；

第 2 组条件：85 ℃，2.0 h；

第 3 组条件：70 ℃，3.0 h。

（2）超声波提取法：第 4 组称取 20 g 混匀后的地黄样品，置于 1 000 mL 烧瓶中，加入 400 mL 蒸馏水，浸泡 1 h，然后置于超声波提取器中。超声处理 5 min 停 1 min，共处理 1 h，并记录提取过程中温度变化（初始温度_____℃，终止温度_____℃。）

提取后，用双层滤纸进行过滤，滤液于旋转蒸发仪浓缩至原体积的约 1/10，之后上述浓缩液于 12 000 ×g 离心 15 min，迅速取出并保存好上清液（_____mL）（弃沉淀），该样品中不得含有任何可见颗粒状杂质，标清样品号。

（3）微波提取法：第5组称取20 g混匀后的地黄样品，置于1 000 mL烧杯中，加入400 mL蒸馏水，浸泡1 h，然后置于微波提取器中。微波处理4 min，停1 min，共处理20 min，注意处理过程中要使用回流装置。

提取后，用双层滤纸进行过滤，滤液于旋转蒸发仪浓缩至原体积的约1/10，之后上述浓缩液于12 000×g离心15 min，迅速取出并保存好上清液（＿＿＿＿＿＿＿mL）（弃沉淀），该样品中不得含有任何可见颗粒状杂质，标清样品号。

（三）水苏糖提取液的乙醇沉淀

每组各取上述上清液（浓缩的提取液）6 mL×2管，冰浴30 min或以上，之后各加入24 mL冷乙醇，静置1~2 h或过夜，然后于10 000×g离心15 min，迅速倒掉上清液（回收），保存好沉淀，沉淀颜色呈（＿＿＿＿＿＿＿）。然后在两管中各用纯乙醇约10 mL将上述沉淀悬浮。相同条件下离心后，迅速倒出上清液（回收），保存好沉淀。之后沉淀于40~45 ℃干燥、恒重后，称重（＿＿＿＿＿＿＿mg）（相当于＿＿＿＿＿＿＿mg/mL浓缩的提取液），然后换算出最初提取液总糖含量（＿＿＿＿＿＿＿mg）。称重后溶解于12 mL的去离子水中或稀释（＿＿＿＿＿＿＿mL）后用于高效液相色谱检测。

（四）水苏糖提取液的活性炭脱色

（1）活性炭的装柱：取一定量（＿＿＿＿＿＿＿g）的干燥过的活性炭放入内径10 mm、高度40 cm的层析玻璃柱中，装填高度为30~35 cm（实际活性炭柱高＿＿＿＿＿＿＿cm，体积＿＿＿＿＿＿＿mL），层析柱要垂直架设在铁架台上。用蒸馏水淋洗3~5个柱体积后即可进样。

（2）上样与冲洗：取上述沉淀1 g用10 mL蒸馏水溶解，在活性炭上部上样，并连接蠕动泵，用5倍柱体积的去离子水冲洗层析柱（此过程称为洗脱），洗脱流速为1 mL/min，收集5倍柱体积的洗脱液后，结束洗脱，洗脱液体积（＿＿＿＿＿＿＿mL）。

上述滤液经0.22 μm滤膜过滤，滤液呈＿＿＿＿＿＿＿。在旋转蒸发仪上进行浓缩，在40~45 ℃干燥、恒重后，称重＿＿＿＿＿＿＿mg。取10 mg溶解于5 mL的去离子水中，0.22 μm滤器过滤后，用于高效液相色谱检测。

（五）高效液相色谱检测水苏糖

液相色谱柱：氨基C_{18}液相色谱柱，4.6 mm×250 mm，5 μm。

检测器：蒸发光散射检测器。漂移管温度40 ℃，载气流速4.0 L/min。

流速：1 mL/min。

流动相：乙腈－水（70/30，V/V），使用前需经0.22 μm滤膜过滤，需配制1 L。

样品：①最初提取液；②乙醇沉淀后所得的样品溶液；③活性炭吸附纯化后所得的样品溶液。

（1）安装并熟悉高效液相操作系统。层析装置示意图见图 1 – 5。

（2）制作标准曲线：称取水苏糖 200 mg 溶于 20 mL 蒸馏水中，超声波加速溶解，配制 10 mg/mL 水苏糖原始溶液。进一步用移液器分别量取水苏糖原始溶液 1 mL、2 mL、3 mL、4 ml、5 mL 在 10 mL 容量瓶中，用蒸馏水加满容量瓶，配制 1 mg/mL、2 mg/mL、3 mg/mL、4 mg/mL、5 mg/mL 的水苏糖标准溶液。经过 0.22 μm 膜过滤，在高效液相色谱仪上分别进样 10 μL，以水苏糖浓度为横坐标，色谱峰面积为纵坐标，绘制出标准曲线。

（3）样品检测：上述获得的样品，经过 0.22 μm 膜过滤，每个样品进样 10 μL，检测时间定为 20 min。根据色谱峰面积利用标准曲线对每个样品进行定量，针对每个样品采用归一化法进行纯度计算，保存好色谱图，用于实验报告。

七、思考题

（1）文献中提供的地黄中有哪些糖类？须给出明确的文献出处（1~2 篇）。

（2）在本实验结果的基础上，根据理论课所学知识，你认为进一步可以用何种方法或技术获得纯度更高的水苏糖？

（3）根据生物统计学的知识，要考察提取温度、提取溶剂/物料比、提取次数、材料粒度等四因素对水苏糖提取的影响，如何进行实验设计？

参考文献

［1］樊海燕. 地黄中梓醇和水苏糖的提取、分离和纯化［D］. 厦门：厦门大学，2008.

［2］温学森，杨世林，马小军，等. 地黄在加工炮制过程中 HPLC 谱图的变化［J］. 中草药，2004，35（2）：153 – 156.

［3］卢鹏伟. 地黄的化学成分和炮制的比较研究［D］. 开封：河南大学，2008.

［4］林静，张金泽，夏然，等. 高效液相色谱法在水苏糖品质控制中的应用［J］. 食品科技，2012，37（3）：262 – 265.

实验3　肝素的提取与分离

组长：＿＿＿＿＿操作核查员：＿＿＿＿＿数据记录员：＿＿＿＿＿

肝素（heparin）是广泛存在于动物器官和组织中的一种葡糖胺聚糖，它是1916年首先在肝脏中发现的，故称之为肝素。肝素与抗凝血酶的结合可产生抗凝血功能，所以，它一直作为一种最有效的天然抗凝血剂而被广泛使用。除此之外，肝素还具有抗炎、抗过敏、抗病毒、抗癌、调血脂等多种生物学功能。

肝素是一簇酸性黏多糖类化合物的统称，它是由己糖醛酸（ - 艾杜糖醛酸、葡萄糖醛酸）与硫酸氨基葡萄糖分子以一定的比例交替联结形成的具有六糖或八糖重复单位的线型链状大分子。其结构可表示如下：

肝素分子量范围在3 000 ~ 37 500之间。研究表明，肝素的多种生物活性与它的不均一性密切相关。纯净的肝素为白色粉末，对热稳定。其钠盐易溶于水，不溶于乙醇、丙酮等有机溶剂，具有吸湿性。

肝素的水溶液呈强酸性，它能与无机碱及各种有机碱、碱性染料、长链季铵盐（如十六烷基三甲基溴化铵即CTAB等）以及带正电荷的蛋白质发生反应生成盐，同时它还能与强碱性阴离子交换树脂进行离子交换反应。

长期使用肝素会有许多负面影响，如出血和诱导血小板减少等。低分子量肝素（low molecular weight heparin，LMWH）是分离普通肝素得到的一些组分或裂解后产生的片段。这类物质分子量低，结构也较单一。低分子量肝素是后来发展起来的新一代肝素类抗血栓药物，其抗血栓作用优于肝素，而抗凝血作用却低于肝素，其具有生物利用度高、体内半衰期长、出血倾向小、口服易吸收等特点，因此研究LMWH十分有价值，也是目前一些药企研究、生产的重点。

肝素广泛存在于哺乳动物的组织器官中。其中尤以肝脏、肺和小肠黏膜中含量最为丰富。目前我国每年生猪屠宰量在2亿头以上，其中猪小肠年产量约50万吨。因此国内生产的商品肝素大多来源于猪小肠黏膜废液。在动物体内，肝素与蛋白质共价结合形成肝素 - 蛋白复合物。这种复合物无抗凝活性，随着蛋白质的去除，其活性方能显示出来。所以肝素的制备一般是首先采用碱性热水或沸水来提取肝素 – 蛋白复合物，然后再用蛋白水解酶或无机盐类使其断键解离。在碱性条件下，解离出的肝素以聚阴离子的形式存在，因此，最后可用季铵盐（如 CTAB）络合沉淀法或离子交换法对肝素进行分离。

基于上述原理，肝素钠的提取分离就形成了盐解（或酶解）– 季铵盐沉淀法和盐解（或酶解）– 离子交换法两大生产工艺。

本实验通过物料的破碎操作、溶剂提取操作、乙醇沉淀操作（富集技术）、肝素含量测定等操作来实现对猪小肠中肝素的提取、纯化和含量测定。

一、实验目的

（1）了解天然多糖类化合物的提取原理、实验设计和基本操作。

（2）掌握猪小肠黏膜多糖的提取与分离技术。

二、实验要求

（1）学生在老师的指导下查阅相关的文献，包括生物活性成分的一般提取方法、纯化技术，肝素的理化性质、提取和纯化技术、检测方法。

（2）独立完成一个实际样品中肝素的提取、纯化和含量测定的操作过程；同时对本班级的实验结果进行整体分析，找出规律。

（3）通过完整实验过程，能灵活处理和解决实验中遇到的问题，优化实验方法，提高实验过程中分析和解决问题的综合能力。

（4）根据整理的实验结果，按照科技论文的格式撰写实验报告。

三、教学形式

教学以研究型、工程型方式进行。正常分组，但每组操作之间有一定区别；实验分若干个操作环节，连续进行；实验结果组间共享，在分析中一并讨论。

四、预习内容

（1）从相关书籍、期刊网等处查阅、记录猪肠黏多糖基本的理化性质。

（2）样品提取液中目标成分的富集方法有哪些？猪肠黏多糖的纯化方法有哪些？

五、实验材料、器材与仪器

1. 实验材料（供一个实验班用）

猪小肠约 300 g。实验前用清水洗净，取样后尽量低温保存、运输。

本实验材料实质上是小肠黏膜，即小肠内壁上的环形皱襞，黏膜有许多绒毛，绒毛根部的上皮下陷至固有层，形成管状的肠腺，其开口位于绒毛根部之间。绒毛和肠腺与小肠的消化和吸收功能关系密切。

2. 试剂与配制（供一个实验班用）

（1）乙醇，500 mL，8 瓶；

（2）丙酮，500 mL，2 瓶；

（3）NaCl，500 g，2 瓶；

（4）肝素，1 g；

（5）NaOH，500 g，1 瓶；

（6）浓硫酸，500 mL，1 瓶。

试剂配制：

（1）90% 硫酸：量取 900 mL 浓硫酸缓慢加入 100 mL 水中。

注：务必先小心配制好硫酸水溶液。

（2）肝素标准溶液：称取 50 mg 肝素，用蒸馏水定容至 50 mL 溶液，即得 1 000 μg/mL 的肝素标准液（实际配制时，10 mL、20 mL 均可，只要肝素量减少即可）。冰箱保存，使用前提前 1 h 取出。

3. 实验用品

每组用品：

（1）50 mL 离心管，2 只；

（2）50 mL 离心管架，1 个；

（3）1 mL 取液器，1 只；

（4）1 mL 替补头，1 盒；

（5）10 mL 试管，8 只；

（6）10 mL 试管架，1 个；

（7）20 cm 玻璃棒，1 根；

（8）200~250 mL 烧杯，1 个；

（9）250 mL 三角瓶，1 个；

（10）100 mL 量筒，1 个；

（11）层析柱（10 mm×40 cm），1 套；

（12）记号笔，1 支；

（13）计时闹钟，1 个（或手机计时）。

共用实验用品：

（1）称量用天平（量程 200 g）（含配套用的称量纸），2 台；

（2）离心管平衡用台秤，2~3 台（各含两个 50 mL 或 100 mL 烧杯，烧杯固定在托盘上）；

  （3）8~9 cm 布氏漏斗，6 只；

  （4）抽滤用缓冲瓶，6 只（与布氏漏斗配套）；

  （5）8~9 cm 滤纸，4 盒；

  （6）剪刀，4 把；

  （7）500 mL 量筒，1 个；

  （8）1 000 mL 量筒，1 个；

  （9）1 000 mL 试剂瓶，2 个；

  （10）PE 手套，1 包；

  （11）封口膜，2 卷；

  （12）10 mL 离心管，1 包；

  （13）标签纸，若干；

  （14）蒸馏水，2 桶；

  （15）D254 树脂，1 kg。

4. 实验仪器

  （1）组织匀浆机，1 台；

  （2）离心机，可离心 50 mL 离心管，2 台；

  （3）四孔水浴锅，4 台；

  （4）水泵，2~4 台；

  （5）普通磁力搅拌器，1 台（含搅拌子）；

  （6）普通紫外 – 可见分光光度计，3~5 台。

六、实验内容

（一）实验材料的预处理

  猪小肠约 200 g，实验前用清水洗净，切成小块，放在组织捣碎机中匀浆（全班统一进行），之后每组称取 10 g 匀浆液移入封口的 250 mL 三角瓶中。

（二）温度及超声波对肝素提取的影响

  本实验共设计 3 种方法即高温实验组、低温实验组和超声波辅助法提取肝素实验组。其中第 1 种方法和第 2 种方法均为简单的实验设计，互为对照，主要考察高温和低温对提取的影响。第 3 种方法是基于超声波处理提取，主要是考察不同的料液比、超声波强度（功率）、处理时间、NaCl 加入量对肝素提取的影响，采用正交设计 $[L_9(3^4)]$ 的方法。每个实验组均可独立进行。

1. 高温实验组（若干组重复进行）

第1次提取：向盛有10 g匀浆液的250 mL三角瓶中加入150 mL蒸馏水搅匀，用2.0 mol/L NaOH以滴加方式调节溶液至pH 8.5，再加入6 g NaCl粉末进行盐析提取（置于50～55 ℃水浴锅中）。提取（盐析）2 h，其间不断摇动。之后，继续升温到90 ℃以上，维持10 min。将上述混悬液在8 000 r/min下离心30 min，迅速倒出上清液，上清液于冰浴中静置45～60 min后用单层滤纸过滤即得肝素提取液，备用。

第2次提取：第1次提取结束后，将离心管中的沉淀重新转移至原三角瓶中，加入100 mL蒸馏水搅匀，用2.0 mol/L NaOH以滴加方式调节溶液至pH 8.5，再加入4 g NaCl粉末进行盐析提取（置于50～55 ℃水浴锅中）。提取（盐析）2 h，其间不断摇动。之后，继续升温到90 ℃以上，维持10 min。将上述混悬液在8 000 r/min下离心30 min，迅速倒出上清液，上清液于冰浴中静置45～60 min后用单层滤纸过滤即得肝素提取液，备用。

2. 低温温实验组（若干组重复进行）

本低温组又分为4个小组，区别在于提取温度不同即40 ℃、45 ℃、50 ℃、55 ℃。

第1次提取：向盛有10 g匀浆液的250 mL三角瓶中加入150 mL蒸馏水搅匀，用2.0 mol/L NaOH以滴加方式调节溶液至pH 8.5，再加入6 g NaCl粉末进行盐析提取（置于不同温度的水浴锅中）。盐析提取时，不同组控制不同的温度，盐析4 h，其间不断摇动。盐析提取后，将上述混悬液在8 000 r/min下离心30 min，迅速倒出上清液，之后上清液用单层滤纸过滤即得肝素提取液，备用。

第2次提取：第一次提取结束后，将离心管中的沉淀重新转移至原三角瓶中，加入100 mL蒸馏水搅匀，用2.0 mol/L NaOH以滴加方式调节溶液至pH 8.5，再加入4 g NaCl粉末进行盐析提取（置于不同温度的水浴锅中）。盐析提取时，不同组控制不同的温度，盐析3 h，其间不断摇动。盐析提取后，将上述混悬液在8 000 r/min下离心30 min，迅速倒出上清液，之后上清液用单层滤纸过滤即得肝素提取液，备用。

3. 超声波辅助法提取肝素实验组

1）实验设计 [$L_9(3^4)$方式]

本实验采用正交设计 [$L_9(3^4)$] 的方法，主要考察不同的料液比、超声波强度（功率）、处理时间、NaCl加入量对肝素提取的影响。因此在多组同学进行实验时能够考察何种因素对提取效果的影响最大，以便于优化提取工艺。本实验考察的实验因素及水平如下（表2-10和表2-11）。提取2～3次的实验组用的时间肯定比提取 1 次的实验组用的时间长，后者在做完本组实验后参与或观察前者的实验即可。

表 2 – 10　实验因素及水平（四）

水平	料液比 /$(10\ g \cdot mL^{-1})$	超声波 强度/W	处理时间 /min	NaCl 用量 /(g/10 g 原料)
1	80	200	20	4
2	100	300	30	6
3	150	400	40	8

注：1. 处理时间指超声波的工作时间，总时间均为 60 min。

2. 水平 1 组，超声波工作时间 20 s，间歇时间 40 s；水平 2 组，超声波工作时间 15 s，间歇时间 15 s；水平 3 组，超声波工作时间 20 s，间歇时间 10 s。

表 2 – 11　正交设计实验表 $[L_9(3^4)]$（四）

实验	料液比 /$(10\ g \cdot mL^{-1})$	超声波 强度/W	处理时间 /min	NaCl 用量 /(g/10 g 原料)	肝素多糖 提取量/mg
1	80	200	20	4	
2	80	300	30	6	
3	80	400	40	8	
4	100	200	30	8	
5	100	300	40	4	
6	100	400	20	6	
7	150	200	40	6	
8	150	300	20	8	
9	150	400	30	4	

2）肝素的提取

根据表 2 – 11 的正交设计，9 个实验组每组条件都不相同。如实验 1 组的条件是：提取料液比是 80、超声波功率 200 W、超声波处理时间 20 min、每 10 g 原料所加入的 NaCl 为 4 g。实验 6 组的条件是：提取料液比是 100、超声波功率 400 W、超声波处理时间 20 min、每 10 g 原料所加入的 NaCl 为 6 g。对于实验组超过 9 组的情况，可以对上述任何一组或几组采用多组重复的方法。

具体操作时：每个实验组向盛有 10 g 匀浆液的 250 mL 三角瓶中加入对应体

积的蒸馏水搅匀，用 2.0 mol/L NaOH 以滴加方式调节溶液至 pH 8.5，再加入相应量的 NaCl 粉末，用相应功率和相应处理时间的超声波进行处理。超声处理时，可以在间歇时间段摇动提取瓶 2～3 次。超声提取后，将混悬液在 8 000 r/min 下离心 30 min，迅速倒出上清液，之后上清液用单层滤纸过滤即得肝素提取液，备用。

(三) 阴离子交换吸附分离肝素

(1) 大孔树脂柱的安装：取内径 10 mm、高度 20 cm 层析柱洗净后，垂直架设，在其下部装入约 1/4 柱高的去离子水，然后将去离子水浸泡、清洗后的强碱性阴离子交换树脂 D254 均匀倒入层析柱内，高度 16～18 cm (实际柱高 = _____ cm，体积 = _____ mL)，用去离子水冲洗 (此过程称为平衡)。流速为 2%～3% 柱体积/min。

(2) 进样与冲洗：柱子平衡后，使柱内液面降至与树脂面平，然后连续手动或用蠕动泵加入上述提取液，液面下降至与树脂面平时，进样结束，然后加入 2～3 倍柱体积的去离子水冲洗层析柱 (此过程称为冲洗)。之后依次用 2 倍柱体积的 1.2 mol/L 和 1 倍柱体积的 1.4 mol/L 氯化钠分别冲洗树脂，流速为 2%～3% 柱体积/min。

(3) 洗脱：冲洗结束后，改用 1 倍柱体积的 3 mol/L 和 1 倍柱体积的 4 mol/L 氯化钠分别洗脱，收集洗脱液，合并、妥存 (体积 _____ mL)。

(四) 肝素的纯化

向上述洗脱液中加入等体积的 95% 乙醇，4 ℃ 或冰箱放置过夜。次日小心倾倒出上层乙醇溶液，4 000 r/min 离心 15～20 min，倾出上清液，沉淀部分用 3～5 mL 的 95% 乙醇洗涤 (即悬浮、离心) 数次，再用 2～5 mL 丙酮脱水 (即悬浮、离心) 2～3 次，所得沉淀于 60 ℃ 烘干即得肝素钠粗产品，密封冰箱保存；丙酮脱水后所得沉淀也可以用去离子水溶解、冻干，密封冰箱保存。

(五) 样品中肝素含量的测定 (改进的咔唑法)

1. 测定原理

1962 年 Bitter 曾报道，糖醛酸 (uronic acid) 的硼砂硫酸液与咔唑 (carbazole) 所产生的显色反应，其效果迅速而稳定，从而改进了著名的 Dische 反应条件，可作为糖醛酸的定量分析法。后来，该方法在肝素含量测定时，又进一步得到了改进，即肝素的硫酸溶液 (或硼砂硫酸溶液)，在 90 ℃ 经 10 min 水解后，直接测量 298 nm 光密度的大小，其值与肝素含量成正比。

2. 标准曲线制作

取 1 000 μg/mL 的肝素溶液，按表 2－12 稀释出 10 μg/mL、20 μg/mL、

40 μg/mL、80 μg/mL、120 μg/mL、160 μg/mL 水溶液各 1 mL。取上述溶液各 0.3 mL 置于干净的 10 mL 试管中，加入 3 mL 90% 硫酸水溶液（或 0.025 mol/L 硼砂的 90% 硫酸水溶液），充分搅匀，置于 90 ℃水浴内，小心搅动或摇动，10 min 后取出，冷至室温，半小时后测量 298 nm 光密度（以水作为对照），以肝素浓度为横坐标，以对应的 A_{298} 为纵坐标，制作标准曲线，给出回归方程。

表 2-12　系列肝素溶液配制表

所用母液量/μL	0	10	20	40	80	120	160
蒸馏水/μL	1	990	980	960	920	880	840
总体积/mL	1	1	1	1	1	1	1
终浓度/(μg/mL)	0	10	20	40	80	120	160
肝素溶液取用量/mL	0.3	0.3	0.3	0.3	0.3	0.3	0.3
90% 硫酸/mL	3	3	3	3	3	3	3
OD_{620}							

3. 样品中肝素浓度的测定

吸取 0.3 mL 肝素水溶液，加入 3 mL 90% 硫酸水溶液（或 0.025 mol/L 硼砂的 90% 硫酸水溶液），充分搅匀，置于 90 ℃水浴内，小心搅动或摇动，10 min 后取出，冷至室温，半小时后测量 298 nm 光密度（以水作为对照）。另做空白实验，其中不加肝素，以水代之，加热同上，也测量 298 nm 光密度（以水作为对照）。求出两次光密度的差值，从工作曲线中查出对应的肝素浓度或根据回归方程计算样品液中的肝素浓度。

样品中肝素含量测定，由于样品中肝素浓度可能很高，所以可以根据实际情况对样品进行稀释，如 10 倍、50 倍、100 倍等。

4. 样品中肝素含量的计算

样品的稀释倍数和上述测定的肝素浓度直接相乘即可测得样品中肝素含量，进一步可以根据样品体积换算出所制得的不同阶段中的肝素总量。

七、思考题

（1）文献中提供的肝素的分子量范围是多少？须给出明确的文献出处（1~2 篇）。

（2）在本实验结果的基础上，根据理论课所学知识，你认为可以用何种方法或技术进一步对猪小肠黏膜肝素进行纯化？

（3）你觉得本实验的改进之处在什么地方？

参考文献

［1］HOVANESSIAN H C. New – generation anticoagulants：the low molecular weight heparins ［J］. Annals of emergency medicine，2000，34（6）：768 –779.

［2］张万忠，胡晓东，刘宁，等. 低分子量肝素的制备与纯化 ［J］. 沈阳化工大学学报，2003，13（2）：114 –116.

［3］张淑桂，董学畅. 肝素及其制备 ［J］. 云南化工，1990（4）：54 –56.

［4］陈芬，胡莉娟. 生物分离与纯化技术 ［M］. 武汉：华中科技大学出版社. 2012：123.

［5］张丽萍，宋大巍，马中苏. 超声波辅助盐析提取猪小肠中肝素的工艺 ［J］. 农业工程学报，2010，26（5）：379 –384.

［6］季钟煌，蒋传葵. 肝素的简易化学测定法 ［J］. 生物化学与生物物理进展，1980（5）：61 –67.

第 3 章

蛋白类成分的分离

实验 4　瓜蒌中天花粉蛋白的提取与纯化

组长：＿＿＿＿＿＿操作核查员：＿＿＿＿＿＿数据记录员：＿＿＿＿＿＿

　　天花粉是由多年生宿根草质藤本葫芦科植物瓜蒌（*trichosanthes kirilowii Maxim*）块根制得的一种传统中药，民间主要作为引产药使用。虽然其引产效果显著，但副作用较大。我国从 1973 年开始对天花粉进行化学、药理研究和临床试验，已证明其引产的有效成分是天花粉中所含的一种蛋白质，称为天花粉蛋白（trichosanthin，TCS）。与天花粉相比，TCS 引产率高，副作用小。

　　天花粉蛋白属于单链核糖体失活蛋白（ribosome inactivating protein），其作用方式属于 RNA N – 糖苷酶，即专一水解真核细胞核糖体 28S rRNA 中 A4324 位腺苷酸中的 N – C 糖苷链，释放一个腺嘌呤碱基，从而引起核糖体某些区域构象的改变，而这些区域与 EF – 2 及 mRNA 有直接的相互作用，因而抑制了真核细胞核糖体功能。

　　除了临床上应用于引产外，研究同时也表明天花粉蛋白可以应用于抗肿瘤和抗病毒的治疗。天花粉蛋白对子宫滋养叶细胞有特异的选择作用，作用于绒毛滋养叶细胞后，使之变性坏死，因此可作为治疗恶性滋养叶肿瘤的选用药物之一。在体外的细胞培养系统中，天花粉蛋白对乙肝病毒等多种病毒有抑制作用，而且天花粉蛋白可抑制 HIV（人类免疫缺陷病毒）在淋巴细胞和单核巨噬细胞内的急性与慢性感染，这给艾滋病的治疗带来新的机遇。

　　天花粉蛋白存在于瓜蒌的块根中，或与淀粉类成分相结合，其含量为鲜重的 1% 左右。它由 247 个氨基酸残基组成，属单肽链分子，分子量为 27 500，等电点为 9.4，属于碱性蛋白质。

提取天花粉蛋白的传统方法有有机溶剂（丙酮）沉淀法、硫酸铵沉淀法等，但在提取的过程中大量使用有机溶剂可能会对天花粉蛋白的结构、功能造成影响，而且要经多步操作，比较烦琐。现在主要应用盐析法对料液进行浓缩，用离子交换法进行纯化，操作简单，得率较高。

改变溶液的条件，使蛋白质或其他成分以固体形式从溶液中分出的操作技术称为固相析出分离法。这是一种样品浓缩的方法，可粗略地分为两种：结晶法和沉淀法。在固相析出分离时，析出物为晶体时称为结晶法，析出物为无定形固体时称为沉淀法。所以析出既是一种固化技术，又是一种分离手段。沉淀操作是一种重要的样品浓缩手段，同时兼具一定的纯化功能。改变溶液化学环境的条件一般包括 pH 值的调整、盐离子强度的调整、有机溶剂的添加、重金属离子的添加等。在正常情况下，在水溶液中，极性的生物分子以单分子形式存在，每个分子周围围绕一圈水分子，称为水化层，分子之间不会发生聚集反应。对于多糖分子，加入乙醇后，大量的乙醇分子会从多糖分子周围争夺水分子，破坏水化层，分子间的排斥作用力降低，发生聚集而沉淀，实际上起到了浓缩的作用；对于蛋白质，盐析操作是一种常用的浓缩手段。

离子交换层析技术：基于离子交换介质上的可解离的离子与流动相中具有相同电荷的溶质离子进行可逆交换，由于混合物中不同溶质对交换剂具有不同的亲和力而将它们分离。该法适合于离子和在溶剂中可发生电离的物质的分离。由于蛋白质以及绝大多数生物分子是极性分子，可以电离而呈离子状态，所以，生物活性成分的分离过程，离子交换层析技术占据主导地位。

一、实验目的

（1）了解蛋白类提取的原理、实验设计和基本操作。
（2）掌握天花粉蛋白的提取、纯化方法。

二、实验要求

（1）学生在老师的指导下查阅相关的文献，包括生物活性成分的一般提取方法、纯化技术，天花粉蛋白的理化性质、提取和纯化技术、检测方法。
（2）独立完成一个实际样品中天花粉蛋白的提取、纯化过程；同时对本班级的实验结果进行整体分析，找出规律。
（3）通过完整实验过程，能灵活处理和解决实验中遇到的问题，优化实验方法，提高实验过程中分析和解决问题的综合能力。
（4）根据整理的实验结果，按照科技论文的格式撰写实验报告。

三、教学形式

教学以研究型、工程型方式进行。正常分组，但每组操作之间有一定区别；实验分若干个操作环节，连续进行；实验结果组间共享，在分析中一并讨论。

四、预习内容

（1）天花粉蛋白的基本理化性质。

（2）样品提取液中目标成分的富集方法有哪些？按分离机制可将层析技术分为哪几类？

（3）离子交换层析的原理是什么？

五、实验材料、器材与仪器

1. 实验材料（供一个实验班用）

去皮鲜天花粉 1 kg。

2. 试剂与配制（供一个实验班用）

（1）Na_2HPO_4，500 g，1 瓶；

（2）NaH_2PO_4，500 g，1 瓶；

（3）NaOH，500 g，1 瓶；

（4）甘氨酸，500 g，1 瓶；

（5）NaCl，500 g，1 瓶；

（6）硫酸铵，500 g，1 瓶。

试剂配制：

1）提取用磷酸盐缓冲液（磷酸氢二钠－磷酸二氢钠缓冲液，pH7.0，10 mmol/L）的准备（6 L）

先配制 0.2 mol/L 的磷酸氢二钠溶液和 0.2 mol/L 的磷酸二氢钠溶液，然后按比例（39∶61）兑制出 pH7.0 溶液，再稀释至 10 mmol/L 溶液。如 pH 未达到要求，再用原液磷酸氢二钠或磷酸二氢钠调 pH 至 7.0。配制后冷藏。

0.2 mol/L 的磷酸氢二钠溶液：由 26.825 g $Na_2HPO_4 \cdot 7H_2O$ 或 35.65 g $Na_2HPO_4 \cdot 12H_2O$ 配制 500 mL。

0.2 mol/L 的磷酸二氢钠溶液：由 13.9 g $NaH_2PO_4 \cdot H_2O$ 或 15.605 g $NaH_2PO_4 \cdot 2H_2O$ 配制 500 mL。

2）pH 梯度洗脱用试剂的准备

（1）洗脱用 25 mmol/L 甘氨酸－NaOH 缓冲液（pH8.6，400 mL）：取

0.2 mol/L 甘氨酸 50 mL，与 4 mL 0.2 mol/L NaOH 混合，加蒸馏水稀释至 400 mL，使用前先用 0.22 μm 滤膜过滤。

（2）洗脱用 50 mmol/L 甘氨酸 – NaOH 缓冲液（pH 10.4，200 mL）：取 0.2 mol/L 甘氨酸 50 mL，与 38.6 mL 0.2 mol/L NaOH 混合，加水稀释至 200 mL，使用前先用 0.22 μm 滤膜过滤。

3）盐梯度洗脱用试剂的准备（1）

0.5 mol/L NaCl 溶液（用 10 mmol/L pH7.0 磷酸盐缓冲液），500 mL；使用前先用 0.22 μm 滤膜过滤。

4）盐梯度洗脱用试剂的准备（2）

根据层析情况临时配制，预留约 1 000 mL 10 mmol/L pH7.0 磷酸盐缓冲液。

几种盐浓度溶液（用 10 mmol/L pH7.0 磷酸盐缓冲液），各 200 mL；使用前先用 0.22 μm 滤膜过滤。

3. 实验用品

每组用品：

（1）50 mL 离心管，4 只；

（2）50 mL 离心管架，1 个；

（3）1 mL 移液器，1 只；

（4）1 mL 替补头，1 盒；

（5）200 mL 或 250 mL 烧杯，1 个；

（6）20 cm 玻璃棒，1 根；

（7）50 mL 量筒，1 个；

（8）记号笔，1 支。

共用实验用品：

（1）称量用天平（量程 200 g）（含配套用的称量纸），2 台；

（2）离心管平衡用台秤，2~3 台（各含两个 50 mL 或 100 mL 烧杯，烧杯固定在托盘上）；

（3）层析柱（带转换接头，内径 10 mm，高 20 cm），5 只；

（4）1.5 mL 离心管，1 包；

（5）10 mL 离心管，1 包；

（6）手套，2 包；

（7）蒸馏水，1 桶；

（8）阳离子交换介质，100 mL；

（9）1 000 mL 量筒，1 个；

（10）计时闹钟（或用手机替代），5 个；

（11）封口膜，1 卷；

（12）剪刀，1 把；

（13）100 mL 量筒，2 个；

（14）8～9 cm 滤纸，2 盒。

4. 实验仪器

（1）离心机，可离心 50 mL 离心管，2 台；

（2）层析装置，3～5 套；

（3）水浴锅，1 台；

（4）普通磁力搅拌器，1 台（含搅拌子）；

（5）匀浆机，1 台；

（6）分光光度计，2～3 台（含紫外比色皿）。

六、实验内容

（一）原料的预处理

1. 瓜蒌的预处理

将瓜蒌块根洗净，去皮即得天花粉，晾干（或用干净的湿纱布擦干）后切成小于 0.5 cm³ 的小块，置于干净的大烧杯中密封冷藏（冰箱 4 ℃）。

2. 天花粉的第 1 次粉碎（全班统一进行）

称取 500 g 天花粉（总蛋白含量约 0.5% 鲜重），加入 1 500 mL（按 1 : 3/ W/V）冷磷酸盐缓冲液（10 mmol/L，pH7.0），用粉碎机充分粉碎成糊状，破碎处理约 120 s（分 4 次处理）。

准备洗净的纱布，用 12 层纱布过滤，保留残渣以便进行第 2 次粉碎处理。粗过滤液的处理：取滤液约 500 mL 转入 40 mL 离心管，4～6 管，13 000×g 离心 15 min，小心倒出上清液（为避免沉淀再次悬浮，可以不倒彻底）并妥善保存。所得上清液体积共_____mL（标记 A_{01}）。

取样品 A_{01} 稀释_____倍（稀释后溶液的 OD_{max} 在 0.1～0.8 之间）（估计稀释 15 倍左右），测定 280 nm 处的光密度值即 OD_{280} = _____。

3. 天花粉的第 2 次粉碎

将上述残渣重新倒入粉碎机，加入 1 000 mL 磷酸盐缓冲液（10 mmol/L，pH7.0）（按 1 : 1/ W/V），用粉碎机充分粉碎成糊状，处理 60 s，共 4 次。

用 12 层洗净的纱布过滤，保留残渣。粗过滤液的处理：取滤液 500 mL 转入 40 mL 离心管，6 管，10 000×g 离心 30 min，小心倒出上清液（为避免沉淀再次悬浮，可以不倒彻底）并妥善保存。所得上清液体积共_____mL（标记 A_{02}）。

取样品 A_{02} 稀释_____倍（稀释后溶液的 OD_{max} 在 0.1~0.8 之间），测定 280 nm 处的光密度值即 $OD_{280} = $_____。（约 10 倍。）

根据上述样品 A_{01}、A_{02}（必要时还要进行第 3 次破碎即得到的 A_{03}）的 OD_{280} 值来确定如何将其合并。总结见表 3-1。取 A_{01}、A_{02}（或 A_{03}）合并即得样品 A_{04}，体积是_____mL；紫外吸收峰_____nm；$OD_{280} = $_____（稀释_____倍）。

表 3-1　破碎次数的效果比较（一）

水平	A_{01}	A_{02}	A_{03}
体积/mL			
OD_{max}	_____（稀释_____倍）	_____（稀释_____倍）	_____（稀释_____倍）

需要准备进行电泳的样品：A_{01}、A_{02}（和 A_{03}）、A_{04}。

电泳制样：取上述溶液各 50 μL，置于 1 500 μL 小离心管中，加入等体积的电泳样品缓冲液，混合后，于沸水浴中保温 5 min，做好标记，妥善保存，备用。

（二）盐析法初步纯化

1. 不同盐饱和度的盐析处理（若干组）

取 6 只 1.5 mL 离心管，编号后依次加入 0.106 g、0.164 g、0.226 g、0.291 g、0.361 g、0.436 g 硫酸铵，置于 -20 ℃ 存放不少于 1 h，然后各加入 1 mL 的上述上清液（即 A_{04}），摇匀、溶解后，即得到 20%、30%、40%、50%、60%、70% 饱和度的硫酸铵溶液。冰浴或冰箱中静置不少于 2 h，然后于 10 000×g 离心 10 min，快速、彻底转出上清液（弃），再在各离心管中各加入 1 mL 去离子水充分溶解后离心，以用于制作电泳用上样液。

2. 初步纯化

（若干组）每组取 2 只 1.5 mL 离心管，编号后，各加入 0.164 g 硫酸铵，置于 -20 ℃ 保存不少于 1 h，然后各加入 1 mL 的上述提取液，摇匀、溶解后，冰水中静置不少于 2 h，然后于 10 000×g 离心 10 min，分别快速、彻底转出上清液，保存好沉淀，上清液倒入已存有 0.280 g 硫酸铵的 1.5 mL 离心管中（此离心管已经冻存不少于 1 h），摇匀、溶解后，冰水中静置不少于 2 h，然后于 10 000×g 离心 10 min，分别快速、彻底转出上清液（弃），保存好沉淀。最后，在上述 4 个沉淀中各加入 1 mL 去离子水充分溶解后离心，以用于制作电泳用上样液。

注：第 1 次加盐，盐饱和度为 30%，第 2 次补加盐，饱和度至约 70%。

（若干组）每组取 2 只 1.5 mL 离心管，编号后，各加入 0.226 g 硫酸铵，置于 -20 ℃ 保存不少于 1 h，然后各加入 1 mL 的上述提取液，摇匀、溶解后，冰水中静置不少于 2 h，然后于 10 000 × g 离心 10 min，分别快速、彻底转出上清液，保存好沉淀，上清液倒入已存有 0.220 g 硫酸铵的 1.5 mL 离心管中（此离心管已经冻存不少于 1 h），摇匀、溶解后，冰水中静置不少于 2 h，然后于 10 000 × g 离心 10 min，分别快速、彻底转出上清液（弃），保存好沉淀。最后，在上述 4 个沉淀中各加入 1 mL 去离子水充分溶解后离心，以用于制作电泳用上样液。

注：第 1 次加盐，盐饱和度为 40%，第 2 次补加盐，饱和度至约 70%。

（三）阳离子交换层析操作

层析柱：内径 10 mm，介质高_____cm，体积_____mL。内装阳离子交换介质。

监测：280 nm。

流速：建议流速为 2% ~ 3% 柱体积/min。实际流速_____mL/min。

收集：2 min/管。

流动相：0 ~ 0.30 mol/L NaCl，或 0.05 mol/L、0.1 mol/L、0.30 mol/L NaCl 溶液（用 10 mmol/L 磷酸盐缓冲液配制，pH7.0）。所用的流动相在使用前需要经 0.22 μm 滤膜过滤或离心后备用。

样品：上述离心后的样品（A_{01} 或 A_{04}）。

1. 安装层析装置，熟悉高效液相操作系统

层析装置示意图见图 1 - 5。

2. 分离介质的处理

取一定量分离介质用 0.01 mol/L 磷酸盐缓冲液悬浮、装柱，柱高 10 ~ 14 cm（体积 = _____mL）；然后低速冲洗（此过程称为平衡）（2% ~ 3% 柱体积/min），流动相体积为柱体积的 3 ~ 4 倍。

3. 进样

层析柱平衡后进样，进样体积为_____mL（可为柱体积的 5 ~ 10 倍）。进样后的穿透液的收集：样品如穿透，近平台的一半时，穿透结束（平台时）各收集 1 ~ 2 管（合并），然后制作电泳用溶液。保存好层析图（层析曲线）。进样结束后，用 0.01 mol/L 磷酸盐缓冲液冲洗，冲洗出管道内和层析柱内未被吸附的蛋白（不收集）。

根据层析图决定收集的样品是否合并。

4. 样品洗脱

1）用盐梯度洗脱（0~0.40 mol/L，pH7.0，缓冲液配制）（若干组）

用_____mL（柱体积的 3 倍）的 pH7.0 缓冲液和_____mL（柱体积的 3 倍）的 0.40 mol/L NaCl（pH7.0，缓冲液配制）制成 0~0.4 mol/L NaCl 线性梯度，理论上所耗用时间是_____min。从洗脱开始收集，约_____管（即 1 管/_____min）。洗脱结束后，用约 40 mL 10 mmol/L 磷酸盐缓冲液冲洗。线性梯度仪的示意图见图 1−10。保存好洗脱曲线（该曲线与进样曲线属一张图）。

合并洗脱峰 1 半峰高及以上的收集管（标记为 A_{41}），其 OD = _____；妥存。

合并洗脱峰 2 半峰高及以上的收集管（标记为 A_{42}），其 OD = _____；妥存。

合并洗脱峰 3 半峰高及以上的收集管（标记为 A_{43}），其 OD = _____；妥存。

2）盐离子阶段梯度洗脱（pH7.0 时的层析操作）（若干组）

进样结束、冲洗后，依次用 3 倍柱体积的 0.05 mol/L、0.1 mol/L、0.30 mol/L NaCl 洗脱。保存好洗脱曲线（该曲线与进样曲线属一张图）。

合并洗脱峰 1 半峰高及以上的收集管（标记为 A_{51}），其 OD = _____；妥存。

合并洗脱峰 2 半峰高及以上的收集管（标记为 A_{52}），其 OD = _____；妥存。

合并洗脱峰 3 半峰高及以上的收集管（标记为 A_{53}），其 OD = _____；妥存。

3）pH 阶段梯度洗脱（若干组）

进样结束、冲洗后，依次用 3 倍柱体积的 pH8.6 缓冲液洗脱至基线平、pH10.4 缓冲液洗脱至基线平。保存好洗脱曲线（该曲线与进样曲线属一张图）。

合并洗脱峰 1 半峰高及以上的收集管（标记为 A_{61}），其 OD = _____；妥存。

合并洗脱峰 2 半峰高及以上的收集管（标记为 A_{62}），其 OD = _____；妥存。

5. 使用后的分离介质的保存

用去离子水充分冲洗后，转移到试剂瓶中，用 30% 乙醇悬浮，冰箱保存。

七、思考题

（1）在文献中查阅到的天花粉蛋白基本的理化性质是什么？须给出明确的文献出处（1~2 篇）。

（2）在本实验结果的基础上，根据理论课所学知识，你认为可以用何种方法或技术进一步对天花粉蛋白进行纯化？

参考文献

[1] NARAYANAN P，MAK N K，LUONG P B，et al. Isolation and characterization of new isoforms of trichosanthin from *Trichosanthes kirilowii* [J]. Plant science，2002（162）：79 – 85.

[2] 张应玖，邹晓义，刘兰英，等. 天花粉蛋白有效组分的制备及纯度鉴定[J]. 中国医药工业杂志，1994，25（7）：292 – 293.

[3] 杨烨，范翔，李刚锐，等. 天花粉蛋白的制备及其性质[J]. 华西药学杂志，2014，29（5）：510 – 512.

附：蛋白的纯度鉴定——SDS – PAGE 法

一、原理简介

SDS – PAGE 法检测蛋白质纯度的原理简述：在天然状态下，蛋白质分子具有特定的三维结构，此时在体系中加入还原剂巯基乙醇同时辅以高温处理，三维结构和二级结构被破坏，体系中十二烷基磺酸钠借助其烷烃链均匀缠绕在"摊开"的肽链上形成了棒状结构（图 3 – 1），肽链的分子量越大，肽链就越长，但单位长度的肽链上结合 SDS 的量是一样的，也就是说整个肽链被均匀裹上一层阴离子（磺酸基），在电场的作用下，可以向正极移动。由于电泳介质是由丙烯酰胺和交联剂甲叉丙烯酰胺聚合成的网状分子，因此，在多肽链的迁移过程中，分子越大，受到的阻力越大，进而使不同大小的肽链分开（图 3 – 2）。变性聚丙烯酰胺凝胶电泳主要用于检测蛋白质分子的亚基组成、各亚基的大小及样品的纯度。也有人称之为还原电泳。

样品分子质量的对数与其迁移率呈线性关系（适用范围 15 ~ 200 KDa），利用变性电泳测定蛋白质亚基分子量的公式为

$$\lg M = a - bR_f$$

式中，M 为分子质量；R_f 为迁移率；a 为常数；b 为斜率。

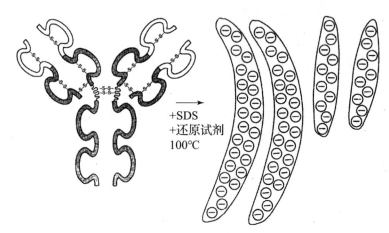

图 3 – 1　蛋白样品在 100 ℃用 SDS 和还原试剂处理 3 ~ 5 min 后解离成亚基的示意图

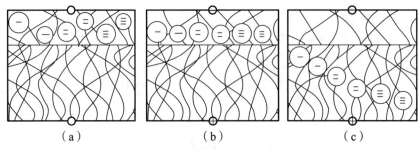

（a）　　　　　　　（b）　　　　　　　（c）

图 3 – 2　不同分子量大小的蛋白的电泳情况

（a）加样；（b）加电场，样品浓缩在界面上；（c）电泳结束

　　测定方法：用已知相对分子质量的蛋白质作为 marker（指示蛋白），与被测样品在相同条件下进行电泳，得到 $\lg M - R_f$ 曲线。求出未知样品的 R_f 值对应的 $\lg M$ 值，然后换算出被测样品的相对分子量。

二、实验材料、器材与仪器

1. 实验材料（供一个实验班用）

上述不同分离阶段获得的含有目标蛋白的样品液。

2. 试剂与配制（供一个实验班用）

（1）丙烯酰胺，500 g，1 瓶；

（2）甲叉双丙烯酰胺，100 g，1 瓶；

（3）过硫酸铵，10 g，1 瓶；

（4）十二烷基磺酸钠，100 g，1 瓶；

（5）TEMED，10 mL，1 瓶；

（6）Tris，500 g，1 瓶；

（7）甘氨酸，500 g，1 瓶；

（8）考马斯亮蓝 R – 250，100 g，1 瓶；

（9）甲醇，500 mL，3 瓶；

（10）冰醋酸，500 mL，1 瓶。

（11）蛋白 marker，1 只。

试剂配制：

（1）丙烯酰胺和 N,N'-亚甲双丙烯酰胺配制的 29%（W/V）丙烯酰胺和 1%（W/V）N,N'-亚甲双丙烯酰胺的贮存液，置于棕色瓶中贮存于室温，或购商用试剂。

注： 丙烯酰胺和 N,N'-亚甲双丙烯酰胺具有很强的神经毒性并容易被皮肤吸收。

（2）10%（W/V）十二烷基磺酸钠贮存液。

（3）浓缩胶缓冲液 1 mol/L pH6.8 的 Tris 缓冲液和分离胶缓冲液 1.5 mol/L pH8.8 的 Tris 缓冲液。

（4）10%（W/V）过硫酸铵（现用现配，配好的在 4 ℃冰箱中可放置最长一周）。

（5）TEMED。

（6）Tris – 甘氨酸电泳缓冲液：25 mmol/L Tris、250 mmol/L 甘氨酸（pH 8.3）及 0.1% SDS。称取 3.03 g Tris、20.644 g 甘氨酸和 1 g SDS 溶解至终体积 1 L 即可。

（7）样品处理液配方（或购商用试剂）：50 mmol/L Tris – HCl（pH 6.8），100 mmol/L DTT（或 5% 巯基乙醇），2%（W/V）SDS，0.1%（W/V）溴酚蓝，10%（V/V）甘油。

（8）染色液：含 0.1%（W/V）考马斯亮蓝 R – 250、40%（V/V）甲醇及 10%（V/V）冰醋酸。此试剂可反复使用 5 次以上。

（9）脱色液：含 10%（V/V）甲醇及 10%（V/V）冰醋酸。

3. 实验用品

每组用品：

（1）200 μL 移液器及对应的替补头盒，1 套；

（2）10 μL 移液器及对应的替补头盒，1 套（可用 50 μL 微量进液器替代，亦可用 200 μL 移液器替代）；

（3）1 mL 取液器及对应的替补头，1 套；

（4）50 mL 烧杯，1 个；

（5）计时闹钟（或用手机替代），1 个。

共用实验用品：

（1）擦镜纸；

（2）吸水纸；

（3）石英比色杯，3~4套；

（4）1.5 mL 或 2.0 mL 离心管，1包；

（5）10~12 cm 培养皿，4套；

（6）称量纸，1包。

4. 实验仪器

（1）分光光度计或酶标仪，若干台；

（2）蛋白电泳仪、电泳槽等电泳设备，3~4套（含配套用的制胶装置，目前常用的胶板厚度为0.75 mm，大小为8~10 cm）；

（3）脱色摇床；

（4）水浴锅；

（5）凝胶照相系统或普通观察箱，1~2台。

三、实验内容

1. 蛋白电泳用胶的配制

（1）将玻璃板洗净、晾干或用吹风机吹干，安装制胶架。

（2）按表3-2中给出的数值在一小烧杯中配制分离胶溶液。注意：一旦加入 TEMED，即开始聚合，故应尽快完成注胶操作。

表3-2 SDS 不连续电泳凝胶配方

贮液	分离胶/12%	浓缩胶/3%
30%丙烯酰胺单体贮液/mL	4.0	0.85
分离胶缓冲液 1.5 mol/L Tris/mL （pH8.8）	2.5	
浓缩胶缓冲液 1 mol/L Tris/mL （pH6.8）		0.6
双蒸水/mL	3.4	3.5
10%的 SDS 溶液/μL	100	50
10%的过硫酸铵溶液/μL	25~35	8
TEMED/μL	10	8

注：配分离胶时，加入前四种溶液后，有条件时可以用真空泵抽气10 min，再加入后两种试剂。

（3）迅速在玻璃板的间隙中灌注丙烯酰胺溶液（对于长宽约8 cm、厚度0.75 mm的胶板，每块板灌注约4.0 mL），留出灌注浓缩胶所需的空间（梳子的齿长再加 0.5 cm)。再在胶面上小心注入一层水（约 10 mm）高（注满为止），以防止氧气进入凝胶溶液。

（4）分离胶聚合完全后（约 30 min），倾出覆盖水层，再用滤纸吸净残留水。

（5）按表 3 – 2 中给出的浓缩胶配制方法制备浓缩胶。注意：因胶浓度低，故凝胶较慢。

（6）在聚合的分离胶上直接灌注浓缩胶，立即在浓缩胶溶液中插入干净的梳子。小心避免混入气泡，再加入浓缩胶溶液以充满梳子之间的空隙，将凝胶垂直放置于室温下。

（7）在等待浓缩胶聚合时，可对样品进行处理，在样品中按 1∶1 体积比加入样品处理液，在 100 ℃加热 5 min 以使蛋白质变性。

（8）浓缩胶聚合完全后（20 ~ 40 min），小心移出梳子。将凝胶固定于电泳装置上，上下槽各加入 Tris – 甘氨酸电泳缓冲液。设法排出凝胶底部两玻璃板之间的气泡。

2. 上样及电泳

（1）按预定顺序加样，加样量通常为 10 ~ 20 μL。电泳检测样品至少包括：天花粉蛋白标准液或蛋白 marker、上样液（原液）、不同处理后的初步分离溶液、离子交换层析的穿透液、洗脱液。

（2）将电泳装置与电源相接，凝胶上所加电压为 70 V。当染料前沿进入分离胶后，把电压提高到 150 V，继续电泳直至溴酚蓝到达分离胶底部上方约 1 cm，然后关闭电源（总时间 65 ~ 70 min）。

注： 切记电源线不能插反。

（3）从电泳装置上卸下玻璃板，用刮勺撬开玻璃板。紧靠最左边一孔凝胶下部切去一角以标注凝胶的方位。

3. 用考马斯亮蓝对 SDS 聚丙烯酰胺凝胶进行染色和脱色

染色时间：现温度（25 ℃）下不少于 2 h。

脱色需 3 ~ 10 h，其间应多次更换脱色液直至背景清楚。脱色后，可将凝胶浸于水中、长期封装在塑料袋内而不降低染色强度。为了永久性记录，应尽快对凝胶进行拍照，或者将凝胶干燥成胶片。

实验5　藻类藻胆蛋白的提取与分离

组长：_____操作核查员：_____数据记录员：_____

藻蓝蛋白（phycocyanin）是某些藻类特有的重要捕光色素蛋白，颜色鲜亮，与其类似物别藻蓝蛋白（allo-phycocyanin）或变藻类蛋白一起，抑或包括藻红蛋白及其他蛋白，共同构成了大的捕光蛋白聚集体——藻胆体，该藻胆体位于类囊体膜上，高效捕获水中弱光并传递给光合作用的光反应中心，触发光反应。藻蓝蛋白在螺旋藻（*spirulina platensis*）中含量占干重的15%左右，因此，它既可作为食用蛋白，又可作为天然的食用色素。医学研究表明，藻蓝蛋白具有刺激红细胞集落生成、类似红细胞生成素的作用，因此也体现其具有一定的保健作用。目前亦可以对螺旋藻尤其是顿顶螺旋藻进行规模化人工繁殖，烘干、压片、包装后进行销售。

生物学研究表明，藻蓝蛋白（也包括藻红蛋白等藻胆蛋白）在光照情况下能够发出强烈的荧光，具有很好的吸光性能和很高的量子产率，在可见光谱区有很宽的激发及发射范围。因此，研究人员将其与生物素、亲和素和各种单克隆抗体共价结合后制成了荧光探针，用于免疫检测、荧光显微技术和流式细胞仪荧光测定等临床诊断与生物学研究。

藻蓝蛋白在藻胆体内常以 $(\alpha\beta)_3$ 和 $(\alpha\beta)_6$ 形式存在，α 亚基分子量略小于 β 亚基分子量，在用12% SDS-PAGE法进行纯度鉴定或亚基组成分析时，两条带相距很近，甚至难以区分条带数量。亚基分子量在 14 000 ~ 21 000 范围内，六聚体分子量在 190 000 左右。藻蓝蛋白在可见光区的吸收峰一般在 620 nm，荧光发射峰在 650 nm。在分离纯化该蛋白的过程中常用 A_{620}/A_{280} 的值来反映所得到的样品中藻蓝蛋白的纯度，较高纯度的样品，该值一般不低于4.0，该值越高，纯度越高，该值超过 8 时，可以认为是高纯度蛋白。藻蓝蛋白的 pI 一般在 5.0 ~ 5.5 范围内，此时多以三聚体形式存在，在近中性 pH 时，多以六聚体形式存在。

别藻蓝蛋白在藻胆体内常以 $(\alpha\beta)_3$ 形式存在，α 亚基分子量略小于 β 亚基分子量，在用12% SDS-PAGE法进行纯度鉴定或亚基组成分析时，两条带相距也很近。亚基分子量范围同藻蓝蛋白。别藻蓝蛋白在可见光区的吸收峰一般在 650 nm，在 620 nm 处有吸收肩，荧光发射峰在 650 nm。在分离纯化该蛋白的过程中常用 A_{650}/A_{620} 的值来反映所得到的样品中别藻蓝蛋白的纯度，较高纯度的样品，该值一般在 1.3 ~ 1.5 范围内，该值越高，纯度越高。别藻蓝蛋白的 pI 一般也在 5.0～5.5 范围内，但略高于藻蓝蛋白。

目前常用分步盐析法对藻蓝蛋白进行沉淀（富集）；根据藻蓝蛋白样品中主要杂质别藻蓝蛋白对羟基磷灰石吸附性的差异，用羟基磷灰石吸附层析法进行初步纯化；藻蓝蛋白在中性 pH 时带负电荷，因此可以用阴离子交换层析对其进行进一步纯化。

一、实验目的

（1）了解蛋白类提取的原理、实验设计和基本操作。

（2）掌握藻蓝蛋白的提取、纯化方法。

（3）掌握吸附介质羟基磷灰石、离子交换层析介质羧甲基纤维素 CM32 的处理方法和吸附层析、离子交换层析的基本操作。

二、实验要求

（1）学生在老师的指导下查阅相关的文献，包括生物活性成分的一般提取方法、纯化技术，藻蓝蛋白的理化性质、提取和纯化技术、检测方法。

（2）独立完成一个实际样品中藻蓝蛋白的提取、纯化过程；同时对本班级的实验结果进行整体分析，找出规律。

（3）通过完整实验过程，能灵活处理和解决实验中遇到的问题，优化实验方法，提高实验过程中分析和解决问题的综合能力。

（4）根据整理的实验结果，按照科技论文的格式撰写实验报告。

三、教学形式

教学以研究型、工程型方式进行。正常分组，但每组操作之间有一定区别；实验分若干个操作环节，连续进行；实验结果组间共享，在分析中一并讨论。

四、预习内容

（1）藻蓝蛋白基本的理化性质。

（2）样品提取液中目标成分的富集方法有哪些？按分离机制可将层析技术分为哪几类？

（3）吸附层析、离子交换层析的原理是什么？

五、实验材料、器材与仪器

1. 实验材料（供一个实验班用）

市售螺旋藻自然风干粉或自培养的新鲜螺旋藻（100 g）。干藻粉在使用前，需经研磨处理或用家用粉碎机进行粉碎处理。

离子交换层析介质：弱阴离子交换介质 DEAE52 纤维素或 DEAE – Sephacel。

DEAE 纤维素的处理：

（1）7.50 g DEAE52 纤维素加入 5 倍容积（W/V 37.5 mL）0.2 mol/L NaOH 中，轻轻搅动，进行第一次处理，浸留 30 min 以上（可至数小时）；

（2）滤出或倾倒出上清液，蒸馏水洗至 pH8.0 左右；

（3）用 5 倍容积（W/V 37.5 mL）0.2 mol/L HCl 轻轻搅拌 1~2 h，倾倒出上清液；

（4）重复步骤（3），然后水洗至中性。

2. 试剂与配制（供一个实验班用）

（1）磷酸氢二钠，500 g，1 瓶；

（2）磷酸二氢钾，500 g，1 瓶；

（3）氯化钠，500 g，1 瓶；

（4）硫酸铵，500 g，2 瓶；

（5）巯基乙醇，50 mL，1 瓶；

（6）EDTA，500 g，1 瓶；

（7）NaOH，500 g，1 瓶；

（8）浓盐酸，500 mL，1 瓶。

试剂配制：

（1）10 mmol/L 磷酸盐缓冲液（pH7.0）：先配制 0.2 mol/L 的磷酸氢二钠溶液和 0.2 mol/L 的磷酸二氢钾各 500 mL，然后按比例（60∶40）兑制出 pH7.0 溶液，再稀释至 10 mmol/L 溶液（同时含 1 mmol/LM 巯基乙醇、1 mmol/LM EDTA）。如 pH 未达到要求，再用原液磷酸氢二钠或磷酸二氢钾调 pH 至 7.0。冰箱冷藏备用。

（2）10 mmol/L 磷酸盐缓冲液（pH6.0）：先配制 0.2 mol/L 的磷酸氢二钠溶液和 0.2 mol/L 的磷酸二氢钾各 500 mL，然后按比例（12.3∶87.7）兑制出 pH6.0 溶液，再稀释至 10 mmol/L 溶液（同时含 1 mmol/LM 巯基乙醇、1 mmol/LM EDTA）。如 pH 未达到要求，再用原液磷酸氢二钠或磷酸二氢钾调 pH 至 6.0。冰箱冷藏备用。

（3）样品溶解、羟基磷灰石柱平衡、洗脱用缓冲液（5 mmol/LM 磷酸盐缓冲液，含 0.2 mol/L NaCl）：用上述配制的 10 mmol/LM 磷酸盐缓冲液稀释并加 NaCl；使用前所有的溶液先用 0.22 μm 滤膜过滤。

（4）洗脱液准备：用上述配制的 0.2 mol/L 磷酸氢二钠溶液 – 磷酸二氢钾缓冲液稀释一定比例即可。

①20 mmol/L 磷酸盐缓冲液（含 0.2 mol/L NaCl）；使用前用 0.22 μm 滤膜过滤；

②50 mmol/L 磷酸盐缓冲液（含 0.2 mol/L NaCl）；使用前用 0.22 μm 滤膜过滤；

③100 mmol/L 磷酸盐缓冲液（含 0.2 mol/L NaCl）；使用前用 0.22 μm 滤膜过滤。

（5）离子交换层析用洗脱液 1：0.1 mol/L NaCl（用上述 10 mmol/L 磷酸盐缓冲液，pH=7.0）配制。

（6）离子交换层析用洗脱液 2：0.3 mol/L NaCl（用上述 10 mmol/L 磷酸盐缓冲液，pH6.0）配制。

（7）0.2 mol/L NaOH：用 4 g NaOH 溶于 500 mL 蒸馏水即可。

（8）0.2 mol/L HCl：8.62 mL 浓盐酸，用蒸馏水稀释至 500 mL 即可。

3. 实验用品

每组用品：

（1）50 mL 离心管，2 只；

（2）50 mL 离心管架，1 个；

（3）1 mL 取液器，1 只；

（4）1 mL 替补头，1 盒；

（5）50 ~ 100 mL 烧杯，2 个；

（6）20 cm 玻璃棒，1 根；

（7）50 mL 量筒；

（8）记号笔，1 支；

（9）胶头滴管，2 只；

（10）收集管或 5 mL 离心管，50 只；

（11）一次性滤器（0.22 μm）；

（12）层析柱（10 mm×10 cm），1 只（羟基磷灰石吸附层析专用）；

（13）层析柱（10 mm×10 ~ 20 cm），1 只（离子交换层析专用）。

共用实验用品：

（1）称量用天平（量程 200 g）（含配套用的称量纸），2 台；

（2）离心管平衡用台秤，2 ~ 3 台（各含两个 50 mL 或 100 mL 烧杯，烧杯固定在托盘上）；

（3）1 000 mL 量筒，1 个；

（4）100 mL 量筒，2 个；

（5）5 mL 离心管，1 包；

（6）手套，2 包；

（7）蒸馏水，1 桶；

（8）1.5 mL 离心管，1 包；

（9）200 mL 烧杯，2~3 个；

（10）1 000 mL 烧杯，2~3 个；

（11）水盆/敞口大容器，1 个；

（12）过滤瓶，2~3 套。

4. 实验仪器

（1）离心机，可离心 50 mL 离心管，2 台；

（2）层析装置，4 套；

（3）水浴锅，2 台；

（4）普通磁力搅拌器，若干台（含搅拌子）；

（5）冻干机，1 台；

（6）粉碎机，1 台；

（7）pH 计若干台；

（8）超声波细胞破碎仪，1~2 台；

（9）水泵，若干台。

六、实验内容

（一）原料的预处理（螺旋藻细胞的破碎及破碎液处理）

称取 3.0 g 螺旋藻粉，置于 100 mL 烧杯中，加入 30 mL［按 1∶10（或 1∶15）/W/V］冷磷酸盐缓冲液（10 mmol/L，pH7.0，含 1 mmol/L 巯基乙醇、1 mmol/L EDTA），于冰浴条件下放置 1 h，其间间断搅拌，然后用超声波破碎技术进行破碎处理（超声 15 s，间歇 15 s）10 min，功率 600 W；停 5 min 后，重复第 1 次操作；停 5 min 后，再次进行破碎处理。每次超声波破碎处理后，取 0.5 mL 破碎液置于 1.5 mL 离心管中，于 12 000 ×g 离心 10 min，取上清液转入一干净的离心管中（颜色是_____），然后稀释一定倍数后，测定其 OD_{280}（A_{280}）和 OD_{620}（A_{280}）值（稀释后，使该值在 0.1~0.9 范围内）。破碎完毕后，大量破碎液于 20 000 ×g 离心 30 min，小心取出上清液（注意：不要有沉淀），记录上清液体积_____mL（表 3-3）。保留 1~3 mL 备用，其余用于盐析处理。

表 3 - 3　破碎次数的效果比较（二）

破碎次数	1	2	3
稀释倍数			
OD$_{280}$（或 A_{280}）			
OD$_{620}$/A_{280}			

若使用新鲜藻泥作为实验材料，冷磷酸盐缓冲液悬浮后即可破碎。用新鲜培养液收集螺旋藻时采用 500 r/min 离心法即可。

根据表 3 - 3 结果，进行几次破碎比较合适？ ＿＿＿＿＿＿＿＿＿＿＿＿＿＿＿。
简述理由： ＿＿＿＿＿＿＿＿＿＿＿＿＿＿＿＿＿＿＿＿＿。

（二）大量提取液的处理（盐析、透析、冻干处理）

1. 盐析处理

取一定体积（＿＿＿＿＿mL）提取液（颜色是＿＿＿＿＿），在冰浴、搅拌情况下慢慢加入＿＿＿＿＿g 硫酸铵（按 0.146 g/mL 加入），使盐饱和度达 27%，冰箱或冰浴中放置 3 ~ 4 h 或以上，然后于 10 000 × g 离心 25 min，弃沉淀（内含一些杂蛋白），上清液（颜色是＿＿＿＿＿）中加入＿＿＿＿＿g 硫酸铵（按 0.074 g/mL 比例），使盐饱和度达约 40%，冰箱中放置 3 ~ 4 h 或以上，然后于 10 000 × g 离心 25 min，将上清液（颜色是＿＿＿＿＿）彻底倒干净，分别保存好沉淀和上清液，该沉淀是以藻蓝蛋白为主（同时含有一定量的别藻蓝蛋白）的混合物，上清液中加入＿＿＿＿＿g 硫酸铵（按 0.10 g/mL 比例），使饱和度达约 55%，冰箱中放置 3 ~ 4 h 或以上，然后于 10 000 × g 离心 35 min，彻底弃上清液（颜色是＿＿＿＿＿），保存好沉淀（该沉淀是以别藻蓝蛋白为主，同时含有一定量的藻蓝蛋白）。

2. 透析及冻干处理

沉淀的透析脱盐处理：将沉淀用适量（100 ~ 200 mL）蒸馏水溶解，转入透析袋进行透析，每 2 ~ 3 h 换一次水，共换水 6 次，透析液中的情况（是否出现沉淀：＿＿＿＿＿）；然后对透析液 15 000 × g 离心 30 min，小心取出上清液（颜色是＿＿＿＿＿；体积：＿＿＿＿＿mL），稀释该溶液（稀释＿＿＿＿＿倍），使 OD$_{max}$ 在 0.1 ~ 0.8 之间，测定 280 nm 处的光密度值即 OD$_{280}$ = ＿＿＿＿＿。然后取 1 ~ 2 mL 备用，余下上清液（体积：＿＿＿＿＿mL）放到面积较大的培养皿中，冻干。

（三）羟基磷灰石吸附层析操作

所用样品：上述制备的藻蓝蛋白冻干粉。

样品液制备：称取一定的冻干粉用样品溶解液溶解，配制成 5 mg/mL 的样品液。样品液用离心法（12 000 × g 离心 15 min）或 0.22 μm 滤膜过滤去除大的杂质。

1. 层析柱基本情况

柱高 h = _____ cm（仅指介质的高度），内径 ϕ = 1 ~ 2 cm，体积 V = _____ mL。内径：柱高一般在 1 : 10 ~ 1 : 15 范围内。

柱平衡流速_____ mL/min（相当于柱体积的 1% ~ 4%）（柱平衡即用缓冲液冲洗柱子达基线平稳）。

进样流速_____ mL/min（相当于柱体积的 1% ~ 4%）。在进行实验时，分两个大组进行，每个大组又包括多个常规的实验小组，第 1 大组（A 组，低速组），流速定为 1.5% 柱体积/min；第 2 大组（B 组，高速组），流速定为 3.0% 柱体积/min。

洗脱流速_____ mL/min（相当于柱体积的 1% ~ 4%）。各组对应上述的进样流速。

2. 装柱及层析柱平衡

用上述样品溶解液悬浮一定量的羟基磷灰石，除去上层细小颗粒，悬浮一定体积后倒入层析柱（柱内先倒入 2 ~ 3 cm 的缓冲液），待其自然沉淀，然后用 3 ~ 5 倍体积的样品溶解液冲洗层析柱。

层析过程既可采用全部手动操作也可以使用自动或半自动的层析装置进行。

3. 进样及冲洗

下面以开放柱（即手动操作）方式进行介绍。

进样前先对样品进行初步表征：样品液稀释_____ 倍后在分光光度计上测得的 OD_{280} = _____。取 100 μL 另存备用。

进样时，用滴管吸取样品液缓慢加入层析柱中，待层析柱顶部介质约 1/4 高度吸附蓝色物质后停止进样，此时进样体积_____ mL。进样完毕后，用样品溶解液冲洗层析柱至基线平，共用平衡液_____ mL。

4. 洗脱

上样后用提高缓冲液浓度的方法进行阶段梯度洗脱。

先用 20 mmol/L 磷酸盐缓冲液洗脱，然后用 50 mmol/L 磷酸盐缓冲液洗脱，最后用 100 mmol/L 磷酸盐缓冲液洗脱，每次洗脱体积视情况而定，一般约为柱体积的 4 倍。

1）20 mmol/L 磷酸盐缓冲液洗脱至基线平

从洗脱开始收集，每 4 ~ 5 min 收集 1 管，每管体积：_____ mL。从紫外

检测仪上读取 A_{280} 值并记录，或用紫外分光光度计测定每管的 A_{280} 值。

层析曲线的绘制：以时间或收集管管号（从 1 号管开始）为横坐标，以 A_{280} 值为纵坐标绘制层析曲线。

注：刚开始洗脱时，由于还未有蛋白样品洗脱出来，故可以不收集，但试管排号需预留出来，即根据出峰情况进行收集，实际收集的第 1 管可能是第 n 管。实际用洗脱液体积：＿＿＿＿＿＿ mL。将半峰高以上的收集管进行合并，即得纯化的藻蓝蛋白溶液。

样品洗脱情况观察：＿＿＿＿＿＿＿＿＿＿＿＿＿＿＿＿＿＿＿＿＿＿＿＿＿；

纯化液的初步检测：样品液的 A_{280} = ＿＿＿＿＿＿（稀释倍数＿＿＿＿＿＿）。A_{620}/A_{280} = ＿＿＿＿＿＿。

SDS – PAGE 检测：＿＿＿＿＿＿＿＿＿＿＿＿＿＿＿＿＿＿＿＿＿＿＿＿＿＿。

纯化样品的保存：样品合并后，经检测达到预定纯度后，将其装入透析袋，对蒸馏水进行透析，之后冻干保存即可。

2）50 mmol/L 磷酸盐缓冲液洗脱至基线平

经 20 mmol/L 磷酸缓冲液洗脱后，直接改用 50 mmol/L 磷酸盐缓冲液洗脱即可。从洗脱开始收集，每 4 ~ 5 min 收集 1 管，每管体积：＿＿＿＿＿＿ mL。从紫外检测仪上读取 A_{280} 值并记录，或用紫外分光光度计测定每管的 A_{280} 值。

层析曲线的绘制：同上。即以时间或收集管管号（从 1 号管开始）为横坐标，以 A_{280} 值为纵坐标绘制层析曲线。亦可以在前面的层析曲线的基础上继续绘制，图上标注 50 mmol/L 磷酸盐缓冲液洗脱开始的管号即可。

注：刚开始洗脱时，由于还未有蛋白样品洗脱出来，故可以不收集，但试管排号需预留出来，即根据出峰情况进行收集，实际收集的第 1 管可能是第 n 管。实际用洗脱液体积：＿＿＿＿＿＿ mL。将半峰高以上的收集管进行合并，即得纯化的藻蓝蛋白溶液。

样品洗脱情况观察：＿＿＿＿＿＿＿＿＿＿＿＿＿＿＿＿＿＿＿＿＿＿＿＿＿；

纯化液的初步检测：样品液的 A_{280} = ＿＿＿＿＿＿（稀释倍数＿＿＿＿＿＿）。A_{620}/A_{280} = ＿＿＿＿＿＿。

SDS – PAGE 检测：＿＿＿＿＿＿＿＿＿＿＿＿＿＿＿＿＿＿＿＿＿＿＿＿＿＿。

纯化样品的保存：样品合并后，经检测达到预定纯度后，将其装入透析袋，对蒸馏水进行透析，之后冻干保存即可。

3）100 mmol/L 磷酸盐缓冲液洗脱至基线平

经 50 mmol/L 磷酸缓冲液洗脱后即可用 100 mmol/L 磷酸盐缓冲液洗脱。从洗脱开始收集，每 4 ~ 5 min 收集 1 管，每管体积：＿＿＿＿＿＿ mL。从紫外检测仪上读取 A_{280} 值并记录，或用紫外分光光度计测定每管的 A_{280} 值。

层析曲线的绘制：同上。即以时间或收集管管号（从1号管开始）为横坐标，以A_{280}值为纵坐标绘制层析曲线。亦可以在前面的层析曲线的基础上继续绘制，图上标注100 mmol/L磷酸盐缓冲液洗脱开始的管号即可。

注：刚开始洗脱时，由于还未有蛋白样品洗脱出来，故可以不收集，但试管排号需预留出来，即根据出峰情况进行收集，实际收集的第1管可能是第n管。实际用洗脱液体积：_____mL。将半峰高以上的收集管进行合并，即得纯化的藻蓝蛋白溶液。

样品洗脱情况观察：_____；

纯化液的初步检测：样品液的A_{280} = _____（稀释倍数_____）。A_{620}/A_{280} = _____。

SDS – PAGE检测：_____。

纯化样品的保存：样品合并后，经检测达到预定纯度后，将其装入透析袋，对蒸馏水进行透析，之后冻干保存即可。

（四）离子交换层析纯化藻蓝蛋白

所用样品：上述制备的藻蓝蛋白溶液。有兴趣的同学也可以用前述的藻蓝蛋白冻干粉作为进样样品。

样品液的准备：称取一定体积的上述藻蓝蛋白溶液，装入透析袋，对10 mmol/L磷酸盐缓冲液（pH7.0）进行透析，透析后的样品液用离心法（12 000 × g 离心 15 min）或 0.22 μm 滤膜过滤去除大的杂质。

样品液基本情况：A_{280} = _____（稀释倍数_____）。A_{620}/A_{280} = _____。

1. 层析装置基本情况

所用层析系统为最基础的层析装置，包括紫外检测仪、泵、软件、可调节介质高度的层析柱，或具备分部收集器。

柱高 h = _____cm（仅指介质的高度），内径 ϕ = 1 ~ 2 cm，体积 V = _____mL。内径：柱高一般在 1 : 10 ~ 1 : 15 范围内。

柱平衡流速_____mL/min（相当于柱体积的 2% ~ 5%）（柱平衡即用缓冲液冲洗柱子达基线平稳）。

进样流速_____mL/min（相当于柱体积的 2% ~ 5%）。同样分为两个大组进行：C组（低速组，对应于前面的A组），D组（高速组，对应于前面的B组）。

洗脱流速_____mL/min（相当于柱体积的 2% ~ 5%）。各组对应上述的进样流速。

2. 装柱及平衡

阴离子交换介质用10 mmol/L磷酸盐缓冲液（pH7.0）悬浮，轻轻摇动后倒入层析柱中，层析柱底部预装 2～3 cm 的缓冲液。待其充分沉淀后，用 2～4 倍柱体积缓冲液冲洗层析柱即可平衡层析柱。

3. 进样、冲洗、洗脱

进样、冲洗、洗脱操作分为两个大组。第 1 大组（E 组）为不饱和进样组，第 2 大组（F 组）为饱和进样组。

1）不饱和进样组（E 组）

该组对应于上面的 C 组，将样品液加到层析柱顶端，低速进样，上端的介质逐步变成蓝色，待蓝色部分为 1/3 柱高时，停止进样。开始冲洗（用上述 10 mmol/L 磷酸盐缓冲液），同时开启层析软件，记录层析曲线，冲洗 3～5 个柱体积或有蛋白流出（即有杂蛋白峰出现），当全部流出时，改用离子交换层析用洗脱液 1 冲洗并开始收集，每 2～4 min 收集 1 管。根据出峰情况，将半峰高以上的收集管进行合并，即得高纯度的藻蓝蛋白溶液。实际用洗脱液体积：_____mL。

注：刚开始洗脱时，由于还未有蛋白样品洗脱出来，故可以不收集，但试管排号需预留出来，即根据出峰情况进行收集，实际收集的第 1 管可能是第 n 管。

样品洗脱情况观察：_____；

纯化液的初步检测：样品液的 A_{280} = _____（稀释倍数_____）。A_{620}/A_{280} = _____。

SDS – PAGE 检测：_____。

别藻蓝蛋白的分离：

用离子交换层析用洗脱液 1 洗脱结束后，直接改用离子交换层析用洗脱液 2 冲洗并开始收集，每 2～4 min 收集 1 管。根据出峰情况，将半峰高以上的收集管进行合并，即得高纯度的别藻蓝蛋白溶液。实际用洗脱液体积：_____mL。

注：刚开始洗脱时，由于还未有蛋白样品洗脱出来，故可以不收集，但试管排号需预留出来，即根据出峰情况进行收集，实际收集的第 1 管可能是第 n 管。

样品洗脱情况观察：_____；

纯化液的初步检测：样品液的 A_{280} = _____（稀释倍数_____）。A_{650}/A_{620} = _____。

SDS – PAGE 检测：_____。

纯化样品的保存：样品合并后，装入透析袋，对蒸馏水进行透析，之后冻干保存即可。

层析柱的再生：用洗脱液 2 洗脱结束后，改用上述 10 mmol/L 磷酸盐缓冲液

（pH7.0）冲洗约 5 个柱体积即可，之后可以进行第 2 次进样。

2）饱和进样组（F 组）

该组对应于上面的 D 组，将样品液加到层析柱顶端，高速进样，上端的介质逐步变成蓝色，待层析柱底部即将变为蓝色时，停止进样。开始冲洗（用上述 10 mmol/L 磷酸盐缓冲液），同时开启层析软件，记录层析曲线，冲洗 3～5 个柱体积或有蛋白流出（即有杂蛋白峰出现），当全部流出时，改用离子交换层析用洗脱液 1 冲洗并开始收集，每 2～4 min 收集 1 管。根据出峰情况，将半峰高以上的收集管进行合并，即得高纯度的藻蓝蛋白溶液。实际用洗脱液体积：_____mL。

注：刚开始洗脱时，由于还未有蛋白样品洗脱出来，故可以不收集，但试管排号需预留出来，即根据出峰情况进行收集，实际收集的第 1 管可能是第 n 管。

样品洗脱情况观察：_____；

纯化液的初步检测：样品液的 A_{280} = _____（稀释倍数_____）。A_{620}/A_{280} = _____。

SDS – PAGE 检测：_____。

别藻蓝蛋白的分离：

用离子交换层析用洗脱液 1 洗脱结束后，直接改用离子交换层析用洗脱液 2 冲洗并开始收集，每 2～4 min 收集 1 管。根据出峰情况，将半峰高以上的收集管进行合并，即得高纯度的别藻蓝蛋白溶液。实际用洗脱液体积：_____mL。

注：刚开始洗脱时，由于还未有蛋白样品洗脱出来，故可以不收集，但试管排号需预留出来，即根据出峰情况进行收集，实际收集的第 1 管可能是第 n 管。

样品洗脱情况观察：_____；

纯化液的初步检测：样品液的 A_{280} = _____（稀释倍数__）。A_{650}/A_{620} = _____。

SDS – PAGE 检测：_____。

纯化样品的保存：样品合并后，装入透析袋，对蒸馏水进行透析，之后冻干保存即可。

层析柱的再生：用洗脱液 2 洗脱结束后，改用上述 10 mmol/L 磷酸盐缓冲液（pH7.0）冲洗约 5 个柱体积即可，之后可以进行第 2 次进样。

（五）SDS – PAGE 方法检测样品的纯度

详见实验 4。

七、思考题

（1）本实验采用多种方法对螺旋藻的藻蓝蛋白进行了纯化，其中用简要分组的方法对实验条件进行了优化，在此基础上，请提出一个进一步优化实验条件的设计方案。在不考虑最后实验结果是否满足设定标准的前提下，从理论上还可以用何种方法进一步纯化？给出简要的理由。

（2）如何利用盐析技术对藻蓝蛋白进行富集和初步纯化？

参考文献

［1］杜林方，付华龙．钝顶螺旋藻藻胆蛋白的分离纯化及特性研究［J］．四川大学学报（自然科学版），1994，31（4）：576–578．

［2］杨荣武，李俊，张太平，等．高级生物化学实验［M］．北京：科学出版社，2012：76．

［3］殷钢，刘铮，刘飞，等．钝顶螺旋藻中藻蓝蛋白的分离纯化及特性研究［J］．清华大学学报（自然科学版），1999，39（6）：20–22．

［4］林红卫，覃海错，伍正清，等．钝顶螺旋藻中藻蓝蛋白提取纯化新工艺［J］．精细化工，1998（15）：18–20．

实验 6 亲和层析法纯化 GST 融合蛋白

组长：_____操作核查员：_____数据记录员：_____

GST（glutathione S – transferase，谷胱甘肽 S 转移酶）融合蛋白是一类带有 GST 标签的融合蛋白，即借助基因重组技术将谷胱甘肽 S 转移酶基因与靶基因重组进而表达的重组蛋白。

GST 是一种含有 211 个氨基酸的蛋白，它能催化具有亲核位点的谷胱甘肽与（包括致癌剂和抗癌剂在内的）亲电物质的结合，在细胞解毒和代谢中起重要作用。胞液中的 GSTs 可简单地分为三类：碱性、中性和酸性（π），其中 GST（π）与肿瘤关系密切，可以用作消化系统恶性肿瘤检测时的组化标志酶。

由于 GST 同谷胱甘肽有特异性亲和作用，而且自身分子量较小，因此，在现代生物技术产品的纯化中常将其与目标蛋白融合以赋予目标蛋白新的标签且可用亲和层析方法进行纯化。在设计融合蛋白时，通常将该蛋白加入重组蛋白的 N 末端。需要说明的是，在对目标蛋白进行标记时，除添加 GST 形成融合蛋白外，在靶蛋白的 N 末端添加组氨酸（histidine，一般为 6 个连续的 His）以形成非融合蛋白（His – taq 蛋白）是另外一种标记方式，His – taq 与螯合在介质上的金属离子（如 Ni^{2+}）具有一定的非特异性相互作用，因此为 His – 蛋白的纯化带来一定的便利。

在对 GST 融合蛋白进行纯化时，需要用到专一性强的亲和介质，使谷胱甘肽分子的巯基与琼脂糖介质的环氧乙烷基团通过环氧激活方式特异性偶联在介质上。由于带有 GST 标签的融合蛋白可以与琼脂糖介质上交联的谷胱甘肽配体特异性结合且具有可逆性，因此可以富集到介质上并通过在体系中加入对应的配体即还原型谷胱甘肽的方式将其洗脱，从而实现对目标蛋白的高效纯化。由于 GST 标签蛋白含有特殊的剪切序列，蛋白分离后，可以借助蛋白酶位点特异性切割并纯化，以得到去掉标签蛋白的目标蛋白。

蛋白质含量的测定有很多方法，如紫外线吸收法、双缩脲法、考马斯亮蓝法、BCA 法等，本实验采用紫外线吸收法。紫外线吸收法的原理是：蛋白质分子中的酪氨酸、色氨酸等含有共轭双键的苯环，因此蛋白质具有吸收紫外线的特性，吸收峰在 280 nm 处。此时，蛋白质溶液的光吸收值（A_{280}）与其浓度呈正比关系，因此根据光吸收值和朗博比尔定律可以测定蛋白质的浓度。此方法具有迅速、简便、不消耗样品等优点，但也有一些缺点，如蛋白样品中酪氨酸和色氨酸含量与标准蛋白差异较大时，会造成一些误差；再如，样品中含有嘌吟、嘧啶等核酸类组分时，也会出现较大干扰，因为这些成分在 260 nm 处有很强的吸收峰。

一、实验目的

（1）了解带有 GST 标签蛋白提取的原理、实验设计和基本操作。
（2）掌握大肠杆菌表达的 GST 融合蛋白的提取、纯化方法。

二、实验要求

（1）学生在老师的指导下查阅相关的文献，包括生物活性成分的一般提取方法、纯化技术，GST 融合蛋白的理化性质、提取和纯化技术、检测方法。
（2）独立完成一个实际样品中 GST 融合蛋白的提取、纯化过程；同时对本班级的研究结果进行整体分析，找出规律。
（3）通过完整实验过程，能灵活处理和解决问题，优选实验方法，培养实验中分析和解决问题的综合能力。
（4）根据整理的实验结果，按照科技论文的格式撰写实验报告。

三、教学形式

教学以研究型、工程型方式进行。正常分组，但每组操作之间有一定区别；实验分若干个操作环节，连续进行；实验结果组间共享，在分析中一并讨论。

四、预习内容

（1）GST 融合蛋白的基本理化性质。
（2）细胞破碎的一般方法和超声波破碎技术。
（3）亲和层析的基本原理和一般操作过程。
（4）SDS – PAGE 的基本原理和一般操作过程。

五、实验材料、器材与仪器

1. 实验材料（供一个实验班用）

基因工程菌经培养、诱导表达后的大肠杆菌悬浮液或其他重组细胞悬浮液。
标准蛋白溶液：经过凯氏定氮法校正的标准蛋白质，配制成 1 mg/mL 的溶液。

2. 试剂与配制（供一个实验班用）

（1）磷酸氢二钠，500 g，1 瓶；

（2）浓盐酸，500 mL，1 瓶；

（3）氯化钠，500 g，1 瓶；

（4）氯化钾，500 g，1 瓶；

（5）谷胱甘肽，500 g，1 瓶；

（6）Tris，500 g，1 瓶；

（7）聚乙二醇 1500（PEG1500），500 g，1 瓶；

（8）聚乙二醇 4000（PEG4000），500 g，1 瓶；

（9）聚乙二醇 6000（PEG6000），500 g，1 瓶。

试剂配制：

（1）磷酸盐缓冲液（PBS）：称取 8 g NaCl、0.2 g KCl、1.44 g Na_2HPO_4 溶于 1 000 mL 去离子水中，用 4~6 mol/L 浓盐酸调至 pH7.3。

（2）洗脱液：10 mmol/L 谷胱甘肽（用 50 mmol/L Tris-HCl 配制，pH8.0）。将 0.297 g 谷胱甘肽溶于 100 mmol/L Tris-HCl（pH8.0）缓冲液即可。

3. 实验用品

每组用品：

（1）50 mL 离心管，2 只；

（2）50 mL 离心管架，1 个；

（3）1 mL 取液器，1 只；

（4）1 mL 替补头，1 盒；

（5）50~100 mL 烧杯，2 个；

（6）20 cm 玻璃棒，1 根；

（7）记号笔，1 支；

（8）层析收集管或 5 mL 离心管，50 只；

（9）铁架台，1 个；

（10）50 mL 或 100 mL 试剂瓶，2 个；

（11）层析柱（带转换接头，内径 10 mm，柱高 100 mm），1 只。

共用实验用品：

（1）称量用天平（量程 200 g）（含配套用的称量纸），2 台；

（2）离心管平衡用台秤，2~3 台（各含两个 50 mL 或 100 mL 烧杯，烧杯暂时固定在托盘上）；

（3）1 000 mL 量筒，1 个；

（4）100 mL 量筒，2 个；

（5）5 mL 离心管，1 包；

（6）10 mL 离心管，1 包；

（7）蒸馏水，1 桶；

（8）1.5 mL 或 2.0 mL 离心管，1 包；

（9）200 mL 烧杯，2～3 个；

（10）1 000 mL 烧杯，2～3 个；

（11）过滤瓶，2 套；

（12）ϕ2 cm 滤器（0.22 μm），1 包；

（13）手套，2 包；

（14）谷胱甘肽琼脂糖介质，100 g，1 瓶；

（15）500 mL 试剂瓶，5 个。

4. 实验仪器

（1）离心机，可离心 50 mL 离心管，2 台；

（2）pH 计，2～3 台；

（3）超声波细胞破碎仪，2～3 台；

（4）紫外 - 可见分光光度计，2～3 台；

（5）水浴锅，1～2 台；

（6）层析装置（含蠕动泵、紫外检测器），3～4 套；

（7）蛋白电泳仪，2～4 台/套；

（8）制冰机或冰箱，1 台；

（9）水泵，若干台。

六、实验内容

（一）原料的预处理（细菌的破碎及破碎液处理）

本实验以发酵法产生的大肠杆菌悬浮液为实验材料。

（1）取发酵后的菌液于 10 000 r/min 离心 2 min，收集菌体，之后再加入一定体积的 PBS 缓冲液悬浮并离心（即菌体清洗）。

（2）菌体的超声波破碎：将上述离心得到的菌体沉淀用一定体积预冷的 PBS 缓冲液悬浮后，在冰浴条件下进行超声波破碎处理，超声波功率为 200～300 W，超声时间 5～10 s，间歇时间 20～40 s，总的超声时间 3～5 min，以菌体变澄清为破碎完成标志。破碎后于 10 000～12 000×g 离心 20～25 min，离心后迅速倒出上清液，弃沉淀。

（二）亲和层析法纯化 GST 融合蛋白

1. 层析柱安装

取一干净的层析柱，垂直安装，向柱内加入 3～4 cm 高度的 PBS 缓冲液，之后将悬浮好的谷胱甘肽琼脂糖介质倒入其中，打开层析柱的底部开关，以 3~6 滴/min 的速度沉降介质，沉降后的介质高度为 4~6 cm。

最后柱高：_____cm，柱体积：_____mL。

注：有条件的实验室可以用成套的层析设备，或者将层析柱底端管道直接与紫外检测器相连，检测波长 280 nm，这样即可及时了解流出液中蛋白成分的变化情况。

2. 柱平衡

取 4~6 倍柱体积的 PBS 缓冲液以匀速方式冲洗层析介质，用手工或蠕动泵均可。流速为 2% 柱体积/min。

3. 进样

进样前，细菌破碎液需要用 0.22 μm 滤膜过滤以除去大的颗粒。控制破碎液中的蛋白浓度在 1~10 mg/mL 范围内，将破碎液慢慢加入层析柱内，收集穿透液。穿透液可进行二次进样以确保融合蛋白完全吸附到层析柱上。分三大组进行。

实验 1 组：流速为 1% 柱体积/min。

实验 2 组：流速为 2% 柱体积/min。

实验 3 组：流速为 3% 柱体积/min。

4. 淋洗或冲洗

进样结束后，用 3~5 倍柱体积的 PBS 缓冲液冲洗层析柱以除去残存在柱内、管道内的杂质。流速为 2% 柱体积/min。

5. 洗脱

用 3~5 倍柱体积的洗脱液即 10 mmol/L 还原型谷胱甘肽溶液淋洗层析柱，收集洗脱液。分三大组进行，各组流速对应于上述进样时所用的速度。

实验 1 组：流速为 1% 柱体积/min。

实验 2 组：流速为 2% 柱体积/min。

实验 3 组：流速为 3% 柱体积/min。

（三）样品中蛋白含量的初步确定

1. 标准曲线的绘制

取 8 只 5 mL 或 10 mL 的离心管或试管，按表 3-4 向每只试管中加入各种试剂，摇匀。使用光程为 1 cm 的石英比色杯，在波长 280 nm 处分别测定各管溶液的 A_{280} 值。以 A_{280} 值为纵坐标，蛋白质浓度为横坐标，绘制标准曲线（有时也称工作曲线），同时给出回归方程。

表 3 - 4　蛋白质含量测定用标准曲线制作表

项目	试管号							
	1	2	3	4	5	6	7	8
标准蛋白质溶液/mL	0	0.5	1.0	1.5	2.0	2.5	3.0	4.0
蒸馏水/mL	4.0	3.5	3.0	2.5	2.0	1.5	1.0	0
蛋白质浓度/$(mg \cdot mL^{-1})$	0	0.125	0.250	0.375	0.500	0.625	0.750	1.00
A_{280}								

2. 样品中蛋白浓度的测定

取待测蛋白浓度的溶液 1 mL，加入蒸馏水 3 mL，摇匀，按上述方法在波长 280 nm 处测定光吸收值，并从标准曲线上查出待测蛋白质的浓度，或根据回归方程计算出样品中蛋白质的浓度。

（四）样品中蛋白纯度的 SDS - PAGE 法检测

详见实验 4。

七、思考题

（1）本实验考察进样流速和洗脱流速对进样与洗脱效果的影响，你认为还有哪些物理或化学因素会对亲和层析分离 GST 融合蛋白造成影响？

（2）如何用 SDS - PAGE 结果判断对 GST 融合蛋白的纯化效果？

参考文献

[1] 李文清，徐柏年，朱坚，等. GST - EGF 融合蛋白在大肠杆菌中的表达与纯化 [J]. 中山大学学报（自然科学版），1998，37（3）：13 - 16.

[2] 陈萍，邓健蓓，药立波，等. 鼠抗人 TNF - α 单域抗体基因在大肠杆菌中的融合表达 [J]. 第四军医大学学报，1999，20（7）：563 - 565.

[3] 陈芬，胡莉娟. 生物分离与纯化技术 [M]. 武汉：华中科技大学出版社，2012：254.

[4] 范开春，黄英才，李新萍，等. 血浆酸性谷胱甘肽 S - 转移酶：一种新的胃肠癌标志 [J]. 中华消化杂志，1996，16（S）：50 - 52.

[5] 李建武，肖能赓，余瑞元，等. 生物化学实验原理和方法 [M]. 北京：北京大学出版社，1994：171.

附：测定蛋白质浓度的紫外吸收法

若样品中含有核苷酸、核酸等，则普遍具有紫外 260 nm 处强吸收的情况，在此种情况下，可以根据经验公式计算出样品中的蛋白质浓度。

$$蛋白质浓度(mg/mL) = 1.45A_{280} - 0.74A_{260}$$

式中，A_{280} 和 A_{260} 分别为样品溶液在 280 nm 和 260 nm 波长下的光吸收值。

此外，也可先计算出 A_{280}/A_{260} 的比值，从表 3-5 中查出校正因子 F 值，同时可查出样品中的核酸百分含量，再根据经验公式即可计算出测定的样品溶液中的蛋白质浓度。

$$蛋白质浓度(mg/mL) = F \times A_{280} \times N \times 1/d$$

式中，A_{280} 为样品溶液在 280 nm 波长下测得的光吸收值；d 为石英杯的厚度，cm；N 为溶液的稀释倍数。

表 3-5　紫外吸收法测定蛋白质含量的校正因子

A_{280}/A_{260}	核酸/%	因子（F）	A_{280}/A_{260}	核酸/%	因子（F）
1.75	0.00	1.116	0.846	5.50	0.656
1.63	0.25	1.081	0.822	6.00	0.632
1.52	0.50	1.054	0.804	6.50	0.607
1.40	0.75	1.023	0.784	7.0	0.585
1.36	1.00	0.994	0.767	7.50	0.565
1.30	1.25	0.970	0.753	8.00	0.545
1.25	1.50	0.994	0.730	9.00	0.508
1.16	2.00	0.899	0.705	10.00	0.478
1.09	2.50	0.852	0.671	12.00	0.422
1.03	3.00	0.814	0.644	14.00	0.377
0.979	3.50	0.776	0.615	17.00	0.322
0.939	4.00	0.743	0.595	20.00	0.276
0.874	5.00	0.682			

实验 7　鸡蛋内溶菌酶的分离与纯化

组长：＿＿＿＿＿操作核查员：＿＿＿＿＿数据记录员：＿＿＿＿＿

溶菌酶（lysozyme）又称为细胞壁质酶（muramidase）或 N-乙酰胞壁质聚糖水解酶，它作用于细菌细胞壁肽聚糖组成单元 N-乙酰氨基葡萄糖胺和 N-乙酰胞壁酸之间的 β-1,4 糖苷键。1922 年英国细菌学家 A. Fleming 发现人的唾液、泪腺中存在能够溶解细菌细胞壁的酶，因其具有溶菌作用，故命名为溶菌酶。该酶也是首次结晶并通过 X-射线晶体分析查清其空间结构的蛋白质。研究表明，该酶广泛存在于乳汁、唾液、泪液、鸡蛋蛋清和鱼卵中，在鸡蛋蛋清中的含量高达 3%~4%。目前，溶菌酶既作为药物用于临床，也在医药、食品等领域发挥作用。因此，也有研究人员采用生物技术手段，将人源、狗源溶菌酶的基因导入大肠杆菌以表达、生产溶菌酶，该项工作已取得较大进展。

鸡蛋蛋清溶菌酶的相对分子质量为 1.43×10^4 D，由单一肽链组成，等电点为 10.5，因此该蛋白是一种碱性低分子量蛋白；该蛋白还耐酸、耐温，在盐溶液中具有稳定性等特点。由于绝大多数蛋白质的 pI 在 pH 中性及弱酸性范围内，如蛋清中其他蛋白质等电点在 pH4.6 ~ pH5.0。因此在 pH9.0 左右的缓冲液中，只有包括溶菌酶在内的极少数蛋白带正电荷，故采用阳离子交换层析方法可以实现与大量的带负电荷的其他蛋白分开。

常用的离子交换层析的洗脱方式有线性梯度洗脱、阶段梯度洗脱。本实验设计中，两种方式均被采用。

线性梯度洗脱：在给定的时间内，通过线性增加竞争性离子即 Na^+ 的浓度将结合到层析介质上的溶菌酶替换下来。该过程由层析设备完成或采用简易的梯度仪形成线性梯度，线性梯度仪的示意图见图 1 – 10。

阶段梯度洗脱：通过替换不同浓度的洗脱液实现梯度洗脱。

改变 pH 的洗脱方式：改变环境的 pH 可以使蛋白质或其他带电的生物分子处于不同的带电状态，由此也使得生物分子与介质之间的相互作用由吸引变成互斥或无相互作用，进而离开介质而进入流动相，借此达到洗脱目的。本实验中，溶菌酶在 pH9.0 时，带正电荷，交换到分离介质表面；在 pH10.5 即位于其等电点处，不带电荷，离开介质进入溶液，实现洗脱的目标。

凝胶过滤层析是一种进一步对较高纯度样品进行纯化的层析方法。该方法是依赖于网孔状球形分离介质对不同大小的分子具有不同的"排斥"能力进而实现分离的操作。超大分子完全被排斥在介质外面，在介质周围的外水体积内快速穿行，其他大小不同的分子进入介质内部的概率不同，受来自介质的"阻力"也不同，因此实现分离。大分子穿行快，而小分子穿行慢。不同厂家生产的产品随系列型号不同，各自有对应的分离范围。因此在选取凝胶过滤介质时，要充分考虑样品中杂质分子的大小。如 Sephadex G – 50 的分离范围是 1 500 ~ 30 000，在此范围内的分子均可进入介质内部，只是概率不同而已；Sephadex G – 75 葡聚糖凝胶分离范围是 3 000 ~ 80 000，能够容纳的大分子的上限明显高于 Sephadex G – 50。

一、实验目的

（1）了解蛋白类提取的原理、实验设计和基本操作。
（2）掌握溶菌酶的提取、纯化方法。
（3）掌握离子交换层析介质的处理方法和离子交换层析的基本操作。

二、实验要求

（1）学生在老师的指导下查阅相关的文献，包括生物活性成分的一般提取方法、纯化技术，溶菌酶的理化性质、提取和纯化技术、检测方法。
（2）独立完成一个实际样品中溶菌酶的提取、纯化；同时对本班级的研究结果进行整体分析，找出规律。
（3）通过完整实验过程，能灵活处理和解决实验中遇到的问题，优化实验方法，提高实验过程中分析和解决问题的综合能力。
（4）根据整理的实验结果，按照科技论文的格式撰写实验报告。

三、教学形式

教学以研究型、工程型方式进行。正常分组，但每组操作之间有一定区别；实验分若干个操作环节，连续进行；实验结果组间共享，在分析中一并讨论。

四、预习内容

（1）溶菌酶基本的理化性质。
（2）样品提取液中目标成分的富集方法有哪些？按分离机制可将层析技术分为哪几类？
（3）离子交换层析的原理是什么？

五、实验材料、器材与仪器

1. 实验材料（供一个实验班用）

市售新鲜鸡蛋若干个，每组 1~2 个。

高纯度溶菌酶（称取 10 mg，溶至 10 mL 蒸馏水即 1.0 mg/mL）。

离子交换层析介质：弱阳离子交换介质羧甲基纤维素（CM - 纤维素）或强阳离子交换介质 SP - Sepharose（或快流速型 SP - Sepharose）。

凝胶过滤层析介质：葡聚糖凝胶 Sephadex G - 75，分离范围 1 300 ~ 30 000。

凝胶过滤层析介质：葡聚糖凝胶 Sephadex G - 50，分离范围 3 000 ~ 80 000。

2. 试剂与配制（供一个实验班用）

（1）柠檬酸，500 g，1 瓶；

（2）氯化钠，500 g，1 瓶；

（3）三羟甲基氨基甲烷，500 g，1 瓶；

（4）硫酸铵，500 g，1 瓶；

（5）盐酸，500 mL，1 瓶。

试剂配制：

（1）系列 NaCl 溶液：2%、6%、10% NaCl 溶液，各 500 mL。

（2）系列柠檬酸溶液：6%、8%、10% 柠檬酸溶液，各 500 mL。

（3）1.0 mol/L 三羟甲基氨基甲烷，500 mL。

（4）柱平衡缓冲液：0.05 mol/L Tris - HCl 缓冲液（pH8.2）。使用前需要经 0.22 μm 滤膜过滤。离子交换层析用。详见附录二。

（5）洗脱液 1：0.05 mol/L 的甘氨酸 - 氢氧化钠缓冲液（pH10.5）。使用前需要经 0.22 μm 滤膜过滤。离子交换层析用。详见附录二。

（6）洗脱液 2（系列）：0.1 mol/L、0.25 mol/L 和 0.5 mol/L NaCl（用柱平衡缓冲液配制）。使用前需要经 0.22 μm 滤膜过滤。离子交换层析用。

（7）洗脱液 3（系列）：柱平衡缓冲液（一般含 0.1 mol/L NaCl）。使用前需要经 0.22 μm 滤膜过滤。凝胶过滤层析用。

3. 实验用品

每组用品：

（1）50 mL 离心管，4 只；

（2）50 mL 离心管架，1 个；

（3）1 mL 取液器，1 只；

（4）1 mL 替补头，1 盒；

（5）200～300 mL 烧杯，1 个；

（6）20 cm 玻璃棒，1 根；

（7）50 mL 量筒；

（8）记号笔，1 支；

（9）100 mL 烧杯，2 个；

（10）收集管或 5 mL 离心管，50 只；

（11）层析柱（带转换接头，ϕ10 mm，高 20 cm），1 只（离子交换层析专用）；

（12）层析柱（带转换接头，ϕ16 mm，高 50 cm），1 只（凝胶过滤层析专用）。

共用实验用品：

（1）称量用天平（量程 200 g）（含配套用的称量纸），2 台；

（2）离心管平衡用台秤，2～3 台（各含两个 50 mL 或 100 mL 烧杯，烧杯固定在托盘上）；

（3）1 000 mL 量筒，1 个；

（4）1.5 mL 离心管，1 包；

（5）10 mL 离心管，1 包；

（6）手套，2 包；

（7）蒸馏水，1 桶；

（8）100 mL 量筒，2 个；

（9）pH 试纸（5～10），2～4 包。

4. 实验仪器

（1）离心机，2 台；

（2）层析装置，3～4 套；

（3）水浴锅，2 台；

（4）普通磁力搅拌器，1 台（含搅拌子）；

（5）梯度仪，若干套。

六、实验内容

（一）原料的预处理

取新鲜鸡蛋，小心破碎，收集并称取蛋清部分（尽量不要混入蛋黄）50 g 于 200 mL 烧杯中，加去离子水至 200 mL，用玻璃棒单方向搅拌，使蛋清充分溶解，于 10 000 r/min 离心 20 min，完全取出上清液，检测 pH（_____），备用（A_0），底部沉淀情况是：_____（弃）。

取 1 mL 上清液于 1.5 mL 离心管中，冷藏保存。

（二）溶菌酶的初步分离

实验分组进行，考察温度、酸、盐对杂蛋白的沉淀作用。

1. 单独高温处理沉淀杂蛋白

取上述离心后的蛋清溶液 A_0 10 mL，3 份，分别置于 70 ℃、80 ℃、90 ℃ 水浴锅中温浴 6 min（实际保温时间约 5 min），其间轻搅拌，之后迅速置于自来水中冷却，然后转入 50 mL 离心管，于 10 000 r/min 离心 20 min，完全取出上清液，备用，温度处理后的情况是：＿＿＿＿＿＿＿＿＿＿。

取 1 mL 上清液于 1.5 mL 离心管中，冷藏保存。

2. 单独柠檬酸沉淀杂蛋白

取上述离心后的蛋清溶液 A_0 10 mL，3 份，分别在搅拌情况下缓慢加入等体积的 2%、6%、10% 柠檬酸溶液（或加入一定量的固体柠檬酸），使柠檬酸的终浓度分别达到 1%、3%、5%，继续搅拌几分钟后，转入 50 mL 离心管，于 10 000 r/min 离心 20 min，完全取出上清液，备用，柠檬酸处理后的情况是：

＿＿＿＿＿＿＿＿＿。

取 1 mL 上清液于 1.5 mL 离心管中，冷藏保存。

注：有兴趣的同学也可以尝试将称量后的固体柠檬酸在搅拌情况下加入上述蛋清溶液，与本实验现象/结果相比较。

3. 单独氯化钠沉淀杂蛋白

取上述离心后的蛋清溶液 A_0 10 mL，3 份，分别在搅拌情况下缓慢加入等体积的 2%、6%、10% NaCl 溶液（或加入一定量的固体 NaCl），使 NaCl 的终浓度分别达到 1%、3%、5%，继续搅拌几分钟后，转入 50 mL 离心管，于 10 000 r/min 离心 20 min，完全取出上清液，备用，NaCl 处理后的情况是：＿＿＿＿＿＿

＿＿＿＿＿＿。

取 1 mL 上清液于 1.5 mL 离心管中，冷冻保存。

注：有兴趣的同学也可以尝试将称量后的固体 NaCl 在搅拌情况下加入上述蛋清溶液，与本实验现象/结果相比较。

4. 单独三羟甲基氨基甲烷沉淀杂蛋白

取上述离心后的蛋清溶液 A_0 10 mL，1 份，在搅拌情况下滴入 1 mol/L Tris 溶液至 pH9.0（用 pH 试纸检测），继续搅拌几分钟后，转入 50 mL 离心管，于 10 000 r/min 离心 20 min，完全取出上清液，备用，Tris 处理后的情况是：

＿＿＿＿＿＿＿。

取 1 mL 上清液于 1.5 mL 离心管中，冷藏保存。

5. 高温、柠檬酸、氯化钠共处理以沉淀杂蛋白

取上述离心后的蛋清溶液 A_0 10 mL，3 份，分别在搅拌情况下缓慢加入等体积的含 6% 柠檬酸和 6% NaCl 的混合液，分别置于 70 ℃、80 ℃、90 ℃ 水浴锅中温浴 6 min（实际保温时间约 5 min），其间轻搅拌，之后迅速置于自来水中冷却，然后转入 50 mL 离心管，于 10 000 r/min 离心 20 min，完全取出上清液，备用，温度处理后的情况是：＿＿＿＿＿＿＿＿＿＿＿＿。

取 1 mL 上清液于 1.5 mL 离心管中，冷藏保存。

6. 常规盐析处理对杂蛋白的去除（仅一个实验组进行即可）

取 6 只 1.5 mL 离心管，标号，依次加入 0.106 g、0.164 g、0.226 g、0.291 g、0.361 g、0.436 g 硫酸铵，置于 −20 ℃ 保存不少于 1 h，然后各加入 1 mL 的上述离心后的蛋清溶液 A_0，充分溶解，此时硫酸铵饱和度依次达 20%、30%、40%、50%、60%、70%，冰箱或冰浴中静置不少于 2 h，然后于 10 000 r/min 离心 10 min，快速、彻底转出上清液（弃），再各加入 1 mL 去离子水充分溶解后离心、备用。

（三）溶菌酶的离子交换层析法分离

层析柱：内径 10 mm，高 20 cm（带可适应介质高度的转换接头）。

监测：280 nm。

流速：建议流速为 2%~4% 柱体积/min。

收集：管/3 min。

样品：第 1 次离心后得到的蛋清溶液 A_0，或由单独实验组提供，或为某几个实验组所得的混合样品。样品在使用前需要经 0.22 μm 滤膜过滤。

1. 安装层析装置，熟悉常规的操作系统

层析装置示意图见图 1−5。

调整检测波长为 280 nm。进样、洗脱速度为 2%~4% 柱体积/min（0.2~0.3 mL/min）。

2. 装柱及平衡

层析柱安装垂直后，下端出口关闭，加入 3~5 cm 高的柱平衡缓冲液，取一定量处理后的分离介质用柱平衡缓冲液悬浮、倒进层析柱内，自然沉降，待介质沉降 1~2 cm 时，打开下端出口，让缓冲液流出，之后慢慢滴加分离介质悬液，分离介质沉积高度逐渐升高，待沉积高度为 12~14 cm 时，停止滴加，装上转换接头、高速（0.2~0.3 mL/min）冲洗（即平衡），平衡时所用的流动相体积为柱体积的 3~5 倍。最后的柱高控制在 10~12 cm 为宜（实际装柱高度为

_____cm）。

注：层析柱平衡后，会造成层析介质的沉降而使得层析柱更加均匀、紧密，由此界面也有一定程度的下降，故要进一步下降层析柱转换接头以使转换接头的低端尽量接触层析介质的界面，以确保样品未被稀释、直接进入层析介质并发生交换作用。

3. 进样及洗脱

进样：层析柱平衡后，打开样品通道开关，开始进样，同时开启层析曲线记录模式。本实验采用大量进样方式或饱和进样方式，待流出液吸光值约为样品液吸光值的 5%～10% 时，停止进样（实际进样体积为_____mL）。

冲洗：上样结束后先用 1～2 倍柱体积的平衡缓冲液冲洗层析柱，层析曲线中的基线基本稳定即可终止。

洗脱：采用三种洗脱方式，即线性梯度洗脱、阶段梯度洗脱、改变 pH 洗脱。

1）线性盐梯度洗脱（若干组进行）

冲洗结束后，用含 0～0.5 mol/L NaCl（用平衡缓冲液配制）进行线性梯度洗脱，洗脱体积为柱体积的 6 倍（实际是_____mL）。具体操作：在梯度仪的两个杯中分别加入 3 倍柱体积的 0 mol/L NaCl 或 0.5 mol/L NaCl，打开两杯之间的联通开关，即可以开始洗脱。采用自动分部收集器收集或根据洗脱峰进行人工收集，2 mL/管，保存好层析曲线。根据洗脱时的出峰情况进行合并。

取上述合并的洗脱液 1 mL 于 1.5 mL 离心管中，冷藏保存。

2）阶段梯度洗脱（若干组进行）

冲洗结束后，依次各用 2 倍柱体积的含 0.1 mol/L、0.25 mol/L 和 0.5 mol/L NaCl（用平衡缓冲液配制）进行阶段梯度洗脱，每次洗脱体积一般为 1～2 个柱体积（视具体情况定），采用自动分部收集器收集或根据洗脱峰流出情况进行人工收集，2 mL/管，保存好层析曲线。根据洗脱时的出峰情况进行合并。

取上述合并的洗脱液 1 mL 于 1.5 mL 离心管中，冷藏保存。

3）改变 pH 洗脱（若干组进行）

用洗脱液 1 进行一次性洗脱，洗脱体积为柱体积的 2～4 倍（实际是_____mL），采用自动分部收集器收集或根据洗脱峰进行人工收集，2 mL/管，保存好层析曲线。根据洗脱时的出峰情况进行合并。

取上述合并的洗脱液 1 mL 于 1.5 mL 离心管中，冷藏保存。各步骤结果记录在表 3–6 中。

表 3-6 不同洗脱条件下的洗脱结果（每个实验组单独记录）

操作环节	总活性/U	目标物纯度/%	收率/%	活性收率/%
最初原料液				
初步分离				
离子交换层析				
凝胶过滤层析				

注：纯度结果来自 SDS-PAGE 实验。

4. 使用后的分离介质的保存

使用后的分离介质用去离子水充分冲洗后，转移到试剂瓶中，用 30% 乙醇悬浮，冰箱保存。

（四）溶菌酶的凝胶过滤层析法分离

层析柱：内径 16 mm，高 50 cm（带可适应介质高度的转换接头，实际装柱高度 45 cm 左右）。层析介质 Sephadex G-50，若干组采用；层析介质 Sephadex G-75，若干组采用。

监测：280 nm。

流速：建议流速为 1%~1.5% 柱体积/min。

收集：每 2 min 收集 1 管。

样品：离子交换层析操作得到的样品，或由单独实验组提供，或为某几个实验组所得的混合样品。样品在使用前需要经 0.22 μm 滤膜过滤。样品中蛋白含量以 5~10 mg/mL 为宜。

1. 安装层析装置，熟悉常规的操作系统

凝胶过滤层析所用设备与离子交换层析操作相同，只是层析柱、流动相、流速等要适当调整。检测波长为 280 nm，进样、洗脱速度为 1%~1.5% 柱体积/min（0.9~1.35 mL/min）。

2. 装柱及平衡

装柱方法同离子交换层析装柱方法相似。层析柱安装垂直后，下端出口关闭，加入 5~10 cm 高的洗脱液 3，取一定量处理后的凝胶过滤介质用洗脱液 3 悬浮、倒进层析柱内，自然沉降，待介质沉降 1~2 cm 时，打开下端出口，让缓冲液流出，之后慢慢滴加分离介质悬液，分离介质沉积高度逐渐升高，待沉积高度为 46~48 cm 时，停止滴加，装上转换接头、0.1 mL/min 冲洗（即平衡），平衡时所用的流动相体积为柱体积的 3~5 倍。最后的实际装柱高度为

_____cm。

注：层析柱平衡后，会造成层析介质的沉降而使得层析柱更加均匀、紧密，由此界面也有一定程度的下降，故要进一步下降层析柱转接头以使转接头的低端尽量接触层析介质的界面，以确保样品未被稀释、直接进入层析介质并发生交换作用。

3. 进样及洗脱

进样：层析柱平衡后，打开样品通道开关，开始进样，同时开启层析曲线记录模式。若干组进样体积2.0～3.0 mL，若干组进样体积4.0～6.0 mL（此为制备凝胶过滤层析的常规进样量，为柱体积的5%～7%）。

对于全手动层析装置：待全部样品液加入层析柱后，用0.5 mL洗脱液3缓慢冲洗管壁以使黏附于管壁上的蛋白成分全部进入介质内，之后缓慢加入缓冲液约2 mL以免破坏凝胶介质界面。

洗脱：进样结束后，调整流动相开关，开启流动相（洗脱液3）通道，记录层析曲线，采用自动分部收集器收集或根据洗脱峰进行人工收集，2 mL/管，主要洗脱峰即为溶菌酶洗脱峰，合并对应的收集管，洗脱体积为1.2倍以内的柱体积（≤110 mL），最后洗脱曲线显示为平稳基线。

4. 使用后的分离介质的保存

使用后的分离介质用去离子水充分冲洗后，转移到试剂瓶中，用30%乙醇悬浮，冰箱保存。

七、思考题

（1）何为正交设计？本实验提供的高温、柠檬酸、氯化钠共处理蛋清以沉淀杂蛋白是否为最佳组合？若不是，如何设计实验筛选出最佳组合？

（2）在本实验结果的基础上，根据理论课所学知识，你认为可以用何种方法或技术对溶菌酶进行进一步的纯化？

参考文献

[1] 郗延军. 蛋清中溶菌酶的提取 [J]. 无锡轻工大学学报，1997，16 (2)：59 - 62.

[2] 郭蔼光，郭泽坤. 生物化学实验技术 [M]. 北京：高等教育出版社，2007：144.

附：溶菌酶的活力测定

一、原理简介

前已述及，溶菌酶可以分解微生物的细胞壁，本实验将以溶壁微球菌为底物，以商用溶菌酶为对照，以亲和纯化得到的溶菌酶为样品，检测其溶壁效果。配制一定密度的微球菌悬浮液，加入酶后开始对细胞壁进行分解，当细菌解体，细菌密度（溶液的吸光值 A_{450}）下降，根据 A_{450} 下降的速度即可推算出酶相对活力的高低。

二、实验材料、器材与仪器

1. 实验材料（供一个实验班用）

上述不同分离阶段获得的含有溶菌酶的样品液、商用溶菌酶、溶壁微球菌。商用溶菌酶活力约 20 000 U/g，称取 50 mg 酶液溶于 0.1 mol/L 磷酸盐缓冲液（pH6.2）中，稀释至酶活力为 50~300 U/mg 的系列梯度。

2. 试剂与配制（供一个实验班用）

（1）磷酸氢二钠，500 g，1 瓶；

（2）磷酸二氢钠，500 g，1 瓶；

（3）酵母膏，500 g，1 瓶；

（4）胰蛋白胨（tryptone），500 g，1 瓶；

（5）氯化钠，500 g，1 瓶；

（6）氢氧化钠，500 g，1 瓶。

试剂配置：

（1）0.1 mol/L 的磷酸缓冲液（pH6.2）：由 0.1 mol/L 磷酸氢二钠和 0.1 mol/L 磷酸二氢钠兑制（77.5 : 22.5）而成。每个实验班约 500 mL。

（2）1.0 mol/L NaOH，100 mL。

3. 实验用品

每组用品：

（1）酶标板或 10 mL 玻璃试管；

（2）替补头盒；

（3）1 mL 取液器，1 只；

（4）石英比色杯，2 个；

（5）计时闹钟，1 个。

共用实验用品：

（1）擦镜纸；

（2）吸水纸；

（3）200 mL 三角烧瓶，2 个；

（4）20 mL 玻璃试管，2 只；

（5）培养皿，2 套；

（6）2 mL 离心管，1 包；

（7）封瓶膜，若干片。

4. 实验仪器

（1）分光光度计或酶标仪，1~2 台；

（2）水浴锅，2~3 台；

（3）培养箱，1~2 台；

（4）超净台，1~2 台；

（5）灭菌锅，1~2 台；

（6）pH 计，1~2 台；

（7）全温摇床，1~2 台；

（8）称量用天平（量程 200 g）（含配套用的称量纸），2 台；

（9）离心机，1~2 台。

三、实验内容

1. 溶菌酶底物即溶壁微球菌的制备（以一个或多个实验班为单位进行）

（1）溶菌微球菌菌种的活化：在超净台上用酒精棉球擦拭装有菌种的安培瓶，用火焰加热安培瓶顶部数秒，滴少量无菌水至顶部使之破裂，用锉刀或镊子敲下安培瓶的顶部。吸取 0.3 mL 灭菌后的培养基滴入安培瓶内，轻轻振荡，使冻干菌体溶解成悬浮状。用接种环取少量菌体悬浮、划线接种于固体 LB （luria - bertani）平板上，37 ℃培养过夜，4 ℃保存备用。

LB 液体培养基的配制：称取胰蛋白胨 10 g，酵母提取物（yeast extract）5 g，NaCl 10 g，溶于 800 mL 去离子水中，用 1.0 mol/L NaOH 调 pH 至 7.5，加去离子水至总体积 1 L，高压下蒸汽灭菌 20 min。

（2）菌体的扩大培养：将活化的菌种接种到 5 mL 的 LB 液体培养基中，于 37 ℃摇床中 200 r/min 培养 20 h，然后转至 100 mL LB 液体培养基中，继续培养 12 h。

（3）菌体收集及保存：将培养好的菌液于 3 000 r/min 离心 10 min，菌体用蒸馏水洗涤 2 次，除去参与的培养基。所得菌体加入 15% 的甘油作为保护剂，混匀，置 -20 ℃保存。

2. 菌体比活力的测定

（1）样品中蛋白质含量的测定：采用考马斯亮蓝 G – 250 法。

（2）底物溶液的准备：开启分光光度计，调整波长为 450 nm。用 0.1 mol/L 磷酸缓冲液悬浮或稀释上述离心得到的溶壁微球菌，使其 $A_{450} = 0.3 \sim 0.8$（比色杯用量为约 3 mL），用 0.1 mol/L 磷酸缓冲液调零。

（3）样品中酶活力测定：取一新的比色杯，加入 2.9 mL 上述配制的底物溶液，放入分光光度计中，等其吸光度值不再变化时，记录吸光值 A_0；将 100 μL 不同阶段的溶菌酶提取液加入上述比色杯中，并用吹打法使其混匀（数秒内），同时计时开始，及时记录 30 s、60 s 时的吸光值（A_1、A_2）。

（4）标准酶液的活性测定方法参考样品酶活性的测定方法。

注：判断所用的溶菌酶提取液或标准酶液的浓度是否合适的参考标准：每 min 下降的 A_{450} 应该在 0.03 ~ 0.1 范围内，并且各时间点的测量值尽量分布在一条直线上。

（5）溶菌酶纯化液的酶活力、比活力计算。

本实验定义的酶活力单位：在室温下，OD_{450} 值每分钟降低 0.001 为一个活力单位。

本实验得到的溶菌酶的活力为

溶菌酶的活力$(U/mL) = (A_0 - A_2) \times 1\,000 \times$ 纯化液的稀释倍数

溶菌酶的比活力$(U/mg) =$ 测试物溶菌酶活力$(U/mL) \div$ 测试物蛋白浓度(mg/mL)。

实验 8　木瓜蛋白酶的分离与纯化

组长：_____操作核查员：_____数据记录员：_____

木瓜蛋白酶是从未成熟的番木瓜（*carica papaya* L.）果实中提取出的一种植物蛋白酶。该酶属巯基蛋白酶，可水解蛋白质和多肽中精氨酸与赖氨酸的羧基端，并能优先水解那些在肽键的 N-端具有两个羧基的氨基酸或芳香 L-氨基酸的肽键。

木瓜蛋白酶是一种蛋白水解酶，结晶的木瓜蛋白酶为灰白色，含有 212 个氨基酸残基，分子量为 23 000，等电点为 8.75，由单一肽链组成，至少有 3 个氨基酸残基存在于酶的活性中心部位，它们分别是 Cys25、His159 和 Asp158，另外 6 个半胱氨酸残基形成了 3 对二硫键，且都不在活性部位。

性质：木瓜蛋白酶在 pH6.5 和 20% 食盐中被完全析出，溶于 70% 乙醇或甲醇中。于 30 ℃、pH4 ~ 8 稳定，pH2.5 以下、pH12 以上变性，高温也变性（ >80 ℃）。

目前，该酶较广泛用于酿造业、肉食加工（如肉类嫩化）、鱼类工业等。实际使用时是以粗制品即番木瓜乳汁形式，粗制品内除木瓜蛋白酶外，还含有半胱氨酸蛋白酶、纤维素酶、溶菌酶等。

一、实验目的

（1）了解蛋白类提取的原理、实验设计和基本操作。
（2）掌握木瓜蛋白酶的提取、纯化方法。

二、实验要求

（1）学生在老师的指导下查阅相关的文献，包括生物活性成分的一般提取方法、纯化技术，木瓜蛋白酶的理化性质、提取和纯化技术、检测方法。

（2）独立完成一个实际样品中木瓜蛋白酶的提取、纯化过程；同时对本班级的研究结果进行整体分析，找出规律。

（3）通过完整实验过程，能灵活处理和解决实验中遇到的问题，优化实验方法，提高实验过程中分析和解决问题的综合能力。

（4）根据整理的实验结果，按照科技论文的格式撰写实验报告。

三、教学形式

教学以研究型、工程型方式进行。正常分组，但每组操作之间有一定区别；实验分若干个操作环节，连续进行；实验结果组间共享，在分析中一并讨论。

四、预习内容

（1）木瓜蛋白酶的基本理化性质。

（2）样品提取液中目标成分的富集方法有哪些？沉淀蛋白的机制有哪些？

五、实验材料、器材与仪器

1. 实验材料（供一个实验班用）

新鲜木瓜乳汁，在实际操作前，加入抗氧化剂偏重亚硫酸钠（$Na_2S_2O_5$），使其浓度为 0.06 mmol/L，或加入抗氧化剂半胱氨酸，浓度为 0.08 mmol/L。

2. 试剂与配制（供一个实验班用）

（1）乙醇，500 mL，5 瓶；

（2）丙酮，500 mL，2 瓶；

（3）偏重亚硫酸钠，100 g，1 瓶；

（4）半胱氨酸，100 g，1 瓶；

（5）盐酸，500 mL，1 瓶；

（6）NH_4OH，500 g，1 瓶；

（7）NaCl，500 g，1 瓶；

（8）$(NH_4)_2SO_4$，500 g，1 瓶。

注：乙醇在使用前需要在冰箱冷冻室内冷冻 2 h 或更久。

试剂配置：

40% NH_4OH，1 L。

3. 实验用品

每组用品：

（1）50 mL 离心管，4 只；

（2）50 mL 离心管架，1 个；

（3）1 mL 取液器，1 只；

（4）1 mL 枪头盒，1 个；

（5）500 mL 烧杯，1 个；

（6）20 cm 玻璃棒，1 根；

（7）50 mL 量筒，1 个；

（8）布氏漏斗及配套滤纸，1 套。

共用实验用品：

（1）称量用天平（量程 200 g）（含配套用的称量纸），2 台；

（2）离心管平衡用台秤，2~3 台（各含两个 50 mL 或 100 mL 烧杯，烧杯固定在托盘上）；

（3）8~9 cm 滤纸，2 盒；

（4）1.5 mL 离心管，1 包；

（5）1 mL 离心管，1 包；

（6）100 mL 量筒，2 个；

（7）蒸馏水，1 桶；

（8）1 000 mL 量筒，1 个；

（9）剪刀，1 把。

4. 实验仪器

（1）冷冻离心机，可离心 50 mL 离心管，2 台；

（2）制冰机/冰箱，1 台；

（3）普通磁力搅拌器，1 台（含搅拌子）；

（4）水泵，1~2 台。

六、实验内容

在提纯木瓜蛋白酶过程中，本实验设计两类方法，即有机溶剂提取法和盐析法。在有机溶剂提取中分为四种方法，在盐析操作中又分为三种不同的盐析实验。

（一）有机溶剂提取法

1. 方法 A（若干组进行）

称取 200 mL（具体使用量亦可减少到 50 mL）木瓜乳汁置于 500 mL 烧杯中，加入 100 mL 水，拌匀，用 40% NH_4OH 调 pH 至 9.0，搅拌 1 h 后用布氏漏斗抽滤，滤液在搅拌条件下按 1∶1.5（滤液∶乙醇）比例加入冷无水乙醇，使乙醇浓度为 60%，置冰水浴或冰箱 30 min，于 2 500 r/min 离心 15 min，取沉淀，用 5~10 mL 无水乙醇、丙酮依次干燥（即悬浮、离心）。

2. 方法 B（若干组进行）

与方法 A 基本相同，不同之处在于往滤液中加入冷无水乙醇、沉淀木瓜蛋白酶时，使乙醇浓度为 70%。具体操作是：称取 200 mL（具体使用量亦可减少到 50 mL）木瓜乳汁置于 500 mL 烧杯中，加入 100 ml 水，拌匀，用 40% NH_4OH 调 pH 至 9.0，搅拌 1 h 后用布氏漏斗抽滤，滤液在搅拌条件下按 1∶2.4（滤液∶乙醇）比例加入冷无水乙醇，使乙醇浓度约为 70%，置冰水浴或冰箱 30 min，于 2 500 r/min 离心 15 min，取沉淀，用 5～10 mL 无水乙醇、丙酮依次干燥（即悬浮、离心）。

3. 方法 C（若干组进行）

称取 200 mL（具体使用量亦可减少到 50 mL）木瓜乳汁置于 500 mL 烧杯中，在搅拌条件下按 1∶0.43（原料∶乙醇）比例加入冷无水乙醇，使乙醇浓度约为 30%，之后用布氏漏斗抽滤，滤液在搅拌条件下按 1∶0.43（滤液∶乙醇）比例加入冷无水乙醇，使乙醇浓度约为 60%，然后用 40% NH_4OH 调 pH 至 9，搅拌 1 h 后，2 500 r/min 离心 15 min，取沉淀，用 5～10 mL 无水乙醇、丙酮依次干燥（即悬浮、离心）。

4. 方法 D（若干组进行）

与方法 C 基本相同，不同之处在于往滤液中加入冷无水乙醇时，使乙醇终浓度为 70%。具体操作是：称取 200 mL（具体使用量亦可减少到 50 mL）木瓜乳汁置于 500 mL 烧杯中，在搅拌条件下按 1∶0.43（原料∶乙醇）比例加入冷无水乙醇，使乙醇浓度约为 30%，之后用布氏漏斗抽滤，滤液在搅拌条件下按 1∶0.67（滤液∶乙醇）比例加入冷无水乙醇，使乙醇浓度约为 70%，然后用 40% NH_4OH 调 pH 至 9，搅拌 1 h 后，2 500 r/min 离心 15 min，取沉淀，用 5～10 mL 无水乙醇、丙酮依次干燥（即悬浮、离心）。

（二）盐析法

1. 方法 A：NaCl 盐析法（若干组进行）

取冰箱或冰水浴中放置的木瓜乳汁 200 mL，置于 500 mL 烧杯中，在搅拌条件下加入 NaCl 粉末 40 g，使 NaCl 浓度达 20%（W/V），2 500 r/min 离心 15 min，弃沉淀，取上清液。之后在冰水浴和搅拌条件下，在上清液中加入固体 $(NH_4)_2SO_4$（每 mL 溶液加入 0.226 g）或饱和 $(NH_4)_2SO_4$ 溶液，使其饱和度达 40%，然后用 40% NH_4OH 调 pH 至 9，于 2 500 r/min 离心 15 min，保留沉淀和上清液；上清液中继续加入固体 $(NH_4)_2SO_4$（每 mL 溶液加入 0.222 g），使其饱和度达 75%，然后用 40% NH_4OH 调 pH 至 9，于离心，弃上清液。取上述两种沉淀，分别用 5～10 mL 无水乙醇、丙酮依次干燥（即悬浮、离心）。

2. 方法 B：硫酸铵盐析法（若干组进行）

取冰箱或冰水浴中放置的木瓜乳汁 200 mL（具体使用量亦可减少到 50 mL），

置于 500 mL 烧杯中，在冰浴、搅拌条件下慢慢加入固体 $(NH_4)_2SO_4$（每 mL 溶液加入 0.258 g）或饱和 $(NH_4)_2SO_4$ 溶液，使其饱和度达 45%，然后用 40% NH_4OH 调 pH 至 7，冰浴或冰箱中静置 1~3 h，于 2 500 r/min 离心 15 min，保留沉淀和上清液；上清液中继续加入固体 $(NH_4)_2SO_4$（每 mL 溶液加入 0.156 g），使其饱和度达 70%，然后用 40% NH_4OH 调 pH 至 9，冰浴或冰箱中静置 1~3 h，于 2 500 r/min 离心 15 min，弃上清液。取上述两种沉淀，分别用 5~10 mL 无水乙醇、丙酮依次干燥（即悬浮、离心）。

3. 方法 C：pH - 硫酸铵共沉淀法（若干组进行）

取冰箱或冰水浴中放置的木瓜乳汁 200 mL（具体使用量亦可减少到 50 mL），置于 500 mL 烧杯中，加等体积 20 mmol/L 半胱氨酸，然后用 40% NH_4OH 调 pH 至 9.5，在冰浴、搅拌条件下慢慢加入固体 $(NH_4)_2SO_4$（每 mL 溶液加入 0.258 g）或饱和 $(NH_4)_2SO_4$ 溶液，使其饱和度达 45%，冰浴或冰箱中静置 1~3 h，于 2 500 r/min 离心 15 min，保留沉淀和上清液；上清液中继续加入固体 $(NH_4)_2SO_4$（每 mL 溶液加入 0.156 g），使其饱和度达 70%，然后用 40% NH_4OH 调 pH 至 9.5，冰浴或冰箱中静置 1~3 h，于 2 500 r/min 离心 15 min，弃上清液；取上述两次沉淀，分别用 5~10 mL 无水乙醇、丙酮依次干燥（即悬浮、离心）。

七、思考题

（1）在文献中查阅到的木瓜蛋白酶基本的理化性质是什么？须给出明确的文献出处（1~2 篇）。

（2）在本实验结果的基础上，根据理论课所学知识，你认为可以用何种方法或技术对木瓜蛋白酶进行进一步的纯化？

参考文献

[1] 杨因平. 从木瓜制取木瓜酶 [J]. 化学世界，1989（3）：130 - 132.
[2] 任国梅，陈孜，黎婉玲，等. 高质量木瓜蛋白酶纯化工艺研制探讨 [J]. 药物生物技术，1997，4（4）：232 - 235.
[3] 赵元藩，丁认全. 木瓜蛋白酶的加工工艺及应用 [J]. 云南师范大学学报，1999，19（5）：46 - 48.
[4] 乙引，谭爱娟，刘宁，等. 木瓜蛋白酶的生产工艺研究 [J]. 贵州农业科学，2000，28（5）：24 - 25.

实验 9 细胞色素 C 的分离与纯化

组长：_____操作核查员：_____数据记录员：_____

细胞色素 C 是一种存在于细胞线粒体内、含有铁卟啉的蛋白质，它是唯一易于从线粒体中分离出来的蛋白。它易溶于水和酸性溶液，分子量为 12 000 ~ 13 000 D，pI 为 10.8。它作为电子转运蛋白在细胞的能量代谢过程中起重要作用，同时也是最先被选作序列同源性比较的材料。

细胞色素 C 分为氧化型和还原型，其中还原型较稳定。氧化型在水溶液中呈深红色，最大吸收峰为 408 nm、530 nm、550 nm，550 nm 波长下的克分子消光系数为 0.9×10^4 $mol^{-1} \cdot cm^{-1}$；还原型在水溶液中呈桃红色，最大吸收峰为 415 nm、520 nm、550 nm，550 nm 处的克分子消光系数为 2.77×10^4 $mol^{-1} \cdot cm^{-1}$。实验所得到的细胞色素 C 多为氧化型和还原型的混合物，经氧化剂或还原剂处理可变为单一型。

得到细胞色素 C 提取液后，常用吸附法对其进行分离，目前应用较多的吸附剂有人造沸石（$Na_2O \cdot Al_2O_3 \cdot xSiO_2 \cdot yH_2O$）、无机凝胶如氢氧化铝、磷酸钙、羟磷灰石 $[Ca_{10}(PO_4)_6(OH)_2]$ 等。吸附剂通常在微酸性（pH5 ~ 6）或低盐溶液中吸附蛋白质，之后在微碱性或高盐浓度下进行洗脱。

一、实验目的

（1）了解蛋白类提取的原理、实验设计和基本操作。
（2）掌握细胞色素 C 的提取、纯化方法。

二、实验要求

（1）学生在老师的指导下查阅相关的文献，包括生物活性成分的一般提取方法、纯化技术，细胞色素 C 的理化性质、提取和纯化技术、检测方法。
（2）独立完成一个实际样品中细胞色素 C 的提取、纯化过程；同时对本班级的研究结果进行整体分析，找出规律。
（3）通过完整实验过程，能灵活处理和解决实验中遇到的问题，优化实验方法，提高实验过程中分析和解决问题的综合能力。
（4）根据整理的实验结果，按照科技论文的格式撰写实验报告。

三、教学形式

教学以研究型、工程型方式进行。正常分组，但每组操作之间有一定区别；实验分若干个操作环节，连续进行；实验结果组间共享，在分析中一并讨论。

四、预习内容

（1）细胞色素 C 的基本理化性质。

（2）样品提取液中目标成分的富集方法有哪些？纯化蛋白的机制有哪些？

五、实验材料、器材与仪器

1. 实验材料（供一个实验班用）

新鲜猪心。

人造沸石：白色颗粒，不溶于水，可溶于浓酸。选用 60 ~ 80 目的颗粒，蒸馏水浸泡 0.5 h，倾去 15 s 内不沉淀的小颗粒，布氏漏斗抽干备用。

人造沸石的再生方法：使用后的沸石，先用自来水洗去硫酸铵，再用 0.2 mol/L NaOH 和 1 mol/L 氯化钠的等体积混合液洗涤沸石数次，直至沸石变白为止，最后用蒸馏水洗涤至 pH7 ~ 8 即可。

Amberlite IRC – 50（氢型）树脂处理：该树脂是以树脂为母体，引入羧基形成的弱酸性性阳离子交换剂。使用前，先将其转变成 NH_4^+ 型。方法是：取一定量的树脂，蒸馏水浸泡过夜，倾倒去水，加入 2 倍体积的 2 mol/L 盐酸溶液，60 ℃ 恒温电磁搅拌约 1 h，倾倒除去盐酸溶液，用去离子水洗涤至中性，加入 2 倍体积的 2 mol/L 氢氧化铵溶液，60 ℃ 恒温电磁搅拌约 1 h，倾倒除去氢氧化铵溶液，用去离子水洗涤至中性。新树脂需要重复处理两次。一般选取 100 ~ 150 目的树脂为好。

树脂再生：使用过的 Amberlite IRC – 50（氢型）先用去离子水清洗，再用 2 倍体积的 2 mol/L 氢氧化铵溶液洗涤，用去离子水洗涤至近中性。加入 2 倍体积的 2 mol/L 盐酸溶液，60 ℃ 恒温电磁搅拌约 20 min，倾倒除去盐酸溶液，用去离子水洗涤至中性，再用 2 倍体积的 2 mol/L 氢氧化铵溶液浸泡，然后用去离子水洗涤至近中性即可。或抽干保存。

2. 试剂与配制（供一个实验班用）

（1）三氯乙酸，500 mL，1 瓶；

（2）氢氧化铵，500 g，1 瓶；

（3）硫酸铵，500 g，1 瓶；

（4）氯化钠，500 g，1 瓶；

（5）硝酸银，100 g，1 瓶。

试剂配制：

（1）0.145 mol/L 三氯乙酸溶液：若干升；

（2）40%（W/V）三氯乙酸溶液，右干升；

（3）1 mol/L 氢氧化铵溶液：若干升；

（4）25%（W/V）的硫酸铵溶液：若干升；

（5）0.2%（W/V）氯化钠溶液：1~2 L；

（6）20 mmol/L $NaH_2PO_4 - Na_2HPO_4$：若干升；

（7）0.5 mol/L 氯化钠：1 L。

3. 实验用品

每组用品：

（1）50 mL 离心管，2 只；

（2）50 mL 离心管架，1 个；

（3）1 mL 取液器，1 只；

（4）1 mL 枪头盒，1 个；

（5）500 mL 烧杯，1 个；

（6）200 mL 烧杯，1 个；

（7）100 mL 烧杯，1 个；

（8）20 mL 或 25 mL 量筒，1 个；

（9）层析柱（ϕ10 mm，高 200 mm），1 只；

（10）铁架台及配套的双顶丝；

（11）20 cm 玻璃棒，1 根。

共用实验用品：

（1）称量用天平（量程 200 g）（含配套用的称量纸），2 台；

（2）离心管平衡用台秤，2~3 台（各含两个 50 mL 或 100 mL 烧杯，烧杯固定在托盘上）；

（3）剪刀，2~3 把；

（4）1.5 mL 离心管，1 包；

（5）1 mL 离心管，1 包；

（6）100 mL 量筒 ×1 个；

（7）蒸馏水，1 桶；

（8）1 000 mL 容量瓶，1 个；

（9）滤器（0.22 μm 滤膜过滤）；

（10）纱布，若干；

（11）沸石，1 kg；

（12）滤纸，若干；

（13）漏斗或布氏漏斗及配套滤纸，若干套；

（14）透析袋（直径 10 mm，截留分子质量 MWCO 5 000），1 卷；

（15）透析袋夹，若干对；

（16）层析柱（ϕ25 mm，高 400 mm），若干只；

（17）1 000 mL 试剂瓶，若干个。

4. 实验仪器

（1）冷冻离心机，配 50 mL 离心管，2 台；

（2）制冰机，1 台；

（3）普通磁力搅拌器，若干台（含搅拌子）；

（4）水泵，1~2 台；

（5）冻干机，1 台；

（6）绞肉机，1 台；

（7）普通层析装置，若干套；

（8）酸度计，2~3 台；

（9）蠕动泵，若干台（与层析装置配套）；

（10）普通冰箱，1~2 台；

（11）高效液相色谱仪，2~3 台，配强阳离子交换 SP – Sephadex C – 25 层析柱。

六、实验内容

（一）细胞色素 C 的提取与分离

1. 浸提

取新鲜或冰冻、冷藏的猪心，除去脂肪和结缔组织，用蒸馏水或去离子水洗净后切成小块，绞肉机绞两次（全班统一做）。

每组称取心肌糜 100 g 放入 500 mL 烧杯中，加 0.145 mol/L 三氯乙酸溶液 100 mL，室温下不时搅拌 2 h 左右，用布氏漏斗抽滤或用 4 层纱布分多次压滤，收集滤液。之后用 1 mol/L 氢氧化铵溶液调节滤液的 pH 至 6，再用布氏漏斗抽滤，得到清亮滤液。

2. 吸附与洗脱

分静态吸附和动态吸附两个大组分别进行，各结果记录于表 3 – 7 中。

表 3 - 7　不同洗脱条件下的洗脱结果

分组	洗脱时间/min	洗脱体积/mL	回收率/%
高速组（0.5 mL/min）			
中速组（0.3 mL/min）			
低速组（0.1 mL/min）			

1）静态吸附法

吸附：将上述滤液转移至大烧杯中，用 1 mol/L 氢氧化铵溶液调 pH 至 7.2（用酸度计检测）。量取滤液体积（_____mL），按 3 g/100 mL 滤液的比例，加沸石于滤液中，不断搅拌滤液，使之充分吸附（约需搅拌 1 h）。在此过程中可见沸石由白色渐变成粉红色。

清洗：吸附完毕，弃上层液体，用 100 mL 蒸馏水或去离子水洗涤沸石 3 ~ 4 次，再用 0.2% 氯化钠溶液共 100 mL 分 3 次洗涤沸石，最后用蒸馏水或去离子水洗至上清液澄清为止，弃上清液。

洗脱：清洗后的沸石用 25% 的硫酸铵溶液洗脱。每次加 15 ~ 20 mL，反复搅拌后，移出洗脱液并保存，换新的 25% 的硫酸铵溶液再次洗脱。经多次洗脱后，沸石变白，合并洗脱液（体积约为 120 mL），沸石经再生后回收备用。

2）动态吸附法

吸附：将沸石均匀装入直径约为 1 cm 的层析柱（柱高 10 cm，装填高度 4 ~ 5 cm），垂直安装好吸附柱；将上述滤液用 1 mol/L 氢氧化铵溶液调 pH 至 7.2（用酸度计检测）；用蠕动泵或手动方式将滤液匀速（可控制在 1 ~ 2 mL/min）加入吸附柱中，流出液可再次进样以确保绝大部分细胞色素 C 吸附到沸石上，此时沸石呈粉红色。

清洗：吸附完毕后，流干样品液；用蒸馏水或去离子水匀速洗涤沸石，直至流出液澄清为止，弃上清液（实际所需蒸馏水为_____mL）。

洗脱：清洗后的吸附柱用 25% 的硫酸铵溶液匀速洗脱，直至沸石变白，洗脱液体积为_____mL。洗脱速度对洗脱效果影响大，在实际进行时，可分成 3 组即高速组（0.5 mL/min）、中速组（0.3 mL/min）、低速组（0.1 mL/min）。洗脱结束后，沸石经再生后回收备用。

3. 盐析与浓缩

在不断搅拌、冰浴条件下，按每 mL 洗脱液需 0.25 g 固体硫酸铵的比例缓慢加盐盐析（此时硫酸铵饱和度约 44%），冰浴中静置 1 h 以上，之后于 3 000 r/min 离心 10 min（一般用 50 mL 离心管），弃沉淀，保存好上清液并量取体积

（＿＿＿＿＿mL）。

在搅拌条件下，向上述上清液中慢慢加入 40% 三氯乙酸溶液（按 100 mL 上清液加入 2.5 mL 的比例），此时应有褐色絮状沉淀，之后于 3 000 r/min 离心10 min，弃上清液，然后将离心管倒置在滤纸上，尽量吸去上清液，即得到细胞色素 C 粗提物。

4. 透析

在粗提物中加入 2 mL 蒸馏水使之溶解。取一段（长约 6 cm，直径 1 cm）处理好的透析袋，两端密封检查不漏水后，将溶解的细胞色素 C 溶液加入其中（溶液体积一般为透析袋体积 2/3 左右。样品液过多或浓度过高时，溶液会胀破透析袋），挤压出袋中的空气，确保密封后，将透析袋放入蒸馏水中，在电磁搅拌器搅拌下对水进行透析。该装置最好置于冰箱中进行，一般 24 h 即可完成透析，其间换水 3~4 次。

5. 弱酸性阳离子树脂纯化细胞色素 C

进样：将处理好的弱酸性阳离子交换树脂 Amberlite IRC - 50（NH_4^+）装入高 20 cm 层析柱中，柱床高 17~18 cm。用去离子水冲洗（即平衡操作），流出液 pH 为 7~8。将透析后的粗制品加到平整的柱床表面（加样前，尽量使柱床表面无明显水层），控制流出速度（0.5 mL/min 左右），尽可能使细胞色素 C 吸附到柱床顶部。

冲洗：进样后，用去离子水冲洗吸附柱以除去不吸附的杂质，直至无蛋白流出（根据出峰情况判断）为止，或冲洗约 30 mL（两个柱体积），流速为1 mL/min。

洗脱：采用等浓度洗脱。冲洗结束后，用 0.4 mol/L NaCl 溶液（60 mmol/L 磷酸氢二钠）洗脱，流速为 1 mL/min。待红色移动至柱底部或红色物质开始流出时，用小试管或离心管收集洗脱液，直至洗脱液无色为止。合并洗脱液，量取总体积（＿＿＿＿＿mL），此即为较纯的细胞色素 C 产品。

注：若采用成套的层析装置，保存好洗脱曲线，注意洗脱峰是否与细胞色素 C 出峰吻合。

洗脱液可在 4 ℃ 对去离子水进行透析，用硝酸银溶液检查透析袋外的溶液，直到无氯离子为止。如透析后出现沉淀，于 3 000~5 000 r/min 离心 10 min 即可除去，上清液冰箱保存，或冷冻干燥法得到固体后冷藏。

（二）高效液相层析法进一步纯化细胞色素 C

1. 样品处理

将上述固体样品用 20 mmol/L NaH_2PO_4-Na_2HPO_4（pH 7.0）的缓冲液溶解，

浓度 3~5 mg/mL，经 0.22 μm 滤膜过滤。若是样品溶液，则需对 20 mmol/L NaH_2PO_4-Na_2HPO_4（pH 7.0）的缓冲液透析处理，之后经 0.22 μm 滤膜过滤。

2. 进样及冲洗

采用强阳离子交换层析柱 SP-Sephadex C – 25、饱和进样和非饱和进样两种方式纯化细胞色素 C。

1) 饱和进样下的层析操作

进样：安装层析柱（φ25 mm，高 400 mm），调试层析设备后用 20 mmol/L NaH_2PO_4-Na_2HPO_4（pH7.0）的缓冲液冲洗（即平衡），平衡后将上述细胞色素 C 粗品溶液直接上柱，流速为 200 mL/h（约 1.6 柱体积/min），直到距柱底部 1 cm 处凝胶颜色变为淡红色、上部凝胶颜色全部变成暗红色为止，此时流出液吸光值约为样品液的 5%~10%。进样体积为（_____ mL）。

冲洗：上样结束后先用 1~2 倍柱体积的 0.05 mol/L NaCl（用上述缓冲液配制）冲洗层析柱，层析曲线中的基线基本稳定即可终止。

洗脱：采用两种洗脱方式，即阶段梯度洗脱和线性梯度洗脱。各结果记录于表 3 – 8 中。

表 3 – 8　不同洗脱条件下的洗脱结果（饱和进样）

分组		出峰情况/个	目标物峰面积占比/%	目标物纯度	总回收率/%
线性梯度洗脱	0.15 mol/L NaCl 洗脱				
	0.25 mol/L NaCl 洗脱				
	0.5 mol/L NaCl 洗脱				
阶段梯度洗脱	0.15 mol/L NaCl 洗脱				
	0.25 mol/L NaCl 洗脱				
	0.5 mol/L NaCl 洗脱				

线性梯度洗脱：冲洗结束后，用含 0.05~0.5 mol/L NaCl（用上述缓冲液配制）进行线性梯度洗脱，洗脱体积为 800~1 000 mL，采用自动分部收集器收集或根据洗脱峰及红色物质流出情况进行人工收集，20 mL/管。

阶段梯度洗脱：冲洗结束后，依次用含 0.15 mol/L、0.25 mol/L 和 0.5 mol/L NaCl（用上述缓冲液配制）进行阶段梯度洗脱，每次洗脱体积为 200~300 mL（视具体情况定），采用自动分部收集器收集或根据洗脱峰及红色物质流出情况进行人工收集，20 mL/管。

2）非饱和进样下的层析操作

进样：安装层析柱（φ25 mm，高 400 mm），调试层析设备后用 20 mmol/L NaH$_2$PO$_4$-Na$_2$HPO$_4$（pH 7.0）的缓冲液冲洗（即平衡），平衡后将上述细胞色素 C 粗品溶液直接上柱，流速为 200 mL/h（约 1.6 柱体积/min），待层析柱上部约 10% 部分变成暗红色时，进样结束，记录进样时间及进样体积（_____ mL）。

冲洗：上样结束后先用 2 倍柱体积的 0.05 mol/L NaCl（用上述缓冲液配制）冲洗层析柱，层析曲线显示基线基本稳定。

洗脱：同饱和进样方式一样，也采用两种洗脱方式，即线性梯度洗脱和阶段梯度洗脱。各结果记录于表 3 – 9 中。

表 3 – 9　不同洗脱条件下的洗脱结果（非饱和进样）

分组		出峰情况 /个	目标物峰面积 占比/%	目标物 纯度	总回收 率/%
线性梯度 洗脱	0.15 mol/L NaCl 洗脱				
	0.25 mol/L NaCl 洗脱				
	0.5 mol/L NaCl 洗脱				
阶段梯度 洗脱	0.15 mol/L NaCl 洗脱				
	0.25 mol/L NaCl 洗脱				
	0.5 mol/L NaCl 洗脱				

线性梯度洗脱：冲洗结束后，用含 0.05 ~ 0.5 mol/L NaCl（用上述缓冲液配制）进行线性梯度洗脱，洗脱体积为 800 ~ 1 000 mL，自动分部收集器收集或根据洗脱峰及红色物质流出情况进行人工收集，20 mL/管。

阶段梯度洗脱：冲洗结束后，依次用含 0.15 mol/L、0.25 mol/L 和 0.5 mol/L NaCl（用上述缓冲液配制）进行阶段梯度洗脱，每次洗脱体积为 200 ~ 300 mL（视具体情况定），自动分部收集器收集或根据洗脱峰及红色物质流出情况进行人工收集，20 mL/管。

（三）细胞色素 C 的纯度鉴定

样品中细胞色素 C 的 SDS – PAGE 法纯度鉴定详见实验 4，亦可采用本实验附 1 介绍的方法。

七、思考题

（1）为什么心肌糜中加入 0.145 mol/L 三氯乙酸溶液即可将细胞色素 C 提

取出来？

（2）高效液相层析法和借助阳离子交换树脂 Amberlite IRC－50 分离细胞色素 C 的原理是否相同，为什么前者的分离效果优于后者？

附 1：高效液相层析方法鉴定细胞丝素 C 的纯度

一、实验材料、器材与仪器

1. 实验材料（供一个实验班用）

细胞色素 C 标准品，10 mg。

样品溶液配制：

（1）细胞色素 C 标准液：浓度 1 mg/mL（用 20 mmol/L pH7.0 Na_2HPO_4-NaH_2PO_4 缓冲液配制），5~10 mL，使用前用 0.22 μm 滤膜过滤。

（2）待检测样品（使用前用 0.22 μm 滤膜过滤），约 0.2 mL。

2. 试剂与配制（供一个实验班用）

（1）Na_2HPO_4，500 g，1 瓶；

（2）NaH_2PO_4，500 g，1 瓶；

（3）NaCl，500 g，1 瓶。

试剂配制：

（1）流动相 A：20 mmol/L pH7.0 Na_2HPO_4-NaH_2PO_4 缓冲液（用超纯水配制），1~2 L，使用前用 0.22 μm 滤膜过滤并脱气；

（2）流动相 B：1 mol/L NaCl（用 20 mmol/L pH7.0 Na_2HPO_4-NaH_2PO_4 缓冲液配制），1~2 L，使用前用 0.22 μm 滤膜过滤并脱气。

3. 实验用品

每组用品：

（1）1 mL 取液器，1 只；

（2）1 mL 枪头盒，1 个；

（3）5 mL 离心管，若干。

共用实验用品：

（1）100 mL 或 200 mL 烧杯，2 个；

（2）1 000 mL 量筒，1 个；

（3）100 mL 量筒，2 个；

（4）20 cm 玻璃棒，2 根；

（5）1 000 mL 试剂瓶，4 个；

（6）0.22 μm 滤膜，若干；

（7）常规滤器（配合 0.22 μm 滤膜）；

（8）0.22 μm 滤器，若干；

（9）进样针（高效液相色谱用）；

（10）1 000 mL 容量瓶，1 个；

（11）超纯水，若干 L。

4. 实验仪器

（1）高效液相色谱仪（配 Mono 5RH 5/5 色谱分离柱），1~2 台；

（2）抽气泵，1 台。

二、实验内容

（1）准备相关试剂。根据具体要求，准备流动相、标准样、待测样品。

（2）启动高效液相色谱仪，设定检测波长 280 nm，流速 1 mL/min，用流动相 A 冲洗 Mono 5RH 5/5 色谱柱至基线稳定。进样 10 μL 后用线性梯度洗脱（即 20 min 内，NaCl 浓度从 0 升至 50%）即 0 min：0% 流动相 B，20 min：50% 流动相 B。

（3）结果分析：在上述色谱条件下，上样量为 100 μg 时，氧化型细胞色素 C 标准品的保留时间（出峰时间）t_R 在 11.2 min 附近；把细胞色素 C 标准品用化学还原剂处理后再上样分析，还原型细胞色素 C 保留时间 t_R 在 9.8 min 附近。换用同类型不同品牌的色谱柱后，细胞色素 C 的出峰时间会有一定的偏移。对于同套色谱仪，连续进样 3 次后，根据出峰时间的再现情况即可确定氧化型或还原型细胞色素 C 的特征时间。根据杂质峰的多少和峰面积即可初步判断不同阶段所制备的细胞色素 C 的纯度。

附 2：分光光度法测定细胞丝素 C 的含量

一、实验原理

氧化型细胞色素 C 在可见光 550 nm 波长有典型吸收峰且克分子消光系数为 0.9×10^4 mol^{-1}·cm^{-1}，还原型细胞色素 C 在可见光 550 nm 处也有典型的吸收峰且克分子消光系数为 2.77×10^4 mol^{-1}·cm^{-1}，因此根据朗博–比尔定律即可测定溶液中细胞色素 C 的含量。实验前需要用氧化剂（铁氰化钾）将其全部转变为氧化型；或用还原剂（连二亚硫酸钠）将其全部转变成还原型。

二、实验材料、器材与仪器

1. 实验材料（供一个实验班用）

细胞色素 C 标准品，10 mg；待测的细胞色素 C 样品。

2. 试剂与配制（供一个实验班用）

（1）Na$_2$HPO$_4$，500 g，1 瓶；

（2）NaCl，500 g，1 瓶；

（3）铁氰化钾，500 g，1 瓶；

（4）连二亚硫酸钠，500 g，1 瓶。

试剂配制：

（1）试剂 A：60 mmol/L Na$_2$HPO$_4$-0.4 mol/L NaCl 溶液，1 L；

（2）试剂 B：10 mmol/L 铁氰化钾，100 mL。

3. 实验用品

每组用品：

（1）1 mL 取液器，1 只；

（2）1 mL 枪头盒，1 个；

（3）10 mL 玻璃试管或 10 mL 离心管，4 只。

共用实验用品：

（1）100 mL 烧杯，2 个；

（2）1 000 mL 量筒，1 个；

（3）100 mL 量筒，2 个；

（4）20 cm 玻璃棒，2 根；

（5）1 000 mL 试剂瓶，1 个；

（6）200 mL 棕色试剂瓶，2 个；

（7）1 000 mL 容量瓶，1 个；

（8）100 mL 容量瓶，1 个；

（9）玻璃比色皿，若干套；

（10）吸水纸；

（11）擦镜纸。

4. 实验仪器

分光光度计，2~3 台。

三、实验内容

1. 氧化型细胞色素 C 含量的测定

（1）取两支试管按表 3-10 配制比色液并混匀。

（2）启动分光光度计，选定 550 nm，预热；后以空白为对照，调零，然后测定样品的光吸收值（A_{550}），按下式计算出样品液中细胞色素 C 的浓度。

$$\text{Cyt c 浓度}(\text{mg/mL}) = \frac{A_{550}}{\varepsilon} \times \text{MW} \frac{3}{1.5} \times \text{样品液稀释倍数}$$

表 3-10　氧化型细胞色素 C 测定用试剂配比表 （一）

试剂	样品液/mL	空白/mL
试剂 A	1.4	2.9
一定稀释倍数的细胞色素 C 溶液	1.5	0
试剂 B	0.1	0.1

式中，MW 为细胞色素 C 的分子量 （12 400 D）；3 为比色时所配制的溶液的体积；1.5 为细胞色素 C 溶液的体积；ε 为氧化型细胞色素 C 的克分子消光系数 （或摩尔消光系数） $0.9 \times 10^4 \ mol^{-1} \cdot cm^{-1}$ 或还原型细胞色素 C 的克分子消光系数 $2.77 \times 10^4 \ mol^{-1} \cdot cm^{-1}$。

2. 还原型细胞色素 C 含量的测定

（1） 取两支试管按表 3-11 配制比色液并混匀。

表 3-11　还原型细胞色素 C 测定用试剂配比表 （二）

试剂	样品液/mL	空白/mL
试剂 A	1.4	2.9
一定稀释倍数的细胞色素 C 溶液	1.5	0
连二亚硫酸钠 （固体）	几粒 （溶液变桃红色为止）	几粒

（2） 启动分光光度计，选定 550 nm，预热；后以空白为对照，调零，然后测定样品的光吸收值 （A_{550}），按上述公式计算出样品液中细胞色素 C 的浓度。

若测定的样品较纯，则氧化型和还原型细胞色素 C 的浓度应该相近。

参考文献

[1] 庞广昌，王清连. 生物化学实验技术 ［M］. 郑州：河南科学技术出版社，1994：203.

[2] 吴世斌，李显林，乔德水. SP - sephadex C25 离子交换层析纯化细胞色素 C 的工艺研究 ［J］. 中国生化药物杂志，2000，21 （4）：199 - 200.

[3] 乔德水，李显林，吴世斌，等. 细胞色素 C 中致敏性杂质的高效液相色谱检测 ［J］. 中国生化药物杂志，1994，15 （3）：214 - 216.

实验 10　超氧化物歧化酶的分离与纯化

组长：＿＿＿＿＿　操作核查员：＿＿＿＿＿　数据记录员：＿＿＿＿＿

超氧化物歧化酶（superoxide dismutase，SOD）是一种可专一清除对生命体有毒害作用的超氧阴离子自由基（O_2^-）的金属蛋白酶，该酶广泛存在于动物、植物和微生物体内。根据所结合的金属离子的不同，可分为 Mn-SOD、Fe-SOD、Cu-Zn-SOD 三种。Mn-SOD 和 Fe-SOD 的结构相似，Mn-SOD 在真核生物中多为四聚体，在原核生物中，大多数 Fe-SOD 为二聚体。该酶的每个亚基的相对分子量一般为 23 000，每个亚基含有 0.5 ~ 1.0 个 Mn 或 Fe 原子。从氨基酸组成看，该酶不含有半胱氨酸，含有较多的色氨酸和酪氨酸。除典型的 280 nm 处有强吸收外，Mn-SOD 在可见光 475 nm 附近有最大吸收。任何来源的 Mn-SOD 和 Fe-SOD 的一级结构的同源性都很高，但均不同于 Cu-Zn-SOD 的结构。Cu-Zn-SOD 一般是由两个相同的亚基组成的二聚体，每个亚基的相对分子质量约为 16 000，含有一个铜原子和一个锌原子。该酶一般不含或含有少量的酪氨酸和色氨酸，因此其紫外吸收峰会在 250 ~ 270 nm 范围内，而在常见的 280 nm 处则无吸收峰或不明显。Cu-Zn-SOD 在可见光 680 nm 附近有最大吸收。Cu-Zn-SOD 在较宽的 pH 范围内（pH5.2 ~ 9.5）均可维持较高的酶活性，而且对热、蛋白水解酶不敏感。

真核生物体内 SOD 的含量一般高于原核生物，好氧微生物内 SOD 的含量高于厌氧微生物，革兰氏阳性菌和革兰氏阴性菌中 SOD 的含量差异不明显。

牛血 Cu-Zn-SOD 的分子量 32 000，pI4.95，紫外吸收波长为 258 nm，可见吸收波长在 680 nm。猪血 Cu-Zn-SOD 的分子量 31 500，pI5.8，紫外吸收波长为 263 nm。

一、实验目的

（1）了解蛋白类提取的原理、实验设计和基本操作。

（2）掌握超氧化物歧化酶的提取、纯化方法。

二、实验要求

（1）学生在老师的指导下查阅相关的文献，包括生物活性成分的一般提取方法、纯化技术，超氧化物歧化酶的理化性质、提取和纯化技术、检测方法。

（2）独立完成一个实际样品中超氧化物歧化酶的提取、纯化过程；同时对本班级的研究结果进行整体分析，找出规律。

（3）通过完整实验过程，能灵活处理和解决实验中遇到的问题，优化实验方法，提高实验过程中分析和解决问题的综合能力。

（4）根据整理的实验结果，按照科技论文的格式撰写实验报告。

三、教学形式

教学以研究型、工程型方式进行。正常分组，但每组操作之间有一定区别；实验分若干个操作环节，连续进行；实验结果组间共享，在分析中一并讨论。

四、预习内容

（1）超氧化物歧化酶的基本理化性质。

（2）样品提取液中目标成分的富集方法有哪些？纯化蛋白的机制有哪些？

五、实验材料、器材与仪器

1. 实验材料（供一个实验班用）

新鲜猪血或牛血。为预防血液凝固，需要在新采集的血液中按 0.15∶1（抗凝剂∶猪血，体积比）加入 ACD 抗凝剂。

DEAE-Sepharose CL-6B 或 DEAE-Sephadex 或其他品牌的 DEAE-型阴离子交换介质，使用前按产品说明进行处理。

2. 试剂与配制（供一个实验班用）

（1）柠檬酸，500 g，1 瓶；

（2）柠檬酸钠，500 g，1 瓶；

（3）葡萄糖，500 g，1 瓶；

（4）丙酮，500 mL，1 瓶；

（5）氯仿，500 mL，1 瓶；

（6）Tris，500 g，1 瓶；

（7）浓盐酸，500 mL，1 瓶；

（8）磷酸二氢钾，500 g，1 瓶；

（9）NaOH，500 g，1 瓶；

（10）乙醇，500 mL，1 瓶。

试剂配制：

（1）ACD 抗凝剂：柠檬酸 10 g，柠檬酸钠 30 g，葡萄糖 25 g，用适量蒸馏水溶解并稀释至 1 000 mL；

（2）0.9% NaCl：称取 18 g NaCl，溶于 2 L 蒸馏水中；

（3）磷酸二氢钾缓冲液：先配制 0.2 mol/L KH_2PO_4 和 0.2 mol/L KOH，然后按 5：3.5（V/V）比例兑制并稀释 4 倍即可。详见附录二。

注： 丙酮在使用前需要在冰箱冷冻室内冷冻 2 h 或更久。

3. 实验用品

每组用品：

（1）50 mL 离心管，2 只；

（2）50 mL 离心管架，1 个；

（3）1 mL 取液器，1 只；

（4）1 mL 枪头盒，1 个；

（5）100 mL 烧杯，2 个；

（6）20 cm 玻璃棒，1 根；

（7）20 mL 或 25 mL 量筒，1 个；

（8）0.22 μm 过滤器；

（9）漏斗或布氏漏斗及配套滤纸，1 套。

共用实验用品：

（1）称量用天平（量程 200 g）（含配套用的称量纸），2 台；

（2）离心管平衡用台秤，2~3 台（各含两个 50 mL 或 100 mL 烧杯，烧杯固定在托盘上）；

（3）8~9 cm 滤纸，2 盒；

（4）1.5 mL 离心管，1 包；

（5）1 mL 离心管，1 包；

（6）100 mL 量筒，2 个；

（7）蒸馏水，1 桶；

（8）1 000 mL 量筒，1 个；

（9）滤器（0.22 μm 滤膜过滤），1 包（30~50 个）。

4. 实验仪器

（1）冷冻离心机，可离心 50 mL 离心管，2 台；

（2）制冰机/冰箱，1 台；

（3）普通磁力搅拌器，1 台（含搅拌子）；

（4）水泵，1~2 台；

（5）冻干机；

（6）恒温水浴锅，若干台；

（7）层析装置，若干套。

六、实验内容

（一）SOD 的提取

（1）取新鲜猪血 20 mL 置于离心管中，于 4 000 r/min 离心 10 min，弃去上层淡黄色血清，回收下层红细胞黏稠液，用量筒量其体积（_____ mL）。

（2）清洗红细胞：取 2 倍体积的 0.9% NaCl 溶液加入红细胞黏稠液中，轻轻混匀以悬浮红细胞，之后于 4 000 r/min 离心 10 min，弃去上层清液；再在下层红细胞黏稠液中加入 2 倍体积的 0.9% NaCl 溶液重复清洗一次，离心后即可得到洗净的红细胞浓稠液。

（3）SOD 从血红细胞中的释放：向上述洗净的红细胞中加入等体积的蒸馏水，剧烈搅拌 30 min，使其充分溶血。向该溶血液中缓慢加入预冷的 0.25 倍体积的 95% 乙醇和 0.15 倍体积的氯仿，再继续搅拌 15 min，之后于 4 000 r/min 离心 10 min，弃去变性蛋白沉淀物，保留上清液。将上清液用滤纸过滤或抽滤，以除去其中的悬浮物，然后将其置于 65～70 ℃ 恒温水浴中进行热处理，15 min 后取出迅速放置于自来水或冰水中冷却至室温，之后于 4 000 r/min 离心 10 min，弃去沉淀，保存浅黄色上清液即粗酶液（_____ mL）。

（4）SOD 的初步纯化：向上述粗酶液中缓慢加入等体积预冷的丙酮，冰箱或冰水浴中静置过夜（不少于 8 h）。之后于 4 000 r/min 离心 10 min，弃去上清液，保存好沉淀。将沉淀物用适量体积（3～5 mL 即可）预冷的丙酮清洗（即悬浮、离心），再重复一次，所得沉淀经冷冻干燥后即为淡蓝绿色成品。

（二）阴离子交换层析纯化 SOD

采用阴离子交换层析方法对上述 SOD 粗提取液进行纯化。以下操作重点比较不同的缓冲液、不同洗脱条件对 SOD 的纯化效果。所采用的层析柱大小根据情况而定，原则上高径比在 10～15：1 均可，进样量为 20% 左右饱和进样量。

1. 样品处理

用 20 mmol/L Tris-HCl（pH 7.2）或磷酸二氢钾缓冲液（PB，pH7.2）溶解上述丙酮沉淀 SOD 样品即得 SOD 粗提液（进样前用 0.22 μm 滤膜过滤）。

2. 层析柱的安装及平衡

处理后的介质用 20 mmol/L Tris-HCl（pH 7.2）或磷酸二氢钾缓冲液（PB，pH7.2）悬浮 3～4 次，轻轻摇动以使介质悬浮，然后倒入层析柱中（柱子底部预装约 1/3 体积的缓冲液）。待其充分沉淀后，用 2～4 倍柱体积缓冲液冲洗柱子即平衡层析柱，流速 1.0 mL/min。

3. 层析操作

洗脱操作分4种方式进行，全班分成若干组分别进行。

（1）层析条件 A（等浓度洗脱1）：DEAE-Sepharose CL-6B 柱（1.6 cm × 17 cm）；流动相：A 液为 20 mmol/L Tris-HCl（pH 7.2，平衡液），B 液为 20 mmol/L Tris-HCl + 1.0 mol/L NaCl（pH 7.2，洗脱液）；流速 1.0 mL/min；进样量：60 mL SOD 粗提液；检测器：UV（$\lambda = 280$ nm）。

进样结束后，改用平衡液冲洗至基线平，然后改用高浓度盐（上述 B 液）一次性洗脱方式进行洗脱。洗脱时分步收集洗脱液，5 mL/管，1～1.5 个柱体积后，洗脱结束，分别对对应峰及附近的收集管中的样品进行活性测定。根据实际情况合并有活性的样品管。

（2）层析条件 B（阶段浓度洗脱1）：DEAE-Sepharose CL-6B 柱（1.6 cm × 17 cm）；流动相：A 液为 20 mmol/L Tris-HCl（pH 7.2，平衡液），B 液为 0.3 mol/L、0.6 mol/L、1.0 mol/L NaCl（用 20 mmol/L Tris-HCl，pH 7.2 配制的洗脱液）；流速 1.0 mL/min；进样量：60 mL SOD 粗提液；检测器：UV（$\lambda = 280$ nm）。

进样结束后，改用平衡液冲洗至基线平，然后依次用 0.3 mol/L、0.6 mol/L、1.0 mol/L NaCl（上述 B 液）方式进行阶段洗脱。洗脱时分步收集洗脱液，5 mL/管，各浓度分别用 1～1.5 个柱体积后，洗脱结束，分别对对应峰及附近的收集管中的样品进行活性测定。根据实际情况合并有活性的样品管。

（3）层析条件 C（线性梯度洗脱1）：DEAE-Sepharose CL-6B 柱（1.6 cm × 17 cm）；流动相：A 液为 20 mmol/L Tris-HCl（pH 7.2，平衡液）（2～3 个柱体积），B 液为 20 mmol/L Tris-HCl + 1.0 mol/L NaCl（pH 7.2，洗脱液）（2～3 个柱体积）；流速 1.0 mL/min；进样量：60 mL SOD 粗提液；检测器：UV（$\lambda = 280$ nm）。

进样结束后，改用平衡液冲洗至基线平，然后用线性盐梯度（0～1.0 mol/L NaCl）方式进行洗脱。洗脱时分步收集洗脱液，5 mL/管，4～6 个柱体积后，洗脱结束，分别对对应峰及附近的收集管中的样品进行活性测定。根据实际情况合并有活性的样品管。

若层析设备无此形成线性盐梯度的功能，也可以借用普通的梯度仪形成线性梯度，只是精度低于成套设备。线性梯度仪的示意图见图 1-10。

（4）层析条件 D（等浓度洗脱2）：DEAE-Sepharose CL-6B 柱（1.6 cm × 17 cm）；流动相：A 液为 20 mmol/L PB（pH7.0，平衡液），B 液为 20 mmol/L PB + 1.0 mol/L NaCl（pH 7.0，洗脱液）；流速 1.0 mL/min；进样量：60 mL SOD 粗提液；检测器：UV（$\lambda = 280$ nm）。

进样结束后，改用平衡液冲洗至基线平，然后改用高浓度盐（上述 B 液）一次性洗脱方式进行洗脱。洗脱时分步收集洗脱液，5 mL/管，1～1.5 个柱体积后，洗脱结束，分别对对应峰及附近的收集管中的样品进行活性测定。根据实际情况合并有活性的样品管。

（5）层析条件 E（阶段浓度洗脱 2）：DEAE-Sepharose CL-6B 柱（1.6 cm × 17 cm）；流动相：A 液为 20 mmol/L PB（pH7.0，平衡液）；B 液为 0.3 mol/L、0.6 mol/L、1.0 mol/L NaCl（用 20 mmol/L PB，pH 7.2 配制的洗脱液）；流速 1.0 mL/min；进样量：60 mL SOD 粗提液；检测器：UV（λ = 280 nm）。

进样结束后，改用平衡液冲洗至基线平，然后依次用 0.3 mol/L、0.6 mol/L、1.0 mol/L NaCl（上述 B 液）方式进行阶段洗脱。洗脱时分步收集洗脱液，5 mL/管，各浓度分别用 1～1.5 个柱体积后，洗脱结束，分别对对应峰及附近的收集管中的样品进行活性测定。根据实际情况合并有活性的样品管。

（6）层析条件 F（线性梯度洗脱 2）：DEAE-Sepharose CL-6B 柱（1.6 cm × 17 cm）；流动相：A 液为 20 mmol/L PB（pH7.0，平衡液）（2～3 个柱体积），B 液为 20 mmol/L PB + 1.0 mol/L NaCl（pH 7.0，洗脱液）（2～3 个柱体积）；流速 1.0 mL/min；进样量：60 mL SOD 粗提液；检测器：UV（λ = 280 nm）。

进样结束后，改用平衡液冲洗至基线平，然后用线性盐梯度（0～1.0 mol/L NaCl）方式进行洗脱。洗脱时分步收集洗脱液，5 mL/管，4～6 个柱体积后，洗脱结束，分别对对应峰及附近的收集管中的样品进行活性测定。根据实际情况合并有活性的样品管。

（三）SOD 的纯度鉴定

样品中 SOD 的 SDS – PAGE 法纯度鉴定详见实验 4。

七、思考题

（1）本实验是采用有机溶剂丙酮沉淀 SOD 的方法，假如用硫酸铵沉淀可以吗？如果可以，比较一下二者的沉淀原理有何不同。

（2）SOD 存在于血红细胞的细胞质中，如何最大限度地保持红细胞膜的完整性、避免细胞膜结构的破碎和成分释放而仅使 SOD 及其他胞质成分释放出来？

（3）本实验采用阴离子交换层析方法纯化 SOD，可否用阳离子交换层析方法纯化 SOD？如可以，请比较两种层析方法的优缺点。

附：超氧化物歧化酶的活性测定——邻苯三酚自氧化法

一、原理简介

邻苯三酚在酸性条件下稳定，在弱碱性环境中会发生自氧化反应，邻苯三酚在自氧化时只接受一个电子生成超氧阴离子自由基（$O_2 + O_2^-$），并在自氧化过程中以一定速率产生有色中间产物，SOD 可以将歧化分解成 H_2O_2 和 O_2，从而抑制邻苯三酚的自氧化速率。

$$2O_2 + 2H_2^+ \longrightarrow H_2O_2 + O_2$$

由此可以根据有色中间产物的减少量来间接推算 SOD 的活性（每分钟反应液中 SOD 抑制 50% 反应速率时即为 SOD 活力单位）。

二、实验材料、器材与仪器

1. 试剂（供一个实验班用）

（1）50 mmol/L pH8.3 磷酸缓冲液；

（2）10 mmol/L EDTA 钠盐溶液；

（3）3 mmol/L pH8.3 邻苯三酚溶液（用 10 mmol/L 盐酸配制）；

（4）10 mmol/L HCl。

2. 实验用品

每组用品：

（1）20 mL 玻璃管，2 只；

（2）20 mL 离心管架，1 个；

（3）1 mL 取液器，1 只；

（4）1 mL 枪头盒，1 个；

（5）5 mL 取液器或 5 mL 移液管，1 只；

（6）石英比色杯，2 个。

共用实验用品：

（1）擦镜纸，若干；

（2）吸水纸，若干。

3. 实验仪器

（1）紫外 – 可见分光光度计，2~3 台；

（2）恒温水浴锅，2~3 台。

三、实验内容

（1）打开分光光度计，预热，将波长选定在 325 nm。

（2）邻苯三酚自氧化率的测定：取 4.5 mL 50 mmol/L pH8.3 的磷酸缓冲液、4.2 mL 蒸馏水和 1 mL 10 mmol/L EDTA 钠盐溶液于玻璃管中混匀，放置到 25 ℃ 恒温水浴中保温 20 min，取出后立即加入 25 ℃ 预热过的邻苯三酚溶液 10 mL，迅速混匀，倒入光径 1 cm 的比色杯内，用 10 mmol/L HCl 做空白，325 nm 波长下每隔 30 s 测定光吸收一次，连续记录 4 min，计算出每分钟 A_{325} 的增值，此即为邻苯三酚的自氧化率。要求自氧化率控制在 0.070（OD 值）/min 左右。

（3）酶活力测定：与上述操作基本一致，只是用一定体积的 SOD 样品液替代对应体积的蒸馏水即可。测定吸光值的变化后，计算加酶后的邻苯三酚自氧化率。所加样品液体积视酶活性高低而定。

（4）酶活性单位的计算：根据酶活性单位的定义，按如下公式计算酶活性：

$$SOD\ 活力（U/mL）= \frac{\frac{A_0 - A_m}{A_0} \times 100\%}{50\%} \times \frac{V_总}{V_定义 \cdot V_样} \times 样品液稀释倍数$$

式中，A_0 为邻苯三酚自氧化率；A_m 为加酶后邻苯三酚自氧化率；$V_总$ 为反应总体积；$V_样$ 为加入样品液的体积；$V_定义$ 为活性单位定义体积，1 mL。

$$样品\ SOD\ 比活力（U/mg）= 单位体积活力（U/mL）/C_{pr}$$

式中，C_{pr} 为每 mL 样品液中蛋白质含量，mg。

$$SOD\ 总活性（U）= 单位活性 \times 酶原液总体积$$

（5）SOD 纯化结果汇总：将测得的数据或计算结果填入表 3 – 12。

表 3 – 12　SOD 分离各步骤结果记录表

提纯步骤	酶液总体积/mL	蛋白质/(mg·mL^{-1})	酶活性/(U·mL^{-1})	总活性/U	比活性/(U·mg^{-1})	回收率/%	纯化倍数
步骤 1							
步骤 2							
步骤 3							
步骤 4							

注：1. 步骤 1，除血蛋白后所得到的上清液；

　　2. 步骤 2，热变性后所得到的上清液；

　　3. 步骤 3，丙酮沉淀物；

　　4. 步骤 4，阴离子交换层析后得到的样品。

参考文献

［1］袁勤生. 超氧化物歧化酶的研究进展 ［J］. 生物药物杂志，1988（1）：1 – 9.

［2］郭蔼光，郭泽坤. 生物化学实验技术 ［M］. 北京：高等教育出版社，2007：155.

［3］雷建都，李蓉，陈国亮，等. 牛血超氧化物歧化酶的纯化 ［J］. 现代化工，

1999，19（3）：21－24.

[4] 黄尚雄，陈浩军，田夫，等．猪红细胞超氧化物歧化酶提取方法的改进
[J]．暨南大学学报（自然科学版），1996，17（3）：110－112.

[5] 李永利，张炎．邻苯三酚自氧化法测定 SOD 活性 [J]．中国卫生检疫杂志，
2000，10（6）：673.

实验 11　酿酒酵母中延胡索酸酶的提取与分离

组长：_____操作核查员：_____数据记录员：_____

延胡索酸酶（fumarase，EC4.2.1.2）是三羧酸循环（TCA 循环）中的一个关键性酶，正式名称为延胡索酸水化酶（fumarate hydratase）。该酶催化延胡索酸转变成 L-苹果酸这一可逆水合反应，反应平衡偏向于苹果酸方向，广泛存在于动植物和微生物中，工业上主要应用于 L-苹果酸的生产。L-苹果酸是一种重要的天然有机酸，广泛分布于植物、动物与微生物细胞中，其口感接近天然苹果的酸味，与柠檬酸相比，酸度大、味道柔和、不损害口腔与牙齿，生理代谢上有利于氨基酸吸收、不积累脂肪，属于新一代的食品酸味剂，被生物界和营养界誉为"最理想的食品酸味剂"，是目前世界食品工业中用量和发展前景较好的有机酸之一。因此在基因水平上对延胡索酸酶基因进行改造也是苹果酸研发中的重要环节。

原核生物有三种形式的延胡索酸酶，分别由 *fum A*、*fum B* 及 *fum C* 编码；真核细胞的延胡索酸酶存在于细胞质和线粒体基质中，由单个基因编码，仅在多肽链 N 端存在少量氨基酸的差异，结构及生化性质与原核生物 Fumarase C 相近。

1. 延胡索酸酶的分类

根据相关亚基的排列、热稳定性以及金属离子依赖性，延胡索酸酶分为两大类（Class）：第一类延胡索酸酶（Class Ⅰ fumarase）包括 fumarase A、fumarase B，是不耐热的同源二聚体，具有含铁硫簇（4Fe-4S）的活性功能位点，分子量 120 000；fumarase A、fumarase B 具有 90% 的氨基酸序列一致性。第二类酶（Class Ⅱ fumarase）包括 fumarase C、真核生物 fumarasee，是分子量 200 000 的热稳定同源四聚体，不需要协同因子。Class Ⅰ fumarasee 和 Class Ⅱ fumarase 虽然同属一个功能相关的代谢酶超家族，但两者之间却显示出很低的序列同源性。

E. coli 中有两个 Class Ⅰ fumarase 基因（*fum A* 和 *fum B*），*fum A* 在有氧条件下行使功能，而 *fum B* 在无氧条件下行使功能；有一个 Class Ⅱ fumarase（*fum C*），*fum C* 在有氧和无氧条件下都可以表达，其表达产物 FUMC 的酶学性质和 FUMA 类似，在胁迫环境中可以代替 FUMA 的作用。

2. Class Ⅱ fumarase 的生物学特性

底物亲和性 fumarase 催化的是可逆水合反应，底物可以为延胡索酸或 L-苹果酸。一般对延胡索酸的亲和性比对 L-苹果酸高，25 ℃时 L-苹果酸形成方向的平衡常数（Keq）为 4.2~6.4。

最适 pH、最适温度及热稳定性。Class Ⅱ fumarase 最适 pH 通常略偏碱性，在 pH7.5 ~ 8.5。不同物种 fumarase 的最适温度差异很大，天蓝色链霉菌（S. coelicolor）FUMC 的最适温度为 30 ℃，热稳定性很差。同是链霉菌属 S. thermovulgaris 的 FUMC 最适温度为 45 ℃，是良好的工业用酶。序列比对分析发现后者的 FUMC 具有所有耐热 fumarase 中均具备的五个独特亲水性残基，而在前者的 FUMC 中的对应位置是五个疏水性残基。而栖热属菌 Thermus thermophilus FUM 最适温度为 85 ℃，热稳定性非常好，在 90 ℃下处理 24 h 仍保持 80% 活性。当缓冲液 pH 低于 6 或者高于 10 时，猪心 fumarase 的四聚体会解聚而失活。

3. Class Ⅱ fumarase 的空间结构特点

一级结构特点：Class Ⅱ fumarase 为同源四聚体，每个亚基约 50 kD。每个四聚体包括 12 个半胱氨酸残基，没有二硫键。活性位点没有硫醇基团，但在酶内部的疏水部分存在硫醇基团，可能与酶的结构有关。Class Ⅱ fumarase 是一种古老而保守的蛋白，不同物种间 Class Ⅱ fumarase 保持着一定的序列相似性。在 fumarase 一级结构中有三个高度保守片段（129 ~ 146、181 ~ 200、312 ~ 331）。通过比对 22 个 Class Ⅱ fumarase 家族成员的序列，进一步证实了这三个区域的高度一致性。在四聚体的晶体结构中，这三个片段是并列的，聚合形成一个独特的区域（活性位点）。

萃取是一种利用物质在两个互不相溶的液相中分配特性不同来进行分离的过程。这是一种常用的化工单元操作，在使用过程中非常容易达到同效放大的效果。由于常规萃取要借助有机溶剂和水相来实现，而有机溶剂又常常使蛋白类成分变性而失去生物活性，因此，双水相萃取系统应势而生，既实现了萃取操作的优势，又保持了蛋白类生物大分子的活性。

双水相系统的形成：在聚合物 - 盐或聚合物 - 聚合物系统混合时，若浓度较高，就会出现两个不相混溶的水相即双水相。如聚乙二醇（PEG）和葡聚糖的水溶液，当二者均在低浓度时，可得到均质液体，当溶质浓度增加时，溶液会变得浑浊，静止后就会分成两层，上层富集了 PEG，下层富集了葡聚糖，此时实际上是两个不相混溶的液相达到了平衡。某些聚合物与一些无机盐溶液相混时，只要浓度达到一定的范围，体系也会形成两相，其分相机理可能与盐析作用有关。

双水相形成的成因：葡聚糖本质上是一种几乎不形成偶极现象的球形分子，而 PEG 是一种具有共享电子对的高密度直链聚合物。二者都倾向于在其周围有相同形状、大小和极性分子存在，而且二者之间的斥力大于吸引力，所以出现了分离，即所谓的聚合物的不相溶性。

目前常用的双水相体系有：①高聚物/高聚物体系；②高聚物/低分子物质体系。后一体系中，PEG/盐体系是常见的廉价体系，此时，蛋白质分配在下相（盐水相），疏水性很强的蛋白质也有可能分配在上相中，该体系中，盐浓度太高，不利于后续的层析处理。在前一体系中，蛋白质的分配取决于高聚物分子量、浓度、pH 等，所萃取到的产物可直接用于离子交换层析，但该法成本高。

本实验利用 PEG/盐体系对细胞破碎后的样品进行双水相萃取操作，离心后细胞碎片等分配到含有盐的下相中，含有目标酶的蛋白质等富集在含有 PEG 的上层相中。由于上相含有高浓度的 PEG，黏度太高，不利于后续的层析操作，需要除去。为此，在上层 PEG 相中，加入盐以产生新的相体系，离心或静置后，酶转移到盐相中。在实验设计时，本方案提供了多种研究型设计思路，以考察不同分子量的 PEG、PEG1500：磷酸钾的比例、不同 pH 的缓冲液、NaCl 加入量对提取效果和分离效果的影响。

一、实验目的

（1）了解蛋白类提取的原理、实验设计和基本操作。
（2）掌握双水相萃取延胡索酸酶的提取、纯化方法。

二、实验要求

（1）学生在老师的指导下查阅相关的文献，包括生物活性成分的一般提取方法、纯化技术，延胡索酸酶的理化性质、提取和纯化技术、检测方法。
（2）独立完成一个实际样品中延胡索酸酶的提取、纯化过程；同时对本班级的研究结果进行整体分析，找出规律。
（3）通过完整实验过程，能灵活处理和解决实验中遇到的问题，优化实验方法，提高实验过程中分析和解决问题的综合能力。
（4）根据整理的实验结果，按照科技论文的格式撰写实验报告。

三、教学形式

教学以研究型、工程型方式进行。正常分组，但每组操作之间有一定区别；实验分若干个操作环节，连续进行；实验结果组间共享，在分析中一并讨论。

四、预习内容

（1）延胡索酸酶基本的理化性质。

（2）细胞破碎的一般方法和高压匀浆技术。

（3）双水相萃取的基本原理和一般操作过程。

（4）凝胶过滤层析的基本原理和一般操作过程。

五、实验材料、器材与仪器

1. 实验材料（供一个实验班用）

50～100 g（湿重）酿酒酵母细胞（最好是高表达的工程菌株）。

2. 试剂与配制（供一个实验班用）

（1）磷酸氢二钾，500 g，1瓶；

（2）磷酸二氢钾，500 g，1瓶；

（3）氯化钠，500 g，1瓶；

（4）聚乙二醇1500（PEG1500），500 g，1瓶；

（5）聚乙二醇4000（PEG4000），500 g，1瓶；

（6）聚乙二醇6000（PEG6000），500 g，1瓶。

试剂配制：

（1）100 mmol/L 磷酸钾缓冲液（pH6.0）：先配制 0.1 mol/L 的磷酸氢二钾溶液和 0.1 mol/L 的磷酸二氢钾各 100 mL、500 mL，按 13.2∶86.8（V/V）比例兑制即可。详见附录二。

（2）100 mmol/L 磷酸钾缓冲液（pH7.0）：先配制 0.1 mol/L 的磷酸氢二钾溶液和 0.1 mol/L 的磷酸二氢钾各 500 mL、500 mL，按 61.5∶38.5（V/V）比例兑制即可。详见附录二。

（3）100 mmol/L 磷酸钾缓冲液（pH7.5）：先配制 0.1 mol/L 的磷酸氢二钾溶液和 0.1 mol/L 的磷酸二氢钾各 500 mL、100 mL，然后按 83.5∶16.5（V/V）比例兑制即可。详见附录二。

（4）100 mmol/L 磷酸钾缓冲液（pH8.0）：先配制 0.1 mol/L 的磷酸氢二钾溶液和 0.1 mol/L 的磷酸二氢钾各 500 mL、100 mL，按 94∶6（V/V）比例兑制即可。详见附录二。

（5）凝胶过滤用流动相 0.05 mol/L 磷酸钾缓冲液（pH7.5），参考上述方法（1）配制，配制后稀释 1 倍即可。使用前需过 0.22 μm 滤膜过滤。需配制 1 L。

3. 实验用品

每组用品：

（1）10 mL 离心管，2只；

（2）10 mL 离心管架，1个；

（3）1 mL 移液器，1 只；

（4）1 mL 替补头，1 盒；

（5）50~100 mL 烧杯，2 个；

（6）20 cm 玻璃棒，1 个；

（7）记号笔，1 支；

（8）层析收集管或 5 mL 离心管，50 只；

（9）层析柱（φ20 mm，柱高 50 cm），1 只；

共用实验用品：

（1）称量用天平（量程 200 g）（含配套用的称量纸），2 台；

（2）离心管平衡用台秤，2~3 台（各含两个 50 mL 或 100 mL 烧杯，烧杯固定在托盘上）；

（3）1 000 mL 量筒，1 个；

（4）100 mL 量筒，2 个；

（5）5 mL 离心管，1 包；

（6）手套，2 包；

（7）蒸馏水，2 桶；

（8）1.5 mL 离心管，1 包；

（9）200 mL 烧杯，2~3 个；

（10）1 000 mL 烧杯，2~3 个；

（11）过滤瓶，2 套。

4. 实验仪器

（1）离心机，可离心 10 mL 离心管，2 台；

（2）pH 计若干台或精密 pH 试纸；

（3）高压匀浆机（100 MPa），1 台；

（4）紫外 – 可见分光光度计，若干台；

（5）水浴锅，2 台；

（6）层析装置（含蠕动泵、紫外检测器），若干台。

（7）水泵，若干台。

六、实验内容

（一）原料的预处理（酿酒酵母细胞的破碎及破碎液处理）

称取 10.0 g 酿酒酵母细胞，置于 100 mL 烧杯中，加入 25 mL（按 1:2.5 比例）冷磷酸钾缓冲液（100 mmol/L，pH7.5），充分悬浮后于冰浴条件下放置约

30 min，其间间断搅拌或摇动，然后用高压匀浆器（100 MPa）处理两次，以破碎酵母细胞。破碎液用 pH 计或精密 pH 试纸检测其 pH（_____），用配制好的 0.1 mol/L 的磷酸氢二钾溶液或 0.1 mol/L 的磷酸二氢钾溶液调至 pH7.5。之后破碎液在 10 000 × g 以上离心 30 min，小心取出上清液（注意：不要有沉淀），记录上清液体积_____mL。保留约 0.1 mL 备用，其余用于双水相萃取。

破碎液测定延胡索酸酶的活性（_____U/mL）、总蛋白的含量（_____mg/mL），比算出破碎液的比活性（_____U/mg）。

（二）双水相法提取和分离延胡索酸酶

1. 提取

在处理的样品量为 5 g 的提取体系（共 10 g）中，各物质的加入量见表 3 – 13。

表 3 – 13　提取延胡索酸酶用的双水相体系的各组成表（一）

序号	组成	加入量/g	质量分数/%
1	匀浆液（40%，质量分数）	5	5.0
2	PEG1500	1.7	17
3	0.1 mol/L 磷酸钾缓冲液（pH8.0）	0.7	7
4	去离子水	2.6	26
合计		10	100

注：5 g 匀浆液的体积 4.7~4.8 mL。

将上述各成分于 50 mL 烧杯或离心管中充分混匀后，转入 10 mL 离心管于 2 000 r/min 离心 5 min，观察离心管中双水相体系的分层情况，用移液器小心取出上层 PEG 相置于小烧杯中，分别测定在上、下相中延胡索酸酶的浓度（分别是_____mg/mL、_____mg/mL）、两相中蛋白质的含量（分别是_____、_____mg）、上相和下相的体积（分别是_____mL、_____mL）以及两相的 pH（分别是_____、_____）。

2. 分离

在上述得到的 PEG 相中加入少量的 NaCl，混匀以便再次形成新的双水相体系（各组分加入量见表 3 – 14）。此后静置 30~90 min，即可得到明显分离的两相。用移液器小心取出上层 PEG 相置于小烧杯中，分别测定在上、下相中延胡索酸酶的浓度（分别是_____mg/mL、_____mg/mL）、两相中蛋白质的含量（分别是_____mg、_____mg）、上相和下相的体积（分别是_____mL、 _____mL）以及两相的 pH（分别是_____、_____）。

表 3-14 提取延胡索酸酶用的双水相体系的各组成表（二）

序号	组成	加入量/g	质量分数/%
1	第 1 次得到的 PEG 相	6	60
2	磷酸钾缓冲液（pH7.0）	0.7	7
3	NaCl	0.05	0.5
4	去离子水	3.25	32.5
合计		10	100

（三）双水相法提取和分离延胡索酸酶条件的探索

此步操作，各学校可根据实际情况进行。

本实验设计主要考察不同分子量的 PEG、PEG1500：磷酸钾的比例、不同 pH 的缓冲液、NaCl 加入量对提取效果和分离效果的影响。

1. 不同大小分子量的 PEG 对延胡索酸酶提取的影响

在处理的样品量为 5 g 的提取体系（共 10 g）中，各物质的加入量见表 3-15。

表 3-15 提取延胡索酸酶用的双水相体系的各组成表（三）

序号	组成	加入量/g	质量分数/%
1	匀浆液（40%，质量分数）	5.0	50
2	实验 1 组：PEG1500	1.7	17
	实验 2 组：PEG4000	1.7	17
	实验 3 组：PEG6000	1.7	17
3	酸钾缓冲液（pH8.0）	0.7	7
4	去离子水	2.6	26
合计		10	100

注：5 g 匀浆液的体积 4.7~4.8 mL。

将上述各成分于 50 mL 烧杯或离心管中充分混匀后，转入 10 mL 离心管于 2 000 r/min 离心 5 min，观察离心管中双水相体系的分层情况，用移液器小心取出上层 PEG 相置于小烧杯中，分别测定在上、下相中延胡索酸酶的浓度（分别是_____mg/mL、_____mg/mL）、蛋白质的含量（分别是_____mg、 _____mg）、上相和下相的体积（分别是_____mL、_____mL）以及两相的 pH（分别是_____、_____）。

双水相法分离延胡索酸酶：各实验组在上述得到的 PEG 相中加入少量的NaCl，以便再次形成新的双水相体系（各组分加入量见表 3 – 14）。此后静置30～90 min，即可得到明显分离的两相。用移液器小心取出上层 PEG 相置于小烧杯中，分别测定在上、下相中延胡索酸酶的浓度（分别是_____mg/mL、_____mg/mL）、蛋白质的含量（分别是_____mg、_____mg）、上相和下相的体积（分别是_____mL、_____mL）以及两相的 pH（分别是_____、_____）。

2. 不同 PEG1500：磷酸钾的比例对延胡索酸酶提取的影响

在处理的样品量为 5 g 的提取体系（共 10 g）中，各物质的加入量见表 3 – 16。

表 3 – 16　提取延胡索酸酶用的双水相体系的各组成表（四）

序号	组成	加入量/g	质量分数/%
1	匀浆液（40%，质量分数）	5.0	50
2	PEG1500	实验 1 组：1.5	15
		实验 2 组：1.7	17
		实验 3 组：1.9	19
3	酸钾缓冲液（pH8.0）	实验 1 组：0.9	9
		实验 2 组：0.7	7
		实验 3 组：0.5	5
4	去离子水	2.6	26
合计		10	100

注：5 g 匀浆液的体积4.7～4.8 mL。

将上述各成分于 50 mL 烧杯或离心管中充分混匀后，转入 10 mL 离心管于2 000 r/min 离心 5 min，观察离心管中双水相体系的分层情况，用移液器小心取出上层 PEG 相置于小烧杯中，分别测定在上、下相中延胡索酸酶的浓度（分别是_____mg/mL、_____mg/mL）、蛋白质的含量（分别是_____mg、_____mg）、上相和下相的体积（分别是_____mL、_____mL）以及两相的 pH（分别是_____、_____）。

双水相法分离延胡索酸酶：各实验组在上述得到的 PEG 相中加入少量的 NaCl，充分混匀以便再次形成新的双水相体系（各组分加入量见表 3 – 14）。此后静置 30 ~ 90 min，即可得到明显分离的两相。用移液器小心取出上层 PEG 相置于小烧杯中，分别测定在上、下相中延胡索酸酶的浓度（分别是_____ mg/mL、_____ mg/mL）、蛋白质的含量（分别是_____ mg、_____ mg）、上相和下相的体积（分别是_____ mL、_____ /mL）以及两相的 pH（分别是_____、_____）。

3. 不同 pH 磷酸钾缓冲液对延胡索酸酶提取的影响

在处理的样品量为 5 g 的提取体系（共 10 g）中，各物质的加入量见表 3 – 17。

表 3 – 17 提取延胡索酸酶用的双水相体系的各组成表（五）

序号	组成	加入量/g	质量分数/%
1	来自不同 pH 体系制备的匀浆液（40%，质量分数）	5.0	50
2	PEG1500	1.7	17
3	实验 1 组：磷酸钾缓冲液（pH6.0）	0.7	7
	实验 2 组：磷酸钾缓冲液（pH8.0）	0.7	7
	实验 3 组：磷酸钾缓冲液（pH7.5）	0.7	7
4	去离子水	2.6	26
合计		10	100

注：5 g 匀浆液的体积 4.7 ~ 4.8 mL。

将上述各成分于 50 mL 烧杯或离心管中充分混匀后，转入 10 mL 离心管于 2 000 r/min 离心 5 min，观察离心管中双水相体系的分层情况，用移液器小心取出上层 PEG 相置于小烧杯中，分别测定在上、下相中延胡索酸酶的浓度（分别是_____ mg/mL、_____ mg/mL）、蛋白质的含量（分别是_____ mg、_____ mg）、上相和下相的体积（分别是_____ mL、_____ mL）以及两相的 pH（分别是_____、_____）。

双水相法分离延胡索酸酶：各实验组在上述得到的 PEG 相中加入少量的 NaCl，充分混匀以便再次形成新的双水相体系（各组分加入量见表 3 – 18）。此后静置 30 ~ 90 min，即可得到明显分离的两相。用移液器小心取出上层 PEG 相置于小烧杯中，分别测定在上、下相中延胡索酸酶的浓度（分别是_____ mg/mL、_____ mg/mL）、蛋白质的含量（分别是_____ mg、_____ mg）、上相和下相的体积（分别是＿＿＿＿＿＿mL、＿＿＿＿＿＿mL）以及两相的 pH（分别是＿＿＿＿＿、＿＿＿＿＿）。

表3-18　提取延胡索酸酶用的双水相体系的各组成表（六）

序号	组成	加入量/g	质量分数/%
1	第1次得到的 PEG 相	6.0	60
2	实验1组磷酸钾缓冲液（pH6.0）	0.7	7
	实验1组磷酸钾缓冲液（pH8.0）	0.7	7
	实验1组磷酸钾缓冲液（pH7.5）	0.7	7
3	NaCl	0.05	0.5
4	去离子水	3.25	32.5
合计		10	100

4. 不同 NaCl 添加量对延胡索酸酶分离的影响

在处理的样品量为 5 g 的提取体系（共 10 g）中，各物质的加入量见表 3-19。

表3-19　提取延胡索酸酶用的双水相体系的各组成表（七）

序号	组成	加入量/g	质量分数/%
1	匀浆液（40%，质量分数）	5	50
2	PEG1500	1.7	17
3	磷酸钾缓冲液（pH8.0）	0.7	7
4	去离子水	2.6	26
合计		10	100

注：5 g 匀浆液的体积 4.7~4.8 mL。

将上述各成分于 50 mL 烧杯或离心管中充分混匀后，转入 10 mL 离心管于 2 000 r/min 离心 5 min，观察离心管中双水相体系的分层情况，用移液器小心取出上层 PEG 相置于小烧杯中，分别测定在上、下相中延胡索酸酶的浓度（分别是＿＿＿＿＿mg/mL、＿＿＿＿＿mg/mL）、蛋白质的含量（分别是＿＿＿＿＿mg、＿＿＿＿＿mg）、上相和下相的体积（分别是＿＿＿＿＿mL、＿＿＿＿＿mL）以及两相的 pH（分别是＿＿＿＿＿、＿＿＿＿＿）。

双水相法分离延胡索酸酶：各实验组在上述得到的 PEG 相中加入一定量的 NaCl，充分混匀以便再次形成新的双水相体系（各组分加入量见表 3 - 20）。此后静置 30 ~ 90 min，即可得到明显分离的两相。用移液器小心取出上层 PEG 相置于小烧杯中，分别测定在上、下相中延胡索酸酶的浓度（分别是_____mg/mL、_____mg/mL）、蛋白质的含量（分别是_____mg、_____mg）、上相和下相的体积（分别是_____mL、_____mL）以及两相的 pH（分别是_____、_____）。

表 3 - 20　提取延胡索酸酶用的双水相体系的各组成表

序号	组成	加入量/g	质量分数/%
1	第 1 次得到的 PEG 相	6.0	60
2	酸钾缓冲液（pH7.0）	0.7	7
3	NaCl	实验 1 组：0.035	0.35
		实验 2 组：0.050	0.50
		实验 3 组：0.065	0.65
4	去离子水	3.25	32.5
合计		10	100

（四）　凝胶过滤层析法对延胡索酸酶的进一步纯化

此步操作，各学校可根据实际情况进行。

上述双水相法得到样品液用凝胶过滤方法进行纯化，层析条件如下：

层析柱：内装 Sephadex G - 200（中度大小颗粒 150 ~ 300 μm），20 mm × 50 cm。

监测：紫外检测器，检测波长 280 nm。

流速：1% ~ 2% 柱体积/min。

收集：每管收集 2 mL。

流动相：0.05 mol/L 磷酸钾缓冲液（pH7.5），使用前需过 0.22 μm 滤膜过滤。需配制 1 L。

样品：双水相法得到样品液转入透析袋（5 K），平放在一定大小的培养皿中，上面覆盖一层 PEG20000 或 PEG40000，静置，直到透析袋体积缩小到一定体积，简单冲洗外面的 PEG，之后迅速取出样品液即得酶浓缩液。

层析操作如下：

（1）凝胶过滤介质的处理：取一定量（每 g 介质可溶胀到约 20 mL）分离介质煮沸 2 h 或室温浸泡 3 d；用漏斗过滤后，用 0.05 mol/L 磷酸钾缓冲液悬浮、装柱，然后低速冲洗（平衡），流动相体积为柱体积的 3~5 倍。

（2）普通的液相层析系统

层析装置示意图见图 1-5。

（3）进样：层析柱平衡后进样，进样体积为柱体积的 2%（实际柱体积_____mL，进样体积_____mL）。进样后，按 2 ml/管收集，合并不同的洗脱峰，保存好层析曲线。

（4）使用后的分离介质的保存：用洗脱液充分冲洗后，转移到试剂瓶中，用 30% 乙醇悬浮，冰箱保存。

（5）检测收集液的酶活性及蛋白含量。按 2 mL/管收集，收集第一个洗脱峰，检测收集液的酶活性及蛋白含量。

（五）延胡索酸酶活性测定

取 2 mL 0.05 mol/L 以 0.05 mol/L K_3PO_4 缓冲液（pH7.5）配制的 L-苹果酸溶液于试管中，30 ℃ 温育 10 min 后，加入 1 mL 酶液，在 250 nm 下测定光吸光率。根据标准曲线换算成 L-苹果酸浓度，计算酶活力。一个酶活力单位（U）定义为每分钟催化 1 μmol L-苹果酸为延胡索酸所需的酶量。比活性为每毫克蛋白质所包含的酶活力单位（U/mg）。

七、思考题

（1）本实验考察了多种因素对双水相萃取提取和分离延胡索酸酶效果的影响，如进行正交设计即 $L_9(3^4)$ 方式，那么优先考虑的 4 因素是什么？如何分析各因素的影响？请同时给出实验设计表。

（2）本实验采用凝胶过滤方法对延胡索酸酶进行了进一步的纯化，那么影响凝胶过滤效果的因素可能有哪些？请简要分析。

参考文献

[1] 王波，侯松涛，陈露露，等. 延胡索酸酶的结构和功能研究进展 [J]. 安徽农学通报，2009，15（14）：55-57.

[2] 郑腾，施巧琴，吴松刚. 温特曲霉延胡索酸酶的提纯及性质研究 [J]. 微生物通报，2002，29（1）：30-34.

[3] 陈芬，胡莉娟. 生物分离与纯化技术 [M]. 武汉：华中科技大学出版社，

2012：242.

[4] 施巧琴，吴松刚，郑腾，等．L-苹果酸产生菌 F-871 突变株合成延胡索酸酶的研究 [J]．菌物系统，2003，22（2）：283－288.

[5] 孙雁霞，罗倩，时羽杰，等．PEG 4000/（NH$_4$）$_2$SO$_4$ 双水相体系萃取欧李种仁蛋白研究 [J]．成都大学学报（自然科学版），2017，36（4）：338－341.

实验12　酵母表达的重组人血清白蛋白的纯化

组长：_____操作核查员：_____数据记录员：_____

人血清白蛋白是血清中最丰富的蛋白质，占血浆总蛋白的60%左右，其生物学功能主要包括维持血液正常渗透压，运输脂肪等营养物质，其本身亦是重要的营养蛋白，用于体弱病人的术后恢复。工业生产的人重组血清白蛋白（rHSA）在临床上用作血容量扩充剂，并补充蛋白质，用于治疗失血性休克、脑水肿、流产等引起的白蛋白缺乏、肾病等。

人血清白蛋白是由585个氨基酸组成的单链无糖基化的蛋白质，相对分子质量68 000，分子呈心形。单肽链内有大约17个二硫键，每个蛋白只有一个游离的-SH，pI为4.7~4.9。

由于白蛋白有重要的医用价值，因此研究人员已将人的白蛋白基因转入真核生物酵母（Pichia pastoris，毕赤酵母）细胞并高效表达。与大肠杆菌表达的蛋白多以包涵体形式存在的情况不同，表达的人重组血清白蛋白可以分泌到发酵液中，因此分离过程省去了细胞破碎的环节。目前已有可以处理1 t左右发酵液的纯化工艺。

人重组血清白蛋白的纯化涉及杂蛋白的高温变性沉淀、阳离子交换层析、阴离子交换层析和疏水相互作用层析。此处仅简要介绍疏水相互作用层析的基本原理：多数蛋白均呈球状或不规则的球状结构，在低盐浓度的缓冲液中，蛋白质表面的疏水微区的疏水性较弱，使得分子不与层析介质上的疏水基团发生作用，呈游离状态。在较高盐浓度条件下，蛋白质分子表面的水化层变薄，疏水作用增强，可以结合到层析介质上，实现富集，进而与其他疏水性弱的分子分开。

一、实验目的

（1）了解蛋白类生物成分提取的原理、实验设计和基本操作。
（2）掌握酵母表达的胞外人重组血清白蛋白的提取、纯化方法。

二、实验要求

（1）学生在老师的指导下查阅相关的文献，包括蛋白类成分提取的一般方法、纯化技术，rHSA的理化性质、提取和纯化技术、检测方法。
（2）独立完成一个实际样品中rHSA的提取、纯化过程；同时对本班级的研究结果进行整体分析，找出规律。

（3）通过完整实验过程，能灵活处理和解决实验中遇到的问题，优化实验方法，提高实验过程中分析和解决问题的综合能力。

（4）根据整理的实验结果，按照科技论文的格式撰写实验报告。

三、教学形式

教学以研究型、工程型方式进行。正常分组，但每组操作之间有一定区别；实验分若干个操作环节，连续进行；实验结果组间共享，在分析中一并讨论。

四、预习内容

（1）rHSA 的基本理化性质。

（2）常用沉淀蛋白的原理和方法。

（3）阴离子交换层析的基本原理和一般操作过程。

（4）SDS – PAGE 的基本原理和一般操作过程。

五、实验材料、器材与仪器

1. 实验材料（供一个实验班用）

毕赤酵母表达 rHSA 的发酵液，1 L。

2. 试剂与配制（供一个实验班用）

（1）磷酸氢二钠，500 g，1 瓶；

（2）磷酸二氢钠，500 g，1 瓶；

（3）氯化钠，500 g，1 瓶；

（4）乙酸，500 mL，1 瓶；

（5）乙酸钠，500 g，1 瓶；

（6）辛酸钠，250 g，1 瓶；

（7）半胱氨酸，100 g，1 瓶；

（8）盐酸氨基胍，100 g，1 瓶。

试剂配制：

（1）20 mmol/L 乙酸缓冲液（pH4.3）：先分别配制 0.2 mol/L 醋酸溶液和 0.2 mol/L 醋酸钠溶液，然后兑制出 0.2 mol/L 的乙酸缓冲液：取 0.2 mol/L 醋酸溶液 68 mL，然后加入约 32 mL 的 0.2 mol/L 醋酸钠溶液，调 pH4.3，之后稀释 10 倍。配制方法详见附录二。

0.2 mol/L 醋酸溶液的配制：量取 11.7 mL 冰醋酸（MW = 60.0），用蒸馏水稀释、定容至 1 L。

0.2 mol/L 醋酸钠溶液的配制：称取 27.22 g 醋酸钠·H_2O（MW = 136.1）溶解后定容至 1 L。

（2）0.2 mol/L 醋酸溶液的配制：同上。

（3）0.2 mol/L 磷酸氢二钠溶液的配制：称取 35.61 g Na_2HPO_4·H_2O（MW = 178.05）溶解后定容至 1 L。

（4）阳离子交换层析用洗脱液：0.1 mol/L 磷酸缓冲液（Ⅰ）（pH6.0）。详见附录二。

（5）疏水层析用洗脱液即磷酸缓冲液（Ⅱ）：0.15 mol/L NaCl（用 50 mmol/L 磷酸缓冲液配制，pH6.8）。磷酸缓冲液的配制详见附录二。

（6）阴离子交换层析平衡用液即磷酸缓冲液（Ⅲ）：50 mmol/L 磷酸盐，pH6.8）。磷酸缓冲液的配制详见附录二。

（7）阴离子交换层析用洗脱液（Ⅳ）：用磷酸缓冲液（Ⅲ）配制的 0.1 mol/L、0.15 mol/L、0.2 mol/L、0.3 mol/L、0.5 mol/L NaCl 浓度的系列溶液。

3. 实验用品

每组用品：

（1）50 mL 离心管，2 只；

（2）50 mL 离心管架，1 个；

（3）1 mL 取液器，1 只；

（4）1 mL 替补头，1 盒；

（5）250 mL 烧杯，2 个；

（6）20 cm 玻璃棒，1 个；

（7）记号笔，1 支；

（8）层析收集管或 5 mL 离心管，50 只；

（9）铁架台，1 个；

（10）50 ~ 100 mL 试剂瓶，3 个；

（11）层析柱（φ10 mm，柱高 200 mm），1 只；

（12）100 mL 量筒，1 个。

共用实验用品：

（1）称量用天平（量程 200 g）（含配套用的称量纸），2 台；

（2）离心管平衡用台秤，2~3 台（各含两个 50 mL 或 100 mL 烧杯，烧杯固定在托盘上）；

（3）1 000 mL 量筒，1 个；

（4）100 mL 量筒，2 个；

（5）5 mL 离心管，1 包；

（6）手套，2 包；

（7）蒸馏水，2 桶；

（8）1.5 mL 离心管，1 包；

（9）200 mL 烧杯，2~3 个；

（10）1 000 mL 烧杯，2~3 个；

（11）过滤瓶，2 套；

（12）ϕ2 cm 滤器（0.22 μm），1 包；

（13）500 mL 试剂瓶，5 个；

（14）阳离子交换介质 SP-Sephadex C50；

（15）阴离子交换介质 DEAE-Sepharose FF；

（16）疏水层析介质 Butyl Sepharose 4FF。

4. 实验仪器

（1）高速离心机，可离心 50 mL 离心管，2 台；

（2）pH 计若干台/精密 pH 试纸；

（3）制冰机或冰箱，1 台；

（4）紫外 – 可见分光光度计，若干台；

（5）水浴锅，2~4 台；

（6）层析装置（含蠕动泵、紫外检测器），若干台；

（7）蛋白电泳仪，若干台；

（8）水泵，若干台。

六、实验内容

（一）原料的预处理（蛋白酶的失活处理与酵母细胞的去除）

1. 酵母分泌的蛋白酶的高温失活处理

发酵结束后，取 100 mL 发酵液置于 200 mL 烧杯内，加入固体辛酸钠 0.166 g（终浓度 10 mmol/L）做保护剂，用 0.2 mol/L 乙酸调节 pH 至 6，置于 68 ℃水浴锅中加热 30 min，以使发酵过程中酵母分泌的蛋白酶失活，然后快速冷却至 15 ℃，发酵液稀释至 2 倍得到约 200 mL 稀释液，以降低离子强度，稀释后电导率小于 10 S/m。再用乙酸溶液调节 pH 值至 4.3。

2. 发酵液离心去除菌体

上述发酵液于 10 000 ~ 12 000 ×g 离心 20 ~ 25 min。离心后，迅速倒出上清液并保存，弃沉淀。

（二）阳离子交换层析法提取 rHSA

在 pH4.3 的条件下，rHSA 带正电荷，因此用阳离子交换层析介质可以富集溶液中包括 rHSA 在内的阳离子，不带正电荷或不带电荷的杂质直接穿过层析柱，借此实现了 rHSA 与杂质的初步分离。

1. 层析柱安装

取一干净的层析柱，垂直安装，向柱内加入 3~4 cm 高度的乙酸缓冲液，之后将悬浮好的阳离子交换介质 SP-Sephadex C50 倒入其中，打开层析柱的底部开关，以 3~6 滴/min 的速度沉降介质，沉降后的介质高度约为 16 cm，若高度不够，补加适量介质即可。

注：层析介质的界面要保持平整。

最后柱高：_____cm，柱体积：_____mL。

2. 柱平衡

取 2~4 倍柱体积的乙酸缓冲液以匀速方式冲洗层析介质，开启层析设备，观察基线变化情况，以基线平为理想状态。流速为 2%~4% 柱体积/min。

3. 进样

进样前，上述离心后得到的上清液需要用 0.22 μm 滤膜过滤以除去大的颗粒。控制样品液中的蛋白浓度在 1~10 mg/mL 范围内，将上述离心得到的上清液慢慢加入层析柱内，收集穿透液，备用。

实验 1 组：流速为 2% 柱体积/min。

实验 2 组：流速为 3% 柱体积/min。

实验 3 组：流速为 4% 柱体积/min。

4. 淋洗或冲洗

进样结束后，用 1~2 倍柱体积的乙酸缓冲液冲洗层析柱以除去残存在柱内、管道内的样品液、杂质等，冲洗至基线平为理想状态。流速为 2%~3% 柱体积/min。

5. 洗脱

用 3~5 倍柱体积的洗脱液 0.1 mol/L［用磷酸缓冲液（Ⅰ）配制］淋洗层析柱，收集洗脱峰（体积_____mL），妥存，以用于后续的进一步纯化。

实验 1 组：流速为 2% 柱体积/min。

实验 2 组：流速为 3% 柱体积/min。

实验 3 组：流速为 4% 柱体积/min。

6. 层析柱的再生

用 3~5 倍柱体积的洗脱液 0.5 mol/L NaCl［用磷酸缓冲液（Ⅰ）配制］淋洗层析柱，再用 3~5 倍柱体积的乙酸缓冲液平衡层析柱。之后即可循环使用。

（三）rHSA 粗溶液的二次热处理

向上述洗脱液（体积_____ mL）中加入固体辛酸钠、半胱氨酸和盐酸氨基胍，使其终浓度分别为 5 mmol/L、10 mmol/L、10 mmol/L，用 0.2 mol/L 磷酸氢二钠溶液调 pH 至 7.5，置于 60 ℃ 水浴锅中加热 60 min。冷至室温后于 10 000~12 000 × g 离心 20~25 min。离心后，迅速倒出上清液并保存，弃沉淀。

（四）疏水层析法分离 rHSA

1. 层析柱安装（操作同阳离子交换柱的安装）

取一干净的层析柱，垂直安装，向柱内加入 3~4 cm 高度的磷酸缓冲液（Ⅱ），之后将悬浮好的疏水层析介质 Butyl Sepharose 4FF 倒入其中，打开层析柱的底部开关，以 3~6 滴/min 的速度沉降介质，沉降后的介质高度约为 16 cm，若高度不够，补加适量介质即可。

最后柱高：_____ cm，柱体积：_____ mL。

2. 柱平衡

取 4~6 倍柱体积的磷酸缓冲液（Ⅱ）以匀速方式冲洗层析介质，开启层析设备，观察基线变化情况，以基线平为理想状态。流速为 2%~4% 柱体积/min。

3. 进样

将上述得到阳离子交换层析洗脱液加到层析柱上，在给定的实验条件下，大部分杂质被吸附，但 rHSA 不被吸附而直接穿透层析柱。流速为 1%~2% 柱体积/min。

穿透液用截留相对分子质量为 30 000 的超滤膜过滤、浓缩，再通过透析方法将 rHSA 粗溶液置换为 pH6.8 的 50 mmol/L 磷酸缓冲液（Ⅲ）。取出透析液，妥存。

（五）阴离子交换层析法分离 rHSA

1. 层析柱安装（操作同阳离子交换柱的安装）

取一干净的层析柱，垂直安装，向柱内加入 3~4 cm 高度的磷酸缓冲液（Ⅲ），之后将悬浮好的层析介质 DEAE-Sepharose FF 倒入其中，打开层析柱的底部开关，以 3~6 滴/min 的速度沉降介质，沉降后的介质高度约为 16 cm，若高度不够，补加适量介质即可。

最后柱高：_____cm，柱体积：_____mL。

2. 柱平衡

取 4~6 倍柱体积的磷酸缓冲液（Ⅲ）以匀速方式冲洗层析介质，开启层析设备，观察基线变化情况，以基线平为理想状态。流速为 2%~4% 柱体积/min。

3. 进样

将上述经过阳离子交换层析、二次热处理、疏水层析和透析置换处理所得到的 rHSA 溶液加到层析柱上，与此前的阳离子交换层析过程类似，rHSA 及其他带负电荷被交换到层析柱上，带正电荷和不带电荷的杂质不被吸附而直接穿透层析柱。收集好穿透液，备查。流速为 2%~3% 柱体积/min。

4. 淋洗或冲洗

进样结束后，用 1~2 倍柱体积的磷酸缓冲液（Ⅲ）冲洗层析柱以除去残存在柱内、管道内的样品液、杂质等，冲洗至基线平为理想状态。流速为 2%~3% 柱体积/min。

5. 洗脱

此洗脱操作分多种方式进行：0~0.3 mol/L NaCl 线性梯度洗脱方式，盐阶段梯度洗脱方式（依次用 0.1 mol/L、0.2 mol/L、0.3 mol/L NaCl 洗脱）。流速为 2%~3% 柱体积/min。

实验 5.1 组（线性梯度洗脱组）：用 4 倍柱体积的 0~0.3 mol/L NaCl 线性梯度洗脱。在梯度仪的两个容器杯中分别加入 2 倍柱体积的 0 mol/L NaCl 和两倍柱体积的 0.3 mol/L NaCl 溶液进行线性梯度洗脱。分别收集洗脱峰，每 2~3 mL 收集 1 管，然后将每个峰的半峰高及以上的收集管合并，检测目标蛋白所在峰位。

实验 5.2 组：进样、冲洗结束后，依次用 2~4 倍柱体积的 0.1 mol/L、0.2 mol/L、0.3 mol/L NaCl，收集洗脱峰（方法同上），检测是否为 rHSA。

得到上述洗脱液后，分别用截留相对分子质量为 30 000 的超滤膜超滤、浓缩，再通过透析方法将 rHSA 溶液对蒸馏水透析（MWCO15000），之后取出透析液，妥存。

6. 层析柱的再生

用 3~5 倍柱体积的洗脱液 0.5 mol/L NaCl［用磷酸缓冲液（Ⅲ）配制］淋洗层析柱，再用 3~5 倍柱体积的磷酸缓冲液（Ⅲ）平衡层析柱。之后即可循环使用。

（六）样品中蛋白含量的初步确定（紫外法）

详见实验 6。

1. 标准曲线的绘制

按表 3 – 21 向每只试管中加入各种试剂，摇匀。使用光程为 1 cm 的石英比色杯，在 280 nm 分别测定各管溶液的 A_{280} 值。以 A_{280} 值为纵坐标，蛋白质浓度为横坐标，绘制标准曲线（有时也称工作曲线），同时给出回归方程。

表 3 – 21　蛋白质含量测定用标准曲线制作表

试管号	1	2	3	4	5	6	7	8
标准蛋白质溶液/mL	0	0.5	1.0	1.5	2.0	2.5	3.0	4.0
蒸馏水/mL	4.0	3.5	3.0	2.5	2.0	1.5	1.0	0
蛋白质浓度/（mg·mL^{-1}）	0	0.125	0.250	0.375	0.500	0.625	0.750	1.00
A_{280}								

2. 样品中蛋白浓度的测定

取待测蛋白质浓度的溶液 1 mL，加入蒸馏水 3 mL，摇匀，按上述方法在波长 280 nm 处测定光吸收值，并从标准曲线上查出待测蛋白质的浓度，或根据回归方程计算出样品中蛋白质的浓度。

（七）样品中蛋白纯度的 SDS-PAGE 法检测

详见实验 4。

七、思考题

（1）本实验在阴离子交换层析时，进样后用线性梯度和阶段性梯度洗脱方式，请问两种洗脱方式之间是否有借鉴价值？

（2）本实验先采用阳离子交换层析方式后采用阴离子交换层析方式纯化了酵母胞外表达的 rHSA，假如两种层析方式调换顺序，可以吗？请分析。

（3）本实验在进行阳离子交换层析时，采用的洗脱液是 0.1 mol/L 磷酸缓冲液（Ⅰ），为什么？还有其他的洗脱方式吗？

参考文献

[1] 苑隆国. 重组人血清白蛋白的纯化工艺研究 [D]. 沈阳：沈阳药科大学，2001.

［2］刘彦丽. 巴斯德毕赤酵母发酵生产重组人血清白蛋白的研究［D］. 北京：北京化工大学，2003.

［3］陈光明，周长林，魏元刚，等. 发酵液中重组人血清白蛋白的纯化［J］. 药物生物技术，2003，10（1）：25－28.

［4］李辰雨. 毕赤氏酵母发酵液中重组人血清白蛋白分离纯化工艺的初步研究［D］. 烟台：烟台大学，2016.

实验 13　植物种子内疏水蛋白的提取与纯化

组长：_____操作核查员：_____数据记录员：_____

玉米醇溶蛋白（zein）是玉米黄粉中的主要储藏蛋白，约占玉米黄粉蛋白含量的 68%。玉米醇溶蛋白因缺乏赖氨酸、色氨酸等人体必需氨基酸而降低了其营养价值，因不溶于水也限制了其在食品中的应用。玉米醇溶蛋白具有独特的溶解特性，如不溶于水、可溶于高 pH 的醇溶液，且在低浓度的盐溶液中就会沉淀。玉米醇溶蛋白有两个主要的种类即 α-型和 β-型，其中 α-玉米醇溶蛋白易溶于 95% 的乙醇溶液，占醇溶蛋白的 80%；其余的 β-玉米醇溶蛋白能溶于 60% 的乙醇溶液，但不溶于 95% 的高浓度乙醇，占醇溶蛋白的 20% 左右。

玉米醇溶蛋白具有独特的氨基酸组成，其分子中不仅存在大量的疏水性氨基酸，而且还缺乏带电的酸性、碱性及极性氨基酸，这就是玉米醇溶蛋白独特的溶解性及在低浓度盐液中有沉淀析出的原因所在。玉米醇溶蛋白呈棒状，分子轴比为 25∶1 至 15∶1，分子间能形成紧密的疏水键、氢键以及二硫键。

因玉米醇溶蛋白具有独特的溶解特性、耐热性、成膜性和抗氧化性，目前多用于防潮、隔氧、抗紫外线、保鲜、防静电等，还有一定的抑菌作用，是理想的天然营养保鲜剂。因此，玉米醇溶蛋白在医药、食品工业中是极具开发潜力的包装材料和药物辅料。目前，玉米醇溶蛋白的提取方法较多，但多以湿法生产玉米淀粉的副产物——玉米蛋白粉（玉米黄粉）为原料。

我国每年随废液排走的玉米蛋白质高达 8 万多吨，既浪费了宝贵的粮食资源，又对环境造成污染，因此，提高对玉米黄粉利用率有着重要经济意义。

本实验提供一种恒定实验条件的常规实验教学方法，同时也提供了一种正交实验设计思路以摸索实验条件（乙醇浓度、pH 值、超声时间、提取温度）用于研究型教学，各学校可以根据情况采用或修改以使用各自的条件。

一、实验目的

（1）了解疏水性蛋白类提取的原理、实验设计和基本操作。
（2）掌握从玉米黄粉中提取、纯化玉米醇溶蛋白的方法。

二、实验要求

（1）学生在老师的指导下查阅相关的文献，包括蛋白类成分提取的一般方法、纯化技术，玉米醇溶蛋白的理化性质、提取和纯化技术、检测方法。

（2）独立完成一个实际样品中玉米醇溶蛋白的提取、纯化过程；同时对本班级的研究结果进行整体分析，找出规律。

（3）通过完整实验过程，能灵活处理和解决实验中遇到的问题，优化实验方法，提高实验过程中分析和解决问题的综合能力。

（4）根据整理的实验结果，按照科技论文的格式撰写实验报告。

三、教学形式

教学以研究型、工程型方式进行。正常分组，但每组操作之间有一定区别；实验分若干个操作环节，连续进行；实验结果组间共享，在分析中一并讨论。

四、预习内容

（1）玉米黄粉的来源、玉米醇溶蛋白的基本理化性质。
（2）常用沉淀蛋白的原理和方法。

五、实验材料、器材与仪器

1. 实验材料（供一个实验班用）

市售玉米黄粉或联系玉米淀粉生产厂家，500 g。

标准蛋白溶液：经过凯氏定氮法校正的标准蛋白质，配制成 1 mg/mL 的溶液。

2. 试剂与配制（供一个实验班用）

（1）氢氧化钠，500 g，1 瓶；

（2）氯化钠，500 g，1 瓶；

（3）无水乙醇，500 mL，8 瓶。

试剂配制：

（1）0.5 mol/L NaOH：称取 20 g NaOH 溶至 1 000 mL 去离子水中。

（2）70% 乙醇提取液（pH12）的配制：取 70 mL 无水乙醇置于 200 mL 烧杯内，加入约 20 mL 蒸馏水，然后滴加 0.5 mol/L NaOH 溶液至 pH12，用量筒定容至 100 mL。

其他不同浓度、不同 pH 提取液制备方法参照上述方法即可。

（3）20%（W/V）NaCl 的配制：称量 20 g NaCl，溶解、定容至 100 mL 即可。此定容操作可以用量筒操作。

3. 实验用品

每组用品：

（1）50 mL 离心管，2 只；

（2）50 mL 离心管架，1 个；

（3）1 mL 取液器，1 只；

（4）1 mL 替补头，1 盒；

（5）200~250 mL 三角瓶，1 个；

（6）20 cm 玻璃棒，1 个；

（7）记号笔，1 支；

（8）200~250 mL 烧杯，1 个；

（9）50~100 mL 试剂瓶，2 个；

（10）100 mL 量筒，1 个。

共用实验用品：

（1）称量用天平（量程200 g）（含配套用的称量纸），2 台；

（2）离心管平衡用台秤，2~3 台（各含两个50 mL 或100 mL 烧杯，烧杯固定在托盘上）；

（3）1 000 mL 量筒，1 个；

（4）100 mL 量筒，2 个；

（5）5 mL 离心管，1 包；

（6）手套，2 包；

（7）蒸馏水，2 桶；

（8）200 mL 烧杯，1~2 个；

（9）1 000 mL 烧杯，1~2 个；

（10）1 000 mL 试剂瓶，3 个。

4. 实验仪器

（1）离心机，配50 mL×6 离心管，2 台；

（2）pH 计若干台/精密 pH 试纸；

（3）制冰机或冰箱，1 台；

（4）紫外 – 可见分光光度计，若干台；

（5）水浴锅，若干台。

六、实验内容

本实验操作分为两种，第 1 种是常规实验操作，各实验组采用统一、恒定实验条件进行；第 2 种是采用正交设计的方法进行，各实验组条件有区别。各校可根据情况自行确定采用何种方式。

（一）恒定条件下从玉米黄粉中提取醇溶蛋白

1. 玉米醇溶蛋白的提取

称取 10 g 玉米黄粉置于 200 mL 三角瓶中，按料液比 1∶8 的比例加入 70% 乙醇提取液（pH12），用封口膜封口，浸泡 20 min 后，置于超声波清洗器中，开启超声波，温度稳定在 50 ℃左右（49～51 ℃），处理 70 min。

注：超声过程是一加热过程，温度升高速度与超声波的功率、槽内水的多少、环境温度等都有一定关系。由于目前的超声波清洗器不具有温度恒定功能，因此需要通过流动水来降温，为此，正式实验前，需要在特定水深、预置 50 ℃ 并摆放一定三角瓶的条件下进行预实验，调节超声波清洗出口和自来水的水流量，以维持温度在设定的范围内。另外一个降温方法是冰块降温：观察槽内水温变化情况，适量添加冰块以维持温度的相对稳定。

2. 玉米醇溶蛋白的初步纯化——方法 1

本设计提供两种纯化方法，各学校可以根据情况选用任何一种方法。

（1）超声波提取结束后，冷至室温后将料液转入 50 mL 离心管，于 10 000～12 000×g，离心 20～25 min。离心后，迅速倒出上清液（体积_____mL）并留存 2 mL，沉淀回收备用。

（2）量取上述上清液_____mL 于烧杯内，在搅拌条件下加水至乙醇体积分数为 40%（比例约为由 100 mL 稀释至 175 mL），并用 0.5 mol/L NaOH 调节 pH 至 12，然后将料液转入 50 mL 离心管，于 10 000～12 000×g，离心 20～25 min。离心后，迅速倒出上清液，回收并留存 2 mL，保存沉淀（即玉米醇溶蛋白）。

（3）向上述沉淀中加入 3～5 mL 蒸馏水、充分悬浮，于 10 000～12 000×g，离心 20～25 min。离心后，迅速倒出上清液。此操作可以再重复一次。所得沉淀即为纯化的玉米醇溶蛋白。

（4）玉米醇溶蛋白的保存。将上述沉淀置于 40～60 ℃ 干燥箱干燥或真空干燥、保存。

3. 玉米醇溶蛋白的初步纯化——方法 2

（1）超声波提取结束后，冷至室温后将料液转入 50 mL 离心管，于 10 000～12 000×g，离心 20～25 min。离心后，迅速倒出上清液（体积_____mL）并留存 2 mL，沉淀回收备用。

（2）量取上述上清液_____mL 于烧杯内，在搅拌条件下滴加 20%（W/V）NaCl 溶液，此处分组进行，或每个实验组做 4 个不同的加入量。

实验 1 组：按 100 mL 提取液滴加 0.2 mL 进行，NaCl 终浓度至 0.4%（W/V）；

实验 2 组：按 100 mL 提取液滴加 0.35 mL 进行，NaCl 终浓度至 0.7%（W/V）；

实验 3 组：按 100 mL 提取液滴加 0.5 mL 进行，NaCl 终浓度至 1.0%（W/V）；

实验 4 组：按 100 mL 提取液滴加 0.75 mL 进行，NaCl 终浓度至 1.5%（W/V）；

滴加浓盐水结束后，将料液转入 50 mL 离心管，于 $10\ 000 \sim 12\ 000 \times g$，离心 $20 \sim 25$ min。离心后，迅速倒出上清液，回收并留存 2 mL，保存沉淀（即玉米醇溶蛋白）。

（3）向上述沉淀中加入 $3 \sim 5$ mL 蒸馏水、充分悬浮，于 $10\ 000 \sim 12\ 000 \times g$，离心 $20 \sim 25$ min。离心后，迅速倒出上清液。此操作可以再重复一次。所得沉淀即为纯化的玉米醇溶蛋白。

（4）玉米醇溶蛋白的保存。将上述沉淀置于 $40 \sim 60$ ℃干燥箱干燥或真空干燥、保存。

（二）从玉米黄粉中提取醇溶蛋白的条件优化

本实验设计采用 $L_9(3^4)$ 方式即 4 因素 3 水平进行，主要考察乙醇浓度、pH 值、超声处理时间、提取温度等 4 因素对玉米醇溶蛋白提取的影响，以确认何种因素对提取效果的影响最大。实际上，在进行正交设计时，4 因素也可以设定为料液比、乙醇浓度、超声处理时间、提取次数。当然，也可采用其他的组合方式进行。

1. 玉米醇溶蛋白的提取

本实验考察的实验因素及水平如下（表 3 – 22 和表 3 – 23）。

表 3 – 22　实验因素及水平

水平	提取温度/℃	乙醇浓度/%	提取液 pH	超声波处理时间/min
1	50	65	11	50
2	60	70	12	60
3	70	75	13	70

表 3 – 23　正交设计实验表（$L_9(3^4)$）

实验	提取温度/℃	乙醇浓度/%	提取液 pH	超声波处理时间/min	蛋白提取量
1	50	65	11	50	
2	50	70	12	60	
3	50	75	13	70	
4	60	65	12	70	

实验	提取温度/℃	乙醇浓度/%	提取液 pH	超声波处理时间/min	蛋白提取量
5	60	70	13	50	
6	60	75	12	60	
7	70	65	13	60	
8	70	70	11	70	
9	70	75	12	50	

根据表 3 - 23 的正交设计，9 个实验组每组条件各不相同。如实验 1 组的条件是：提取温度 50 ℃、所用的乙醇浓度为 65%、提取液 pH 为 11、超声波处理 50 min；实验 6 组的条件是：提取温度 60 ℃、所用的乙醇浓度为 75%、提取液 pH 为 12、超声波处理 60 min。

具体操作时：称取 10 g 玉米黄粉置于 200 mL 三角瓶中，按料液比 1∶8 的比例加入对应的提取液，用封口膜封口，浸泡 20 min 后，置于超声波清洗器中，开启超声波进行提取。

2. 玉米醇溶蛋白的初步纯化——方法 1 ［操作同（一）部分的内容］

本设计提供两种纯化方法，各学校可以根据情况选用任何一种方法。

（1）超声波提取结束后，冷至室温后将料液转入 50 mL 离心管，于 10 000 ～ 12 000 × g，离心 20 ～ 25 min。离心后，迅速倒出上清液（体积_____mL）并留存 2 mL，沉淀回收备用。

（2）量取上述上清液_____mL 于烧杯内，在搅拌条件下加水至乙醇体积分数为 40%（比例约为由 100 mL 稀释至 175 mL），并用 0.5 mol/L NaOH 调节 pH 至 12，然后将料液转入 50 mL 离心管，于 10 000 ～ 12 000 × g，离心 20 ～ 25 min。离心后，迅速倒出上清液，回收并留存 2 mL，保存沉淀（即玉米醇溶蛋白）。

（3）向上述沉淀中加入 3 ～ 5 mL 蒸馏水、充分悬浮，于 10 000 ～ 12 000 × g，离心 20 ～ 25 min。离心后，迅速倒出上清液。此操作可以再重复一次。所得沉淀即为纯化的玉米醇溶蛋白。

（4）玉米醇溶蛋白的保存。将上述沉淀置于 40 ～ 60 ℃ 干燥箱干燥或真空干燥、保存。

3. 玉米醇溶蛋白的初步纯化——方法 2 ［操作同（一）部分的内容］

（1）超声波提取结束后，冷至室温后将料液转入 50 mL 离心管，于 10 000 ～

12 000 × g，离心 20 ~ 25 min。离心后，迅速倒出上清液（体积＿＿＿＿mL）并留存 2 mL，沉淀回收备用。

（2）量取上述上清液＿＿＿＿mL 于烧杯内，在搅拌条件下滴加 20%（W/V）NaCl 溶液，此处分组进行，或每个实验组做 4 个不同的加入量。

实验 1 组：按 100 mL 提取液滴加 0.2 mL 进行，NaCl 终浓度至 0.4%（W/V）；

实验 2 组：按 100 mL 提取液滴加 0.35 mL 进行，NaCl 终浓度至 0.7%（W/V）；

实验 3 组：按 100 mL 提取液滴加 0.5 mL 进行，NaCl 终浓度至 1.0%（W/V）；

实验 4 组：按 100 mL 提取液滴加 0.75 mL 进行，NaCl 终浓度至 1.5%（W/V）；

滴加浓盐水结束后，将料液转入 50 mL 离心管，于 10 000 ~ 12 000 × g，离心 20 ~ 25 min。离心后，迅速倒出上清液，回收并留存 2 mL，保存沉淀（即玉米醇溶蛋白）。

（3）向上述沉淀中加入 3 ~ 5 mL 蒸馏水、充分悬浮，于 10 000 ~ 12 000 × g，离心 20 ~ 25 min。离心后，迅速倒出上清液。此操作可以再重复一次。所得沉淀即为纯化的玉米醇溶蛋白。

（4）玉米醇溶蛋白的保存。将上述沉淀置于 40 ~ 60 ℃ 干燥箱干燥或真空干燥、保存。

（三）样品中蛋白含量的初步确定（紫外法）

参见实验 6。

1. 标准曲线的绘制

按表 3 - 23 向每只试管中加入各种试剂，摇匀。使用光程为 1 cm 的石英比色杯，在 280 nm 分别测定各管溶液的 A_{280} 值。以 A_{280} 值为纵坐标，蛋白质浓度为横坐标，绘制标准曲线（有时也称工作曲线），同时给出回归方程。

2. 样品中蛋白浓度的测定

称取所制备的玉米醇溶蛋白 50 mg，用 70% 乙醇溶解并定容至 50 mL，以 70% 乙醇为空白对照，在波长 280 nm 处测定光吸收值，并从标准曲线上查出待测蛋白质的浓度，或根据回归方程计算出样品中蛋白质的浓度。

七、思考题

（1）本实验中，在对醇提液中的玉米醇溶蛋白进行纯化时，提供了一种盐析法即加入少量的 NaCl，请解释其中的原理。

（2）请问，若进一步对制得的玉米醇溶蛋白进行纯化（包括去除色素等），采用何种方法或技术？其原理是什么？

参考文献

[1] 李梦琴，李运罡，宋晓燕. 玉米醇溶蛋白提取工艺的研究 [J]. 食品工业科技，2008，29（12）：135 – 137.

[2] 刘雪雁，殷丽君，杨婀娜，等. 玉米醇溶蛋白新型提取工艺的研究 [J]. 中国粮油学报，1996，11（2）：23 – 27.

[3] 赵春玲，刘柳，陈英，等. 玉米蛋白粉中醇溶蛋白的提取工艺研究 [J]. 广东化工，2015，42（21）：13 – 14.

[4] 胡学烟，孙冀平. 玉米蛋白粉开发与利用 [J]. 粮食与油脂，2007（11）：32 – 33.

[5] 李建武，肖能庆，余瑞元，等. 生物化学实验原理和方法 [M]. 北京：北京大学出版社，1994：171.

第4章
疫苗及抗体制备

实验 14　重组 CHO 乙肝疫苗的提取与纯化

组长：＿＿＿＿＿＿＿操作核查员：＿＿＿＿＿＿＿数据记录员：＿＿＿＿＿＿＿

　　乙型肝炎病毒（hepatitis B virus，HBV）是导致人体罹患乙型肝炎的病原体，其表面由直径 22 nm 的球状或棒状外壳蛋白即乙肝表面抗原（hepatitis B surface antigen，HBsAg）所构成，HBsAg 本身是没有传染性的，但是 HBsAg 的出现通常伴随着乙肝病毒的存在，是已经感染了乙肝病毒的一种标志物。

　　乙肝疫苗（hepatitis B vaccine）是提纯的乙肝表面抗原，注射到人体后可刺激免疫系统产生保护性抗体，因此乙肝疫苗是用于预防乙肝的特殊药物。目前，科研人员已可将编码 HBsAg 的基因通过分子生物学技术导入哺乳动物细胞 CHO（Chinese hamsters ovary，中国仓鼠卵巢）细胞、酵母细胞进行体外表达，亦可将编码 HBsAg 的基因拼接入天坛株痘苗病毒基因组中非必需区的 TK 基因，并借助宿主细胞鸡胚成纤维细胞进行表达，产物属分泌型，纯化后的 HBsAg 常吸附于佐剂 Al(OH)$_3$ 上。重组型 HBsAg 由两条多肽链构成，分子量分别为 23 kD 和 27 kD，其 pI 约 8.7，呈现较强的疏水性；在体外常以多聚体形式存在，单体之间依靠弱相互作用力聚集在一起，外界条件的变化常常影响到多聚体的稳定性，进而影响到其生物活性，多聚体的分子量高达 2 000 kD 以上。本实验将以重组 CHO 细胞乙型肝炎疫苗（recombinant hepatitis B vaccine）的提取为例进行实验设计并实践。

　　本实验根据 HBsAg 的理化性质，利用其疏水性较强的特点采用低盐浓度盐析富集、疏水层析法纯化；利用其 pI8.7 的特点，采用阴离子交换层析法除去样品中的大量 pI 低于 7.5 的蛋白；利用其高分子量特点，采用凝胶过滤层析法，以除去样品中的低分子量杂质，进而获得高纯度的 rHBsAg。

一、实验目的

（1）了解重组蛋白类疫苗提取的原理、实验设计和基本操作。

（2）掌握重组（CHO 细胞）乙肝肝炎疫苗的提取、纯化方法。

二、实验要求

（1）学生在老师的指导下查阅相关的文献，包括生物活性成分的一般提取方法、纯化技术，重组（CHO 细胞）乙肝肝炎疫苗的理化性质、提取和纯化技术、检测方法。

（2）独立完成一个实际样品中重组（CHO 细胞）乙肝肝炎疫苗的提取、纯化过程；同时对本班级的研究结果进行整体分析，找出规律。

（3）通过完整实验过程，能灵活处理和解决实验中遇到的问题，优化实验方法，提高实验过程中分析和解决问题的综合能力。

（4）根据整理的实验结果，按照科技论文的格式撰写实验报告。

三、教学形式

教学以研究型、工程型方式进行。正常分组，但每组操作之间有一定区别；实验分若干个操作环节，连续进行；实验结果组间共享，在分析中一并讨论。

四、预习内容

（1）重组（CHO 细胞）乙肝肝炎疫苗的基本理化性质。

（2）样品提取液中目标成分的富集方法有哪些？纯化 HBsAg 的机制有哪些？

五、实验材料、器材与仪器

1. 实验材料（供一个实验班用）

重组 CHO 细胞 C_{28} 株的培养液。该培养液可由其他专业实验室提供或由相关企业提供。实验材料中的重组型 HBsAg 浓度一般高于 $1.0~mg/L$。

凝胶过滤层析介质 Sepharose 4B、疏水层析介质 Butyl – S – Sepharose FF、阴离子交换层析介质 DEAE – Sepharose FF、凝胶过滤层析介质 Sepharose 4FF、HBsAg 检测试剂盒，使用前按产品说明进行处理。

2. 试剂与配制（供一个实验班用）

（1）硫酸铵，500 g，1 瓶；

（2）氯化钠，500 g，1 瓶；

（3）EDTA，100 g，1 瓶；

（4）KBr，500 g，1 瓶；

（5）PEG20000，500 g，1 瓶；

（6）磷酸二氢钠，500 g，1 瓶；

（7）磷酸氢二钠，500 g，1 瓶；

（8）异丙醇，500 mL，1 瓶。

试剂配制：

（1）50% 饱和度硫酸铵：称取 291 g 硫酸铵用蒸馏水溶解并定容至 1 000 mL（参考附录三）。

（2）1 mol/L NaCl（含 0.004% EDTA）：称取 58.5 g NaCl、0.04 g EDTA 用蒸馏水溶解并定容至 1 000 mL。

（3）1.32 g/mL KBr：称取一定量的 KBr 加入上述 1 mol/L NaCl 中，调至溶液比重为 1.32 g/mL（用比重计进行调制）。

（4）凝胶过滤用平衡液或洗脱液即 0.15 mol/L NaCl 溶液：称取 5.775 g NaCl，用蒸馏水溶解并定容至 1 L，然后用 0.22 μm 滤膜过滤。

（5）疏水层析用冲洗液即 20 mmol/L 磷酸盐缓冲液（pH7.0）配制的 0.6 mol/L 硫酸铵溶液，磷酸盐缓冲液的配制方法见附录二。

（6）疏水层析用洗脱液即 10 mmol/L 磷酸盐缓冲液（pH7.0），磷酸盐缓冲液配制方法见附录二。

（7）疏水层析用清洗液即 30% 异丙醇溶液，用 10 mmol/L 磷酸盐缓冲液（pH7.0）配制，磷酸盐缓冲液的配制方法见附录二。

（8）阴离子交换层析用平衡液即 10 mmol/L 磷酸盐缓冲液（pH7.5），磷酸盐缓冲液的配制方法见附录二。

3. 实验用品

每组用品：

（1）50 mL 离心管，2 只；

（2）50 mL 离心管架，1 个；

（3）滴管或 1 mL 取液器，1 只；

（4）1 mL 枪头盒，1 个；

（5）50 mL 或 100 mL 烧杯，1 个；

（6）200 mL 或 250 mL 烧杯，1 个；

（7）10~20 cm 玻璃棒，1 个；

（8）凝胶过滤层析用层析柱（带转换接头）：直径 1 cm，高 100 cm，1 套；

（9）疏水层析用层析柱（带转换接头）：直径 1 cm，高 30 cm，1 套；

（10）阴离子交换层析用层析柱（带转换接头）：内径 1 cm，高 20 cm，1 套。

共用实验用品：

（1）称量用天平（量程 200 g）（含配套用的称量纸），2 台。

（2）离心管平衡用台秤，2~3 台（各含两个 50 mL 或 100 mL 烧杯，烧杯临时固定在托盘上）。

（3）透析袋（MWCO 2K），直径 2 cm，1 卷；透析袋夹，若干。

（4）1.5 mL 或 2.0 mL 离心管，1 包。

（5）100 mL 量筒，2 个。

（6）HBsAg 检测试剂盒，1 套。

（7）凝胶过滤层析介质 Sepharose 4B，1 瓶（200 mL）。

（8）疏水层析介质 Butyl-S-Sepharose FF，1 瓶（200 mL）。

（9）阴离子交换层析介质 DEAE-Sepharose FF，1 瓶（200 mL）。

（10）凝胶过滤层析介质 Sepharose 4FF，1 瓶（200 mL）。

（11）过滤瓶 1 套（1 000 mL）及配套的 0.22 μm 滤膜。

（12）一次性滤器（0.22 μm 滤膜过滤），1 包（30~50 个）。

（13）蒸馏水，1 桶。

4. 实验仪器

（1）高速离心机，可离心 50 mL 离心管，1 台；

（2）制冰机/冰箱，1 台；

（3）普通磁力搅拌器，1 台（含搅拌子）；

（4）层析设备，3~6 台/套；

（5）电导率仪，2 台；

（6）比重计，2~3 台。

六、实验内容

本实验提供两种技术路线对 HBsAg 进行纯化，一是沉淀 - 超速离心 - 凝胶过滤方法，二是三步层析法。

（一）HBsAg 活性检测及含量测定

HBsAg 活性通过 HBsAg 检测试剂盒进行检测，按照试剂盒规定的操作步骤进行，根据纯品 HBsAg 的标准曲线求得待测样品中的 HBsAg 含量。

（二）沉淀 - 超速离心 - 凝胶过滤方法

本方法是先进行盐析即富集或浓缩，再用两次 KBr 等密度区带超速离心操作进行二次初步纯化，最后用凝胶过滤层析进行精制。

1. 样品的预处理

得到细胞培养液后，用 10 000 × g（或更高的转速）离心 20 min 以除去存在于培养液中少量细胞及细胞碎片，然后用 0.22 μm 滤膜过滤，保存好滤液，备用。

2. 盐析操作

量取预冷（4 ℃）的上述培养液 10 ~ 50 mL 于 50 mL 或 100 mL 烧杯中，冰浴条件下缓慢加入预冷的 50% 饱和度（NH$_4$）$_2$SO$_4$ 以沉淀 HBsAg，低温下静置 1 ~ 4 h 以便充分盐析，之后将盐析溶液转入 50 mL 离心管，于 3 000 ~ 5 000 r/min 离心 15 ~ 20 min。离心结束后，小心倒出上清液（留存约 1 mL 以备检测），沉淀部分用 50% 饱和度（NH$_4$）$_2$SO$_4$ 再次悬浮，5 000 r/min 离心 20 min，彻底倒掉上清液，保存好沉淀备用。

注：在盐析操作时，为减少操作样品的体积，亦可用 100% 饱和度（NH$_4$）$_2$SO$_4$；此盐析过程要适度搅拌。

3. KBr 等密度区带超速离心

用比重为 1.32 g/mL 的 KBr 溶液充分溶解上述沉淀，然后分装到超速离心专用的离心管中，30 000 × g（或更高的转速）离心 2 ~ 3 h，离心结束后，根据离心管中折光度的差异，用针管小心吸出对应的区带并检测以确定目标区带。

HBsAg 的二次超速离心纯化：用上述 KBr 溶液再次对吸取的 HBsAg 区带样品稀释 3 ~ 5 倍，然后于相同条件下超速离心。小心吸取 HBsAg 区带部分，备用。

透析除 KBr 及浓缩样品液：将上述样品装入透析袋，透析袋放入装有约 200 mL 0.1 mol/L 溶液的烧杯中透析，换外液 2 次；透析结束后，将透析袋平放于培养皿或烧杯中，在其表面及周围覆盖 PEG20000 粉末以浓缩样品，之后取出样品液，用 0.22 μm 滤膜过滤，滤液备用。

4. 凝胶过滤法精制 HBsAg

1）层析介质的预处理

取一定体积的已溶胀的层析介质，用约 2 倍体积的平衡液悬浮，静置使介质沉降，然后倾去上层溶液，再用约 1 倍体积的平衡液悬浮，以备装柱。

2）层析柱的安装

取一个内径 1 cm、高约 100 cm 的层析柱（带转换接头），清洗干净后（亦包括清洗所用的管线），下端封闭，加入约 20 cm 高的平衡液；用平衡液悬浮凝胶过滤层析介质 Sepharose 4B，然后倒入垂直的层析柱中，静置一段时间后，可见介质的沉积界面逐渐呈现并缓慢下移，此时，打开层析柱下端的管路出口，让液体缓慢流出，同时在层析柱顶部用滴管慢慢加入上述凝胶介质悬液，使介质高度控制在 90 cm 左右（待以后的平衡操作后，可降至 80~85 cm）。此时关闭下端出口，在层析柱上端插入转换接头（距介质界面 2~3 cm）；连接好管路（注意：管道中不能有气泡，尤其是不能让气泡进入层析介质内）；然后开启检测系统、动力系统，检测波长为 UV 280 nm，以 1%~2% 柱体积/min 的流速泵入平衡液，观察介质界面的沉降情况。平衡 3~4 个柱体积后，介质沉降均匀，高度基本不变，基线走平，此时下降转换接头的底部到介质界面，以备进样。

3）进样

在进样阀中注入一定体积的经过两次超速离心后得到的样品液（或用专用通道将一定体积的样品注入层析柱内）。

4）洗脱

根据层析系统的操作指南，按同样流速洗脱。根据实时出峰情况进行分部收集，合并独立的洗脱峰。根据目标成分的检测情况决定对收集样品的保留与否。

沉淀-超速离心-凝胶过滤结果汇总见表 4-1。

表 4-1　沉淀-超速离心-凝胶过滤结果汇总

序号	操作	样品体积/mL	HBsAg 浓度/($\mu g \cdot mL^{-1}$)	HBsAg 总量/μg	HBsAg 回收率/%
1	细胞培养液预处理				
2	盐析操作				
3	KBr 等密度区带超速离心				
4	凝胶过滤法精制				
5	总收率				

（三）三步层析法

预处理后的细胞培养液经过疏水层析、阴离子交换层析和凝胶过滤操作，以制备高纯度的 HBsAg。

1. 样品的预处理

得到细胞培养液后，用 10 000 ×g（或更高的转速）离心 20 min 以除去存在于培养液中少量细胞及细胞碎片；取出上清液，缓慢加入硫酸铵至约 0.6 mol/L，并用电导率仪调至与层析用平衡液的电导率相一致；然后用 0.22 μm 滤膜过滤，保存好滤液，备用。

2. 疏水相互作用层析富集 HBsAg

1）层析介质 Butyl – S – Sepharose FF 的预处理

用约2倍体积的层析用平衡液（0.6 mol/L 硫酸铵，20 mmol/L 磷酸盐缓冲液，pH7.0）悬浮介质，自然沉降后，倾出上层清液，再用约等体积的平衡液悬浮，以备装柱。

2）层析柱的安装及平衡

取直径1 cm、高30 cm 的层析柱（带有转换接头），清洗层析柱及配套的管道后，垂直安装到支架上，关闭底部出口，在柱子底部装入3~5 cm 高的层析用平衡液，然后加入上述悬浮好的层析介质，静置一段时间后，可见介质的沉积界面逐渐呈现并缓慢下移，此时，打开层析柱下端的管路出口，让液体缓慢流出，同时在层析柱顶部用滴管慢慢加入上述凝胶介质悬液，使介质高度控制在27 cm 左右（待以后的平衡操作后，可降至20~25 cm）。此时关闭下端出口，在层析柱上端插入转换接头（距介质界面2~3 cm）；连接好管路（注意：管道中不能有气泡，尤其是不能让气泡进入层析介质内）；然后开启检测系统、动力系统，检测波长为 UV 280 nm，以4%柱体积/min 的流速泵入平衡液，观察介质界面的沉降情况。平衡3~4个柱体积后，介质沉降均匀，高度基本不变，基线走平，此时下降转换接头的底部到介质界面，以备进样。

3）进样

在进样阀中注入一定体积的经过上一步处理得到的滤液（或用专用通道将一定体积的样品注入层析柱内）。

注：此时所用样品体积的量可以是介质饱和吸附量的10%左右。为进行实验组间的比较，进样量可以是饱和吸附量的50%甚至更高，以便充分利用介质以达到初步纯化的目的。

4）冲洗

根据层析系统的操作指南，用疏水层析用冲洗液按同样流速冲洗层析柱，以去掉管道、层析柱内未结合到层析介质上的非目标成分，直至基线平，保存层析曲线。

注：记录层析曲线中的进样时间、冲洗时间以及后续的洗脱时间等关键节点。

5）洗脱

根据层析系统的操作指南，用疏水层析用洗脱液按同样流速冲洗层析柱即洗脱。待基线平稳时，洗脱结束。根据实时出峰情况进行分部收集，合并独立的洗脱峰。根据目标成分的检测情况决定对收集样品的保留与否。

6）层析柱的再生

根据层析系统的操作指南，用疏水层析用清洗液即30%异丙醇溶液按同样流速冲洗，冲洗1~2个柱体积。观察是否有新的杂质峰出现，保存好层析曲线。然后换用平衡液再次冲洗2~3个柱体积，即将层析柱恢复到初始状态，以备下次进样时使用。

3. 阴离子交换层析纯化 HBsAg

1）层析介质 DEAE – Sepharose FF 的预处理

用约2倍体积的阴离子交换层析用平衡液（10 mmol/L 磷酸盐缓冲液，pH7.5）悬浮介质，自然沉降后，倾出上层清液，再用约等体积的平衡液悬浮，以备装柱。

2）所需样品的准备

上述从疏水层析获得的样品（pH7.0）不能直接用于阴离子交换层析，需要用透析方法将其 pH 进行替换。具体操作是：将样品转入透析袋，放入10 mmol/L 磷酸盐缓冲液（pH7.5）透析3~5 h，换液1次。

3）层析柱的安装及平衡

取直径1 cm、高20 cm 的层析柱（带有转换接头），清洗层析柱及配套的管道后，垂直安装到支架上，关闭底部出口，在柱子底部装入3~5 cm 高的层析用平衡液，然后加入上述悬浮好的层析介质，静置一段时间后，可见介质的沉积界面逐渐呈现并缓慢下移，此时，打开层析柱下端的管路出口，让液体缓慢流出，同时在层析柱顶部用滴管慢慢加入上述凝胶介质悬液，使介质高度控制在17 cm 左右（待以后的平衡操作后，可降至13~15 cm）。此时关闭下端出口，在层析柱上端插入转换接头（距介质界面2~3 cm）；连接好管路（注意：管道中不能有气泡，尤其是不能让气泡进入层析介质内）；然后开启检测系统、动力系统，检测波长为 UV 280 nm，以3%柱体积/min 的流速泵入平衡液，观察介质界面的沉降情况。平衡3~4个柱体积后，介质沉降均匀，高度基本不变，基线走平，此时下降转换接头的底部到介质界面，以备进样。

4）进样

在进样阀中注入一定体积的经过上述透析后样品液（或用专用通道将一定体积的样品注入层析柱内）。回收流出液，备用。

注：①本阴离子交换层析用于除去样品液中的带负电荷杂质，而此 pH 时，目标物 HBsAg 带正电荷，因此，此操作方式属反吸附式层析。样品进样体积可以是柱体积的2倍、10倍或更高，甚至可以达到介质饱和吸附量的90%左右。②观察层析曲线的变化情况。

5）冲洗

根据层析系统的操作指南，用冲洗液（即平衡液）按同样流速冲洗层析柱，以去掉管道、层析柱内未结合到层析介质上的目标成分及少量杂质，直至基线平，用 2~3 个柱体积的冲洗液，回收第一个柱体积的流出液并与进样时的流出液合并；保存层析曲线。

注：记录层析曲线中的进样时间、冲洗时间以及后续的洗脱时间等关键节点。

6）层析柱的再生

根据层析系统的操作指南，用离子交换层析用再生液即 0.5 mol/L NaCl 溶液按同样流速冲洗，冲洗 2~3 个柱体积。观察是否有新峰即杂质峰出现，保存好层析曲线。然后换用平衡液再次冲洗 3~4 个柱体积，即将层析柱恢复到初始状态，以备下次进样时使用。

4. Sepharose 4FF 凝胶过滤法精制 HBsAg

此操作与前述 Sepharose 4B 凝胶过滤操作相同。

1）样品的制备

上步阴离子交换层析所得到的样品中，目标物浓度较低，可以用透析脱水的方法进行浓缩。具体是：将样品装入透析袋，然后将透析袋平放于培养皿或烧杯中，在其表面及周围覆盖 PEG20000 粉末以浓缩样品，之后取出样品液，用 0.22 μm 滤膜过滤，滤液备用。

2）层析柱的安装

取一内径 1 cm、高约 100 cm 的层析柱（带装换接头），清洗干净后（亦包括清洗所用的管线），下端封闭，加入约 20 cm 高的平衡液（0.15 mol/L NaCl 溶液）；用平衡液悬浮凝胶过滤层析介质 Sepharose 4FF，然后倒入垂直的层析柱中，静置一段时间后，可见介质的沉积界面逐渐呈现并缓慢下移，此时，打开层析柱下端的管路出口，让液体缓慢流出，同时在层析柱顶部用滴管慢慢加入上述凝胶介质悬液，使介质高度控制在 90 cm 左右（待以后的平衡操作后，可降至 80~85 cm）。此时关闭下端出口，在层析柱上端插入转换接头（距介质界面 2~3 cm）；连接好管路（注意：管道中不能有气泡，尤其是不能让气泡进入层析介质内）；然后开启检测系统、动力系统，检测波长为 UV 280 nm，以 1%~2% 柱体积/min 的流速泵入平衡液，观察介质界面的沉降情况。平衡 3~4 个柱体积后，介质沉降均匀，高度基本不变，基线走平，此时下降转换接头的底部到介质界面，以备进样。

3）进样

在进样阀中注入一定体积的样品液即前述的浓缩液（或用专用通道将一定

体积的样品注入层析柱内)。

4)洗脱

根据层析系统的操作指南,按同样的流速、平衡液洗脱。根据实时出峰情况进行分部收集,合并独立的洗脱峰。根据目标成分的检测情况决定对收集样品的保留与否。

三步层析法结果汇总见表4-2。

表4-2　三步层析法结果汇总

序号	操作	样品体积 /mL	HBsAg 浓度 /($\mu g \cdot mL^{-1}$)	HBsAg 总量 /μg	HBsAg 回收率/%
1	细胞培养液预处理				
2	疏水层析操作				
3	阴离子交换层析				
4	凝胶过滤法精制				
5	总收率				

七、思考题

1. 影响凝胶过滤层析效果的因素有哪些?

2. 在对 HBsAg 进行盐析操作时,如何设计简单实验以判断最佳的硫酸铵饱和度?

3. 在利用沉淀–超速离心–凝胶过滤对 HBsAg 进行纯化时,进行凝胶过滤操作之前为什么要对超速离心后的样品进行透析处理?

4. 在利用层析介质 DEAE-Sepharose FF 对 HBsAg 进行盐析操作时,假如把体系的 pH 调至 pH5 左右或 pH9.5 左右,会对实验结果有何种影响?

5. 在本实验进行的三步层析法对 HBsAg 进行纯化时,如果将中间步骤的阴离子交换层析操作换成阳离子交换层析操作,此时体系的 pH 在哪种范围内比较合适?为什么?

参考文献

[1] 张建斌,姚伟,董继刚,等. 重组 (CHO 细胞) 乙肝疫苗纯化工艺的改进 [J]. 中国生物制品学杂志,2003,16 (4):239-240.

[2] 李津,俞詠霆,董德祥. 生物制药设备和分离纯化技术 [M]. 北京:化学

工业出版社，现代生物技术与医药科技出版中心联合出版，2003：347.

[3] 李德娟，陈万革，赵丽剑，等. 重组 CHO 细胞 HBsAg 纯化工艺的优化 [J]. 生物技术，2003，13（6）：44 − 46.

[4] 王阳木，闭静秀，赵岚，等. 一种新型的琼脂糖疏水层析介质开发及其在重组乙肝表面抗原（CHO − HBsAg）分离纯化中的应用 [J]. 生物工程学报，2006，22（2）：278 − 284.

实验 15　　抗体 IgG 的提取与纯化

组长：_____操作核查员：_____数据记录员：_____

IgG 是免疫球蛋白 G（immunoglobulin G，IgG），它在血清中含量最高，是唯一能主动穿过胎盘的 Ig，对防止新生儿感染具有重要的自然被动免疫作用。在抗感染免疫尤其是再次免疫应答中发挥重要作用。治疗用的丙种球蛋白常以成人正常血清或胎盘血制成，其主要成分为 IgG。IgG 的大小是 150 kD，pI 是 8.0，与血清中的主要蛋白——血清白蛋白（pI4.9）和血红细胞中的主要蛋白——血红蛋白（pI6.3）的 pI 有较大差异。

目前，利用生物工程方法生产的单克隆抗体（monoclonal antibody，简称单抗）已成为生物医药领域中最耀眼的明珠，该类药物具有靶向性强、特异性高和毒副作用低等特点，代表了药品治疗领域最新发展方向。在我国，单抗药物 IgG 通常是由中国仓鼠卵巢细胞表达产生。由 CHO 细胞分泌的这些高附加值的蛋白分子，通过一系列纯化过程从细胞培养液中回收。

在采用细胞培养方法进行 IgG 的生产中，杂质主要包括与产品相关的污染物和工艺相关的污染物。与产品相关的污染物包括目标分子变异体、聚集体以及由于不同翻译后修饰产生的产品变异体或降解产物。与工艺过程相关的污染物包括宿主细胞蛋白（host cell protein，HCP）、宿主 DNA、化学添加剂和残留的培养基成分。在所有影响产品质量的污染物中，HCP 和 DNA 占绝大多数。由于在理化性质上的微小差异（分子量、等电点、疏水性以及表面电荷分布等），HCP 尤其难以有效完全去除，通常需要多个不同分离机制的单元处理进行分离去除，进而消除由任何微量存在的 HCP 所引起的严重的免疫反应。

由于对于最终产品纯度、杂质量的严格要求（HCP < 100 ppm、DNA < 10 ppb 等），目前单抗的制备广泛采用三步纯化策略：粗纯（样品捕获）、中度纯化和精细纯化，该策略工艺复杂、对操作要求严格。蛋白 A 为相对分子量约 42 kD 的蛋白质，存在于黄色葡萄球菌的细胞壁中，占该细胞壁构成成分的约 5%。由于其与动物 IgG 具有很强的亲和作用，因此用蛋白 A 亲和层析凝胶捕获抗体是大规模单抗纯化的首先步骤，一步纯化可使蛋白纯度达 95% 以上。

本实验根据 IgG 的理化性质及生物学性质，采用两种层析技术对 IgG 进行纯化，一是借助亲和层析 – 混合型疏水性阴离子交换层析联动的纯化方法，二是阳离子交换层析 – 羟基磷灰石吸附联动的纯化方法。

一、实验目的

（1）了解单克隆抗体类蛋白提取的原理、实验设计和基本操作。

（2）掌握重组（CHO 细胞）表达的 IgG 的提取、纯化方法。

二、实验要求

（1）学生在老师的指导下查阅相关的文献，包括生物活性成分的一般提取方法、纯化技术，重组（CHO 细胞）IgG 的理化性质、提取和纯化技术、检测方法。

（2）独立完成一个实际样品中重组（CHO 细胞）IgG 的提取、纯化过程；同时对本班级的研究结果进行整体分析，找出规律。

（3）通过完整实验过程，能灵活处理和解决实验中遇到的问题，优化实验方法，提高实验过程中分析和解决问题的综合能力。

（4）根据整理的实验结果，按照科技论文的格式撰写实验报告。

三、教学形式

教学以研究型、工程型方式进行。正常分组，但每组操作之间有一定区别；实验分若干个操作环节，连续进行；实验结果组间共享，在分析中一并讨论。

四、预习内容

（1）重组（CHO 细胞）IgG 的基本理化性质。

（2）样品提取液中目标成分的富集方法有哪些？纯化蛋白的机制有哪些？

五、实验材料、器材与仪器

1. 实验材料（供一个实验班用）

重组 CHO 细胞（DG44，Life Technologies 公司产品）的培养液，来自发酵法。该培养液可由其他专业实验室提供或由相关企业提供。

2. 试剂与配制（供一个实验班用）

（1）氯化钠，500 g，1 瓶；

（2）醋酸，500 mL，1 瓶；

（3）Tris，500 g，1 瓶；

（4）磷酸二氢钠，500 g，1 瓶；

（5）磷酸氢二钠，500 g，1 瓶。

试剂配制：

（1）100 mmol/L 或更高浓度的 MES ［2-(N-吗啉代)乙磺酸］缓冲液（pH6.0），若干升，市售；

（2）100 mmol/L 或更高浓度的 HEPES（4-羟乙基哌嗪乙磺酸）缓冲液（pH7.0），若干升，市售；

（3）亲和层析用平衡液即 150 mmol/L NaCl：用 50 mmol/L HEPES（pH 7.0）配制，然后用 0.22 μm 滤膜过滤；

（4）1 mol/L 醋酸的配制：量取 57.5 mL 的冰醋酸，用蒸馏水稀释至 1 L 即可；

（5）1 mol/L Tris 的配制：称取 121.1 g Tris，用蒸馏水溶解并定容到 1 L 即可；

（6）冲洗液即 1 mol/L NaCl：用 50 mmol/L HEPES（pH 7.0）配制，然后用 0.22 μm 滤膜过滤；

（7）亲和层析用洗脱液即 100 mmol/L 醋酸（pH 3.5）：量取 5.75 mL 的冰醋酸，用蒸馏水稀释至 1 L，然后用 0.22 μm 滤膜过滤；

（8）混合型疏水性阴离子交换层析用平衡液即 1 mol/L NaCl（用 50 mmol/L Tris-HCl 缓冲液配制，pH8.0），50 mmol/L Tris-HCl 缓冲液的配制方法见附录二；

（9）混合型疏水性阴离子交换层析用洗脱液即 0.35 mol/L NaCl 溶液：用 50 mmol/L MES 配制，pH6.0，并用 0.22 μm 滤膜过滤；

（10）阳离子交换层析用平衡液即 20 mmol/L 柠檬酸缓冲液：首先配制 0.1 mol/L 柠檬酸溶液和 0.1 mol/L 柠檬酸钠，然后按 59：41（V/V）比例兑制并稀释 5 倍即可，详见附录二；

（11）阳离子交换层析用洗脱液即用上述 20 mmol/L 柠檬酸缓冲液配制的 1 mol/L NaCl（pH4.0）：称取 58.5 g NaCl 溶解并定容至 1 L；

（12）羟基磷灰石层析用平衡液即 1 mmol/L 磷酸缓冲液（pH6.8）：首先配制 0.2 mol/L 磷酸氢二钠溶液和 0.2 mol/L 磷酸二氢钠，然后按 49.5：51.5(V/V)比例兑制并稀释 200 倍即可，详见附录二；

（13）羟基磷灰石层析用洗脱液 B1 即 1 mol/L NaCl（用上述 1 mmol/L 磷酸缓冲液配制，pH6.8）；

（14）羟基磷灰石层析用洗脱液 B2 即 0.4 mol/L NaCl（用上述 1 mmol/L 磷酸缓冲液配制，pH6.8）。

3. 实验用品

每组用品：

（1）50 mL 离心管，2 只。

（2）50 mL 离心管架，1 个。

（3）滴管或 1 mL 取液器，1 只。

（4）1 mL 枪头盒，1 个。

（5）50 mL 或 100 mL 烧杯，1 个。

（6）10~20 cm 玻璃棒，1 个。

（7）200 mL 或 250 mL 烧杯，1 个。

（8）0.22 μm 过滤器，2 个。

（9）亲和层析用层析柱：内径 0.5 cm，高 10 cm，1 只或 2 只。可使用成品柱，亦可自己装柱。若自己装柱，可以采用手动滴加平衡、进样、洗脱的方式。

（10）阳离子交换层析用层析柱（带转换接头）：内径 0.7 cm，高 10 cm，1 套。

共用实验用品：

（1）称量用天平（量程 200 g）（含配套用的称量纸），2 台。

（2）离心管平衡用台秤，2~3 台（各含两个 50 mL 或 100 mL 烧杯，烧杯固定在托盘上）。

（3）透析袋（MWCO 2K），直径 2 cm，1 卷；透析袋夹，若干。

（4）1.5 mL 或 2.0 mL 离心管，1 包。

（5）100 mL 量筒，1 个。

（6）SDS-PAGE 电泳及显色试剂盒，1 套（或自行配制。见实验 4）。

（7）蛋白 A 亲和介质，1 瓶（100 mL），市售。

（8）混合型疏水性阴离子交换介质 Capto^{TM} adhere，1 瓶（100 mL），市售。

（9）阳离子交换层析介质：1 瓶（100 mL），市售；亦可购买商用柱，UNO sphere S。

（10）羟基磷灰石层析介质：1 瓶（100 mL），市售；亦可购买商用柱，CHT 羟基磷灰石 I 型，粒径 10 μm。

（11）过滤瓶 1 套（1 000 mL）及配套的 0.22 μm 滤膜。

（12）一次性滤器（0.22 μm 滤膜过滤），若干。

（13）蒸馏水，1 桶。

4. 实验仪器

（1）高速离心机，配 50 mL 离心管，2 台；

（2）pH 计，2~3 台；

（3）普通磁力搅拌器，1 台（含搅拌子）；

（4）层析设备，3~6 台/套。

六、实验内容

本实验提供两种技术路线对 IgG 进行纯化，一是借助亲和层析 – 混合型疏水性阴离子交换层析联动的纯化方法，二是阳离子交换层析 – 羟基磷灰石吸附联动的纯化方法。

（一）蛋白 A 亲和层析 – 混合型疏水性阴离子交换层析联动方法

1. 样品的预处理

（1）收取细胞培养液后，在室温、4 000 × g 条件下离心 20 min，之后经由 0.22 μm 滤膜过滤。滤液储存在 2~8 ℃以供短期使用或 –20 ℃长期保存。

（2）不同 pH 对样品中杂质的去除作用。

实验分两大组进行。第一大组，将上述样品 10~20 mL 装入透析袋，透析袋放入装有约 200 mL 50 mmol/L MES 溶液（pH6.0）的烧杯中透析，换外液 3 次，耗时 5~6 h；之后取出透析的样品，分组进行不同 pH 对杂质去除的影响实验。具体是：将透析后的样品（体积为_____mL）置于 100 mL 烧杯中，滴加 1 mol/L 醋酸至 pH5、pH4、pH3，分组进行，观察溶液浊度的变化，然后用 0.22 μm 滤膜过滤，再用 1 mol/L Tris 将每组过滤后的溶液缓冲至中性（最后的体积为_____mL），留取 100 μL 样品液备用。

第二大组，将上述样品 10~20 mL 装入透析袋，透析袋放入装有约 200 mL 50 mmol/L MES 溶液（含 500 mmol/L NaCl，pH6.0）的烧杯中透析，换外液 3 次，耗时 5~6 h；之后取出透析的样品，分组进行不同 pH 对杂质去除的影响实验。具体是：将透析后的样品（体积为_____mL）置于 100 mL 烧杯中，滴加 1 mol/L 醋酸至 pH5、pH4、pH3，分组进行，观察溶液浊度的变化，然后用 0.22 μm 滤膜过滤，再用 1 mol/L Tris 将每组过滤后的溶液缓冲至中性（最后的体积为_____mL），留取 100 μL 样品液备用。

2. 蛋白 A 亲和层析操作

1）亲和层析介质的预处理

取一定体积的层析介质，用约 2 倍体积的平衡液悬浮，静置使介质沉降，然后倾去上层溶液，再用约 1 倍体积的平衡液悬浮，以备装柱（若用商用柱，此步略）。

2）层析柱的安装及装柱

取一内径 0.5 cm、高约 10 cm 的层析柱，清洗干净后（亦包括清洗所用的管线），下端封闭，加入约 2 cm 高的平衡液；用平衡液悬浮蛋白 A 亲和层析介质，然后用滴管将悬浮物滴入垂直的层析柱中，静置一段时间后，可见介质的沉积界面逐渐呈现并缓慢下移，此时，打开层析柱下端的管路出口，让液体缓慢流出，同时在层析柱顶部用滴管慢慢加入上述层析介质悬液，使介质高度控制在 7 cm 左右（待以后的平衡操作后，可降至约 5 cm）。此时关闭下端出口，在层析柱上端插入转换接头（距介质界面 2~3 cm）（若使用商用柱，上述操作略，直接将商用柱接入层析系统即可）；连接好管路（注意：管道中不能有气泡，尤其是不能让气泡进入层析介质内）；然后开启检测系统、动力系统（若无合适层析装置，此步及以后的平衡、进样、洗脱等操作可以采用全手工方式进行），检测波长为 UV 280 nm，以 3%~5% 柱体积/min 的流速泵入平衡液，观察介质界面的沉降情况。平衡 4~5 个柱体积后，介质沉降均匀，高度基本不变（此时柱体积约 4 mL），基线走平，以备进样。

3）进样

在进样阀中注入一定体积的上步得到的滤液（或用专用通道将一定体积的样品注入层析柱内）。进样量可达到介质饱和吸附量的 80% 以上。

4）冲洗 1

根据层析系统的操作指南，用装柱时的平衡液按同样流速冲洗层析柱，以去掉管道、层析柱内未结合到层析介质上的非目标成分，直至基线平，保存层析曲线。

注：记录层析曲线中的进样时间、冲洗时间以及后续的洗脱时间等关键节点。

5）冲洗 2

根据层析系统的操作指南，冲洗 1 结束后，接着用 4~5 倍柱体积的冲洗液（50 mmol/L HEPES，1 mol/L NaCl，pH 7.0）进一步冲洗，之后再经 2 倍柱体积的平衡液冲洗，以去除高浓度 NaCl。直至基线平，保存层析曲线。

注：记录层析曲线中的进样时间、冲洗时间以及后续的洗脱时间等关键节点。

6）洗脱

根据层析系统的操作指南，按同样流速洗脱。抗体蛋白最后由 5 倍柱体积的洗脱液（100 mmol/L 醋酸，pH 3.5）洗脱。收集洗脱峰（体积为＿＿＿＿＿mL），洗脱至基线平稳。

7）层析柱再生

根据层析系统的操作指南，洗脱结束后，依次用 5 倍柱体积的 0.1 mol/L NaOH 清洗、5 倍柱体积的平衡液平衡，之后用于下次进样或保存在 20% 乙醇中。

3. 混合型疏水性阴离子交换介质的进一步纯化操作

1）样品的预处理

上述从亲和层析获得的样品不能直接用于混合型疏水性阴离子交换层析，需要用透析方法将其体系进行替换。具体操作是：将样品转入透析袋，放入平衡液（50 mmol/L Tris，1 mol/L NaCl，pH8.0）透析3~5 h，换液2次。最后得到的透析液进行0.22 μm 过滤即可，样品中蛋白质总量可以达到40 mg。

2）混合型疏水性阴离子交换介质的预处理

取一定体积的层析介质，用约2倍体积的混合型疏水性阴离子交换层析用平衡液（下同）悬浮，静置使介质沉降，然后倾去上层溶液，再用约1倍体积的平衡液悬浮，以备装柱（如使用商用柱，此步略）。

3）层析柱的安装及装柱

取一内径0.5 cm、高约10 cm的层析柱，清洗干净后（亦包括清洗所用的管线），下端封闭，加入约2 cm高的平衡液；用平衡液悬浮混合型疏水性阴离子交换介质，然后用滴管将悬浮物滴入垂直的层析柱中，静置一段时间后，可见介质的沉积界面逐渐呈现并缓慢下移。此时，打开层析柱下端的管路出口，让液体缓慢流出，同时在层析柱顶部用滴管慢慢加入上述层析介质悬液，使介质高度控制在7 cm左右（待以后的平衡操作后，可降至约6 cm）。此时关闭下端出口，在层析柱上端插入转换接头（距介质界面2~3 cm）；连接好管路（注意：管道中不能有气泡，尤其是不能让气泡进入层析介质内）（若使用商用柱，此步略，直接将商用柱接入层析系统即可）；然后开启检测系统、动力系统（若无合适层析装置，此步及以后的平衡、进样、洗脱等操作可以采用全手工方式进行），检测波长为 UV 280 nm，以3%~5%柱体积/min的流速泵入平衡液。平衡4~5个柱体积后，高度基本不变（此时柱体积约4 mL），基线走平，以备进样。

4）进样

在进样阀中注入一定体积的经过上述微滤后的样品液（或用专用通道将一定体积的样品注入层析柱内）。进样量可达到层析介质饱和吸附量的80%以上，进样速度控制在约5%柱体积/min。进样后收集流穿液，以备检测目标物的吸附情况。

5）冲洗

根据层析系统的操作指南，用约4~5个柱体积装柱时的平衡液按同样流速冲洗层析柱，以去掉管道、层析柱内未结合到层析介质上的非目标成分，直至基线平，保存层析曲线。

注：记录层析曲线中的进样时间、冲洗时间以及后续的洗脱时间等关键节点。

6）洗脱

根据层析系统的操作指南，按同样流速洗脱。抗体蛋白最后用 10 倍柱体积的混合型疏水性阴离子交换层析洗脱液（50 mmol/L MES，0.35 mol/L NaCl，pH6.0）洗脱。收集洗脱峰（体积为_____mL），洗脱至基线平稳。

7）层析柱再生

根据层析系统的操作指南，洗脱结束后，依次用约 5 倍柱体积的 1 mol/L NaOH 清洗、5 倍柱体积的平衡液冲洗，之后用于下次进样或保存在 20% 乙醇中。

亲和层析 – 混合型疏水性阴离子交换层析联动方法纯化 IgG 结果汇总见表 4 – 3。

表 4 – 3　亲和层析 – 混合型疏水性阴离子交换层析联动方法纯化 IgG 结果汇总

序号	操作	样品体积 /mL	IgG 浓度 /(μg · mL^{-1})	IgG 总量 /μg	IgG 回收率/%
1	细胞培养液预处理				
2	样品的酸去杂操作				
3	亲和层析				
4	混合型疏水性阴离子交换层析				
5	总收率				

（二）阳离子交换层析 – 羟基磷灰石吸附联动方法

1. 样品的预处理

（1）收取细胞培养液或血清样品后，在室温、4 000 ×g 条件下离心 20 min，之后经由 0.22 μm 滤膜过滤。滤液储存在 2~8 ℃ 以供短期使用或 –20 ℃ 长期保存。

（2）将上述滤液转入透析袋，放入平衡液（20 mmol/L 柠檬酸缓冲液，pH4.0）透析 3~5 h，换液 2 次，之后经由 0.22 μm 滤膜过滤。

2. 阳离子交换层析操作

1）阳离子交换层析介质的预处理

取一定体积的层析介质 UNOsphere S（下同），用约 2 倍体积的阳离子交换层析平衡液（下同）悬浮，静置使介质沉降，然后倾去上层溶液，再用约 1 倍体积的平衡液悬浮，以备装柱（若使用商用柱，此步略）。

2）层析柱的安装及装柱

取一内径 0.7 cm、高约 10 cm 的层析柱，清洗干净后（亦包括清洗所用的管线），下端封闭，加入约 2 cm 高的平衡液；用平衡液悬浮层析介质，然后用滴管将悬浮物滴入垂直的层析柱中，静置一段时间后，可见介质的沉积界面逐渐呈现并缓慢下移，此时，打开层析柱下端的管路出口，让液体缓慢流出，同时在层析柱顶部用滴管慢慢加入上述层析介质悬液，使介质高度控制在 7 cm 左右（待以后的平衡操作后，可降至约 6 cm）。此时关闭下端出口，在层析柱上端插入转换接头（距介质界面 2 ~ 3 cm）（若使用商用柱，此步略，直接将商用柱接入层析系统即可）；连接好管路（注意：管道中不能有气泡，尤其是不能让气泡进入层析介质内）；然后开启检测系统、动力系统（若无合适层析装置，此步及以后的平衡、进样、洗脱等操作可以采用全手工方式进行），检测波长为 UV 280 nm，以 2% ~ 3% 柱体积/min 的流速泵入平衡液，观察介质界面的沉降情况。平衡 4 ~ 5 个柱体积后（此时柱体积约 4 mL），基线走平，以备进样。

3）进样

在进样阀中注入一定体积的样品液（或用专用通道将一定体积的样品注入层析柱内）。进样量可达到层析介质饱和吸附量的 80% 以上。进样速度控制在 3% ~ 5% 柱体积/min 左右。进样后收集流穿液，以备检测目标物的吸附情况。

4）冲洗

根据层析系统的操作指南，用装柱时的平衡液按 3% ~ 5% 柱体积/min 的流速冲洗层析柱，以去掉管道、层析柱内未结合到层析介质上的非目标成分，直至基线平，保存层析曲线。

注：记录层析曲线中的进样时间、冲洗时间以及后续的洗脱时间等关键节点。

5）洗脱

本次洗脱采用 3 种不同的形式：第 1 种是采用较高浓度（0.5 mol/L）NaCl 一次性洗脱，第 2 种是阶段性梯度洗脱，第 3 种是 0 ~ 0.5 mol/L NaCl 线性洗脱。不同组采用不同的洗脱方式。

（1）一次性洗脱方式。根据层析系统的操作指南，用 5 倍柱体积的 0.5 mol/L NaCl 按 3% ~ 5% 柱体积/min 的流速洗脱（若用商用柱，流速提高 5 ~ 10 倍）。收集洗脱峰（体积为_____mL），洗脱至基线平稳。

（2）阶段性梯度洗脱方式。根据层析系统的操作指南，依次用 3 ~ 5 倍柱体积的 0.1 mol/L NaCl、0.2 mol/L NaCl、0.3 mol/L NaCl 和 0.5 mol/L NaCl 按 3% ~ 5% 柱体积/min 的流速洗脱。分别收集洗脱峰（体积分别为_____mL、_____mL、_____mL、_____mL），洗脱至基线平稳。

（3）线性洗脱方式。根据层析系统的操作指南，用 6 倍柱体积的 0 ～ 0.5 mol/L NaCl 按 3% ～5% 柱体积/min 的流速洗脱。收集洗脱峰（峰 1 体积为 _____ mL、峰 2 体积为 _____ mL、峰 3 体积为 _____ mL），洗脱至基线平稳。

在此洗脱方式操作中，线性梯度的形成既可由设备自主完成，也可以参考图 1 - 10 自行搭建。

6）层析柱再生

根据层析系统的操作指南，洗脱结束后，依次用 5 倍柱体积的 1 mol/L NaOH 清洗、5～10 倍柱体积的平衡液平衡，之后用于下次进样或保存在 20% 乙醇中。

3. 羟基磷灰石吸附的进一步纯化

1）样品的预处理

上述从阳离子交换层析获得的样品不能直接用于羟基磷灰石吸附层析，需要用透析方法将其体系进行替换。具体操作是：将样品转入透析袋，放入平衡液（1 mmol/L 磷酸缓冲液，pH6.8）透析 3～5 h，换液 2 次，之后取出并用 0.22 μm 滤膜过滤。对于所使用的层析介质（约 4 mL），上述阳离子交换层析所获取样品可以一次性进样。

2）羟基磷灰石吸附介质的预处理

取一定体积的层析介质，用约 2 倍体积的羟基磷灰石吸附层析用平衡液（下同）悬浮，静置使介质沉降，然后倾去上层溶液，此操作可以再重复一次；再用约 1 倍体积的平衡液悬浮，以备装柱（若用商用柱，此步略）。

3）层析柱的安装及装柱

取一内径 0.7 cm、高约 10 cm 的层析柱，清洗干净后（亦包括清洗所用的管线），下端封闭，加入约 2 cm 高的平衡液；用平衡液悬浮羟基磷灰石吸附层析介质，然后用滴管将悬浮物滴入垂直的层析柱中，静置一段时间后，可见介质的沉积界面逐渐呈现并缓慢下移，此时，打开层析柱下端的管路出口，让液体缓慢流出，同时在层析柱顶部用滴管慢慢加入上述层析介质悬液，使介质高度控制在 7 cm 左右（待以后的平衡操作后，可降至约 6 cm）。此时关闭下端出口，在层析柱上端插入转换接头（距介质界面 2～3 cm）（若使用商用柱，上述操作略，直接将商用柱接入层析系统即可）；连接好管路（注意：管道中不能有气泡，尤其是不能让气泡进入层析介质内）；然后开启检测系统、动力系统（若无合适层析装置，此步及以后的平衡、进样、洗脱等操作可以采用全手工方式进行），检测波长为 UV 280 nm，以 3%～5% 柱体积/min 的流速泵入平衡液。平衡 4～5 个柱体积后，介质沉降均匀，高度基本不变（此时柱体积约 4 mL），基线走平，以备进样。

4）进样

在进样阀中注入一定体积的经过微滤后得到的样品液（或用专用通道将一定体积的样品注入层析柱内）。进样量可达到介质饱和吸附量的80%以上，进样速度控制在5%柱体积/min左右。进样后收集流穿液，以备检测目标物的吸附情况。保存好层析曲线。

注：记录层析曲线中的进样时间、冲洗时间以及后续的洗脱时间等关键节点。

5）冲洗

根据层析系统的操作指南，用约5个柱体积装柱时的平衡液按同样流速冲洗层析柱，以去掉管道、层析柱内未结合到层析介质上的非目标成分，直至基线平，保存层析曲线。

6）洗脱

本次洗脱采用4种不同的形式：第1种是采用较高浓度（0.5 mol/L）NaCl一次性洗脱，第2种是用0～0.5 mol/L NaCl线性洗脱，第3种是采用较高浓度（0.4 mol/L）磷酸盐一次性洗脱，第4种是用0～0.4 mol/L磷酸盐线性梯度洗脱。不同组采用不同的洗脱方式。

（1）高浓度NaCl一次性洗脱。根据层析系统的操作指南，用5倍柱体积的0.5 mol/L NaCl（1 mmol/L磷酸缓冲液配制，pH6.8）按3%～5%柱体积/min的流速洗脱。收集洗脱峰（体积为_____mL），洗脱至基线平稳。

（2）NaCl线性洗脱方式。根据层析系统的操作指南，用6倍柱体积的0～0.5 mol/L NaCl（1 mmol/L磷酸缓冲液配制，pH6.8）按3%～5%柱体积/min的流速洗脱。收集洗脱峰（峰1体积为_____mL、峰2体积为_____mL、峰3体积为_____mL），洗脱至基线平稳。

（3）高浓度磷酸盐一次性洗脱。根据层析系统的操作指南，用6倍柱体积的0.4 mol/L磷酸盐缓冲液按3%～5%柱体积/min的流速洗脱。收集洗脱峰（体积为_____mL），洗脱至基线平稳。

（4）磷酸盐线性洗脱方式。根据层析系统的操作指南，用10倍柱体积的0～0.4 mol/L磷酸盐缓冲液按3%～5%柱体积/min的流速洗脱。收集洗脱峰（峰1体积为_____mL、峰2体积为_____mL、峰3体积为_____mL），洗脱至基线平稳。

在此洗脱方式操作中，线性梯度的形成既可由设备自主完成，也可以参考原理图（图1-10）自行搭建完成。

7）层析柱再生

根据层析系统的操作指南，洗脱结束后，依次用 5 ~ 10 倍柱体积的平衡液冲洗，之后用于下次进样或保存在 20% 乙醇中。

阳离子交换层析 – 羟基磷灰石吸附联动纯化 IgG 结果汇总见表 4 – 4。

表 4 – 4　阳离子交换层析 – 羟基磷灰石吸附联动纯化 IgG 结果汇总

序号	操作	样品体积 /mL	IgG 浓度 /(μg · mL^{-1})	IgG 总量 /μg	IgG 回收率/%
1	细胞培养液预处理				
2	阳离子交换层析				
3	羟基磷灰石吸附层析				
4	总收率				

（三）SDS – PAGE 方法检测目标蛋白 IgG 的纯度

所获得的各阶段样品均经由还原性或非还原性 SDS – PAGE 方法检测目标蛋白的纯度，胶梯度为 4% ~ 15%，电泳后的胶片采用考马斯亮蓝或银染方法显色。

方法详见实验 4。

七、思考题

（1）影响亲和层析效果的因素有哪些？

（2）在获取细胞培养液或血清样品之后，可否用常规的盐析操作方法对其中的目标物 IgG 进行初步纯化？若可以，如何设计实验？

（3）在利用亲和层析操作之前为什么要对样品进行透析处理？

（4）在进行羟基磷灰石吸附层析操作时，为什么速度明显低于阳离子交换层析的流速？

（5）在对洗脱峰进行收集时，如何收集到高浓度的目标物？或者说何时开始收集、何时结束收集？

（6）如何判定样品中是否有残留的 DNA 及病毒？

参考文献

[1] 陈泉，卓燕玲，许爱娜，等 . 蛋白 A 亲和层析法纯化单克隆抗体工艺的优化 [J]. 生物工程学报，2016，32（6）：807 – 818.

［2］ ISHIHARA T, KADOYA T. Accelerated purification process development of monoclonal antibodies for shortening time to clinic：design and case study of chromatography processes ［J］. Journal of chromatography A, 2007, 1176 (1 −2)：149 −156.

［3］李校堃, 袁辉. 药物蛋白质分离纯化技术 ［M］. 北京：化学工业出版社, 现代生物技术与医药科技出版中心联合出版, 2005：171.

［4］陈晓虹, 吴建国, 曹传平, 等. 一种可用于大规模单克隆抗体纯化的新型 Protein A 填料 ［J］. 中国生物制品学杂志, 2014, 27 (2)：228 −234.

［5］赵永芳. 生物化学技术原理及应用 ［M］. 2 版. 北京：科学出版社, 现代生物技术与医药科技出版中心联合出版, 2003：428.

第5章

小分子生物活性成分的提取与分离

实验16 鱼油中不饱和脂肪酸的提取与分离

组长：_____操作核查员：_____数据记录员：_____

鱼油中富含多种 ω-3 多不饱和脂肪酸（poly-unsaturated fatty acid，PUFA），主要以甘油三酯的形式存在于海洋生物中，具有多种药理作用和生理功能，为人体必需脂肪酸。尤其是所含的二十碳五烯酸（eicosapentaenoic acid，EPA）和二十二碳六烯酸（docosahexaenoic acid，DHA）具有预防动脉硬化和心脑血管疾病、有利于儿童早期智力发育及预防大脑衰老等保健功能，受到部分大众的关注。

作为一类脂类成分，一般采用高温蒸煮方法将其和其他饱和脂类一同从组织中提取出，然后根据不饱和脂肪酸熔点低的特点，通过调整温度使其与饱和脂肪酸（钠盐形式）分开，再根据饱和脂肪酸易与尿素结合生成包合物结晶（复合体）的特性，使不饱和脂肪酸粗品中的饱和脂肪酸优先游离出来，进而实现对不饱和脂肪酸的纯化。具体是：在脂肪酸与尿素结合生成结晶体时，由于饱和脂肪酸的烷烃链相对规整便可以形成稳定的复合体，而不饱和脂肪酸则因烯烃链的不甚规整，便不能形成稳定的复合体。脂肪酸的不饱和程度越高，与尿素的结合能力越差。由此可以实现饱和脂肪酸、低度不饱和脂肪酸和多不饱和脂肪酸之间的分离。另外一种纯化不饱和脂肪酸的方法是钠盐结晶法。该方法较有利于除去 $C_{16} \sim C_{18}$ 低度不饱和脂肪酸，而尿素包合法则有利于除去长链 $C_{20} \sim C_{28}$ 低度不饱和脂肪酸。

一、实验目的

（1）了解并掌握不饱和脂肪酸的提取原理、实验设计。

（2）了解从鱼内脏中提取鱼油并从中分离出不饱和脂肪酸的分离技术。

二、实验要求

（1）学生在老师的指导下查阅相关的文献，包括脂类成分提取的一般方法、纯化技术，不饱和脂肪酸的提取和纯化技术、检测方法。

（2）独立完成一个实际样品中不饱和脂肪酸的提取、分离工作；同时对本班级的研究结果进行整体分析，找出规律。

（3）通过完整实验过程，能灵活处理和解决实验中遇到的问题，优化实验方法，提高实验过程中分析和解决问题的综合能力。

（4）根据整理的实验结果，按照科技论文的格式撰写实验报告。

三、教学形式

教学以研究型、工程型方式进行。正常分组，但每组操作之间有一定区别；实验分若干个操作环节，连续进行；实验结果组间共享，在分析中一并讨论。

四、预习内容

（1）从相关文献中查阅脂肪酸类的基本结构、理化性质。

（2）样品提取液中目标成分的富集方法有哪些？不饱和脂肪酸的纯化方法有哪些？原理是什么？

五、实验材料、器材与仪器

1. 实验材料（供一个实验班用）

市售鱼的内脏或鱼肉食品厂的下脚料，2 kg；EPA 纯品，1 g；DHA 纯品，1 g。

2. 试剂与配制（供一个实验班用）

（1）乙醇，500 mL，4 瓶；

（2）HCl，500 mL，1 瓶；

（3）甲醇，500 mL，4 瓶；

（4）尿素，500 g，1 瓶；

（5）KOH，500 g，1 瓶；

（6）无水乙醚，500 mL，1 瓶；

（7）维生素 C，100 g，1 瓶；

（8）NaOH，500 g，1 瓶；

（9）NaCl，500 g，1 瓶；

（10）浓硫酸，500 mL，1 瓶；

（11）无水 Na_2SO_4，1 瓶。

试剂配制：

（1）25%（W/V）KOH-75% 乙醇溶液：称取 25 g KOH 溶于 100 mL 75% 乙醇中；

（2）4 mol/L HCl：在通风橱中量取 344.8 mL 浓盐酸稀释到 1 000 mL 水中；

（3）0.15 mol/L KOH-75% 甲醇溶液：称取 2.52 g KOH 溶解于甲醇中，定容至 100 mL；

（4）0.5 mol/L NaOH 溶液：称取 2.0 g NaOH 溶解到 100 mL 蒸馏水中。

3. 实验用品

每组用品：

（1）精密 pH 试纸（pH = 8 ~ 10，pH = 2 ~ 4）；

（2）50 mL 离心管，4 只；

（3）50 mL 离心管架，1 个；

（4）250 mL 分液漏斗，1 个；

（5）250 mL 烧杯，2 个；

（6）铁架台（带与分液漏斗配套用的铁圈），1 个；

（7）15 ~ 20 cm 玻璃棒，1 个；

（8）滴管，2 个；

（9）10 mL 具塞试管，2 个。

共用实验用品：

（1）称量用天平（量程 200 g，含配套用的称量纸），2 台；

（2）离心管平衡用台秤，2 ~ 3 台（各含两个 50 mL 或 100 mL 烧杯，烧杯固定在托盘上）；

（3）纱布，1 卷；

（4）压榨器，4 只；

（5）剪刀，4 把；

（6）标签纸，若干；

（7）蒸馏水，1 桶；

（8）PE 手套，1 包。

4. 实验仪器

（1）物料粉碎机或组织匀浆器，1 ~ 2 台；

（2）超声波细胞破碎仪，3 台；

（3）大容量离心机，可离心 50 mL 离心管，1~2 台；

（4）单孔或多孔水浴锅/加热套，3~4 台；

（5）气相色谱仪，1 台。

六、实验内容

1. 鱼油的制备

1）提取方法 1——常规提取法

取鱼内脏，洗净，淋干，称取 100 g，剪碎并匀浆，置于 250 mL 烧杯中，加入 50 mL 蒸馏水，用 0.5 mol/L NaOH 调 pH 至 8.5~9.0（借助精密 pH 试纸）后放置到 85~90 ℃水浴锅中加热 1 h，其间不断搅拌。加入 5 g NaCl 固体，搅拌使其全部溶解。继续加热 15 min，用双层纱布或尼龙布过滤，压榨滤渣，合并滤液与压榨液，趁热于 2 000~4 000 r/min 离心 20 min（室温），即得鱼油（上层）。

在弱碱条件下提取并在加热后期加入固体 NaCl 可使提取液黏性变小、渣滓凝聚、过滤压榨容易进行；另外 NaCl 还有一定的破乳化作用，利于后续的油水分离；压榨操作，有利于物料中鱼油最大限度地释放，可提高 30% 以上的提取率。

2）提取方法 2——酶解辅助法

取鱼内脏，洗净，淋干，称取 100 g，剪碎并匀浆，置于 250 mL 烧杯中，加入 50 mL 蒸馏水，加入 0.5 g 嫩肉粉，置于 40~45 ℃水浴锅中加热 2 h，其间不断搅拌；然后用 0.5 mol/L NaOH 调 pH 至 8.5~9.0（借助精密 pH 试纸）后放置到 85~90 ℃水浴锅中加热 1 h，其间不断搅拌。加入 5 g NaCl 固体，搅拌使其全部溶解。继续加热 15 min，用双层纱布或尼龙布过滤，压榨滤渣，合并滤液与压榨液，趁热于 2 000~4 000 r/min 离心 20 min（室温），即得鱼油（上层）。

3）提取方法 3——超声波辅助法

取鱼内脏，洗净，淋干，称取 100 g，剪碎并匀浆，置于 250 mL 烧杯中，加入 50 mL 蒸馏水，用 0.5 mol/L NaOH 调 pH 至 8.5~9.0（借助精密 pH 试纸）后用超声波细胞破碎仪处理 1 h（工作 40 s，停 20 s）。加入 5 g NaCl 固体，搅拌使其全部溶解。继续用超声波处理 15 min，用双层纱布或尼龙布过滤，压榨滤渣，合并滤液与压榨液，趁热于 2 000~4 000 r/min 离心 20 min（室温），即得鱼油（上层）。

注：在进行超声波处理时，用温度计监控体系温度；若温度超过 85 ℃，可将盛放物料的烧杯放到有自来水的容器降温。

上述方法多是改变了提取的条件，在提取之后，有高速离心机的实验室也可以用 20 000g 离心 30 min 的条件对物料进行处理，以最大限度地挤压物料，并提高油水分离效果和鱼油收率。

2. 多不饱和脂肪酸的提取——方法 1

在 250 mL 烧杯中加入 60 mL 25% KOH－75% 乙醇溶液、前述制备的 60 g 鱼油和 0.16 g 维生素 C，然后置于 60 ℃ 水浴锅中加热，搅拌至溶液澄清，且无明显分层现象；取出，冷却至室温（25 ℃），此时有大量饱和脂肪酸钠盐析出，挤压过滤，滤液中加入 4 mol/L HCl 75 mL，搅拌至溶液分层，然后将溶液转移至分液漏斗中，静置分层，分出下层废液，上层液用水洗 3 次（即加入一定体积的水，摇动分液漏斗、静置、分层、流出下层水分），即得到不饱和脂肪酸的混合物。

本方法对应于后述的包合法。

3. 多不饱和脂肪酸的提取——方法 2

将原料提取得到的粗滤液冷却至 －20 ℃，然后压滤。滤液加等体积水，用稀盐酸（0.5 mol/L HCl）调 pH 至 3～4，2 000g 离心 10 min，上层即为多不饱和脂肪酸。

本方法对应于后述的钠盐结晶法。

4. 多不饱和脂肪酸的纯化——尿素包合法

本尿素包合法对应于前述的方法 1。

取一 250 mL 烧杯，加入 30 g 尿素和 40 mL 无水乙醇，60 ℃ 水浴锅中加热，搅拌 10 min 使其部分溶解；然后加入 10 g 提取的不饱和脂肪酸的混合物，继续加热 10 min 后取出。常温下搅拌包合 30 min。之后放置冰箱冷藏 24 h，使其充分结晶（该晶体即为低不饱和脂肪酸），抽滤后向滤液中加入 3 倍体积的水及等体积的 2 mol/L HCl 溶液，搅拌 5 min，移至分液漏斗静置分层，流出下层水液，保留上层油状液，按前述方法，水洗 3 次。之后用旋蒸法脱水、回收多不饱和脂肪酸，亦可采用加入一定量无水硫酸钠进行干燥脱水的方法。

5. 多不饱和脂肪酸的纯化——钠盐结晶法

本钠盐结晶法对应于前述的方法 2。

将前述操作所得的 PUFA 溶于 4 倍体积的 4% KOH－95% 乙醇溶液中，－20 ℃ 放置过夜，次日抽滤。滤液中加少量水，－10 ℃ 冷冻，再次抽滤，以去除胆固醇结晶。滤液再加少量水，－20 ℃ 冷冻，2 000g 离心 5 min，倾出上层液，得下层 PUFA 钠盐胶状物。最后用稀盐酸调 pH 至 2～3，2 000g 离心 10 min，上层液即为纯化的 PUFA。

6. 多不饱和脂肪酸的含量测定 (气相色谱法)

硫酸甲酯化：取一滴油于 10 mL 带塞的试管内，加入 1 mL 0.15 mol/L 的氢氧化钾－甲醇溶液，在 70 ℃ 水浴锅中加热 15 min，其间不断振摇使其完全皂化。取出冷却，加入 1.5 mL 3% 硫酸－甲醇溶液 (V/V)，充分振摇后放入 70 ℃ 水浴锅中加热 20 min。取出冷却至室温，再加入 2 mL 乙醚萃取，静置待其分层，取出上层乙醚于一 10 mL 带塞的试管内并加入少量无水硫酸钠干燥，低温静置 2 d，取出 1 μL 溶液进行 GC 分析，测定其中 EPA、DHA 含量。

各种标准脂肪酸 (EPA、DHA) 按上述相同酯化方法进行。将标准溶液进样后用保留时间对各脂肪酸定性，再用外标法做标准溶液的工作曲线，并利用样品的保留时间及峰面积对样品进行定量和定性。

七、思考题

(1) 在以鱼下脚料为材料提取高不饱和脂肪酸时，在鱼油提取阶段，假如提取次数、提取时料液比、提取温度、材料的粉碎程度对提取效果有影响，如何进行正交设计，以求出比较理想 (不是提取量最大，而是最经济) 的操作条件？此时判断提取量是以总重量合适，还是以测定其中的 DHA 或 EPA 含量合适？

(2) 在本实验中，提取的高不饱和脂肪酸是游离的形式还是存在于甘油三酯中的多不饱和形式？

(3) 影响尿素包合法纯化高不饱和脂肪酸的因素有哪些？

(4) 你觉得本实验的改进之处在什么地方？

参考文献

[1] 杨荣武，李俊，张太平，等. 高级生物化学实验 [M]. 北京：科学出版社，2012：30.

[2] 张天民，郭学平，荣晓花. 鱼油多不饱和脂肪酸的制备方法 [J]. 中国海洋药物，2005，24 (1)：43-45.

[3] 孙福璋. 鱼油多不饱和脂肪酸的分离纯化及有关成分分析 [J]. 中国生化药物杂志，1997，17 (6)：256-258.

[4] 张南海，涂宗财，何娜，等. 尿素包合法富集鲢鱼鱼油中多不饱和脂肪酸工艺优化 [J]. 食品与发酵工业，2017，43 (6)：152-156.

实验 17　大豆异黄酮的提取与分离

组长：_____操作核查员：_____数据记录员：_____

大豆含有大量的活性成分，被人们称为"功能性成分宝库"。异黄酮（isoflavones）在自然界中的分布只局限于豆科的蝶形花亚科等极少数植物中，如大豆、墨西哥小白豆、苜蓿和绿豆等植物中，其中异黄酮含量最高的只有苜蓿和大豆，一般苜蓿中异黄酮的含量为 0.5%~3.5%，大豆中异黄酮含量为 0.1%~0.5%。

大豆异黄酮（soy isoflavones）是异黄酮类化合物，是大豆生长过程中形成的一类次级代谢产物，是一种生物活性物质，其苷元的化学结构如图 5-1 所示。其包括三种游离型异黄酮苷元和九种结合型大豆异黄酮，主要成分为大豆苷（daidzin）、大豆苷元（daidzein）、染料木苷（genistin）、染料木素（genistein）、黄豆黄素（glycitein）、黄豆黄素甙元（glycitein）。大豆异黄酮为浅黄色粉末，气味微苦，略有涩味。由于该化合物是从植物中提取，与雌激素有相似结构，因此大豆异黄酮又称植物雌激素。大豆异黄酮的雌激素作用影响到激素分泌、代谢生物学活性、蛋白质合成、生长因子活性，是天然的癌症预防剂。

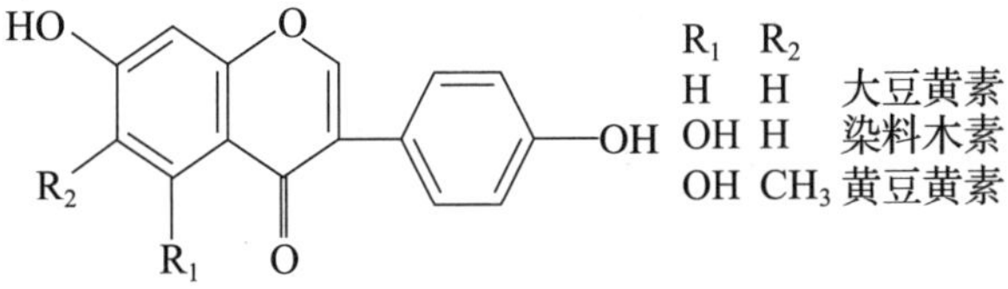

	R_1	R_2	
	H	H	大豆黄素
	OH	H	染料木素
	OH	CH_3	黄豆黄素

图 5-1　大豆异黄酮苷元的化学结构

据文献报道，大豆异黄酮提取物有延缓女性衰老，改善更年期症状、骨质疏松、血脂升高等功效；对于高雌激素水平者，表现为抗激素活性。可防治乳腺、子宫内膜、结肠、前列腺、肺、皮肤等癌细胞的生长和白血病，及其他心血管疾病；大豆异黄酮化合物能通过不同的途径改善心肌缺血症状，扩张血管、抑制血小板凝聚，降低血中胆固醇和甘油三酯含量，并有抗心律失常作用。

各种大豆制品中异黄酮含量和种类分布不同，不仅与大豆品种和栽培环境有关，还与大豆制品的加工工艺密切相关。水处理、热处理、凝固、发酵等加工环节和方法显著地影响了大豆制品中异黄酮的含量和种类分布，特别是大豆浓缩蛋白和大豆分离蛋白的不同提取方法对其中异黄酮含量影响极大。

（1）水处理：浸泡使10%的异黄酮流失于浸泡水中，且水处理后的大豆中游离型异黄酮增加，这是因为豆类自身存在的 β-glucosidases 酶水解葡萄糖苷的结果。

（2）加热：水煮加热增加了异黄酮向外渗透速率，使大量异黄酮因渗入加热水中而丢失，同时热处理还显著改变了豆制品中异黄酮种类的分布，因为热处理时 β-glucosidases 酶活性增强，使异黄酮葡萄糖苷水解为游离型异黄酮，因而制品中游离型异黄酮较原料大豆或大豆粉中的有所增加。

（3）凝固：在豆腐生产中，凝固使一部分异黄酮丢失于乳清中，丢失率为44%。

（4）发酵：发酵不影响异黄酮的含量，但改变了异黄酮种类的分布，发酵后的产品以游离型异黄酮为主要存在形式，这是因为在发酵过程中，真菌产生的大量 β-glucosidases 水解酶使异黄酮葡萄糖苷大量水解，从而导致游离型的异黄酮显著增加。

（5）加工提取方法：提取方法对大豆浓缩蛋白和大豆分离蛋白中异黄酮含量的影响非常大。如用湿热水洗法去除可溶性碳水化合物所得浓缩蛋白的异黄酮含量与原料豆中的相近，而用60%~65%的酒精水溶液洗涤浓缩法提取的大豆浓缩蛋白的异黄酮仅为原料中的1/10。

大豆异黄酮的提取可以采用甲醇、乙醇、乙酸乙酯等溶剂进行浸提。

根据大豆异黄酮分子结构，可用特征显色及荧光反应对其定性定量检测。目前主要检测方法有：利用紫外吸收特征，可采用紫外分光光度法（UV）、三波长法等进行大豆异黄酮定量检测；利用色谱原理检测大豆异黄酮方法为：高效液相色谱法（HPLC）、高效液相色谱—质谱法（HPLC-MS）、气相色谱法（GC）、气相色谱—质谱联用法（GC-MS）、毛细管电泳法（CE）等。

大豆异黄酮的提取纯化工艺路线如图 5 – 2 所示。

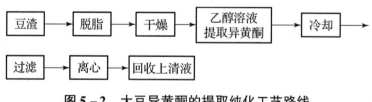

图 5 – 2　大豆异黄酮的提取纯化工艺路线

1. 溶剂提取

大豆异黄酮分子量小，具有良好的水溶性，也溶于乙醇等有机溶剂，因此采用高温溶剂提取的方法可将大豆异黄酮从破碎的大豆内提取出来；另外，也可以采用超声波辅助提取和微波辅助提取；在提取过程中，借助超声波空化技术、微波迅速加热技术等可以加速提取过程。

2. 浓缩和分离

传统溶液浓缩有溶剂蒸发的方法，现在也常采用膜过滤等方法。样品分离传统方法有结晶、挥发和过滤等。

3. 氧化铝吸附

氧化铝吸附剂为白色球状多孔性颗粒，粒度均匀，表面光滑，机械强度大，吸湿性强，吸水后不胀不裂保持原状，产品无毒、无味、无臭，不溶于水及有机溶剂，是用高纯度氧化铝经科学调配、催化精加工而成。氧化铝吸附剂具有许多毛细孔道，表面积大，可作为吸附剂、干燥剂及催化剂使用。

4. 大孔树脂吸附

大孔吸附树脂是一类不含交换基团且有大孔结构的高分子吸附树脂，具有良好的大孔网状结构和较大的比表面积，可以有选择地通过物理吸附方法吸附水溶液中的溶质再经洗脱回收，除掉杂质。

一、实验目的

（1）了解天然化合物溶剂提取的原理、实验设计和基本操作。
（2）掌握大豆异黄酮的提取、纯化和含量测定方法。
（3）熟悉用高效液相色谱法测定大豆异黄酮含量的方法。

二、实验要求

（1）学生在老师的指导下查阅相关的文献，包括植物活性成分的一般提取方法、纯化技术，大豆异黄酮的理化性质、提取和纯化技术、检测方法等。

（2）独立完成一个大豆样品中异黄酮的提取、纯化和含量测定；同时对本班级的研究结果进行整体分析，找出规律。

（3）通过操作完整实验过程，能灵活处理和解决实验中遇到的问题，优化实验方法，培养和提高实验中分析和解决问题的综合能力。

（4）根据整理的实验结果，按照科技论文的格式撰写实验报告。

三、教学形式

教学以研究型、工程型方式进行。正常分组，但每组操作之间有一定实验条件的区别；实验分若干个操作环节，连续进行；实验结果组间共享，在分析中一并讨论。

四、预习内容

（1）大豆异黄酮是纯物质吗？其主要成分的基本理化性质是什么？如何进行提取和纯化？

（2）样品提取液中目标成分的富集方法有哪些？大孔树脂的作用是什么？按分离机制可将层析技术分为哪几类？

（3）HPLC 分析方法的原理是什么？

五、实验材料、器材与仪器

1. 实验材料（供一个实验班用）

市售大豆或者豆粕（块状），每组 50～100 g，共 1 kg。AB-8 型大孔树脂 500 g。层析用氧化铝粉末 1 kg。

2. 试剂与配制（供一个实验班用）

（1）乙醇，500 mL，8 瓶；

（2）甲醇，色谱纯，4 L，1 瓶；

（3）正丁醇，500 mL，8 瓶；

（4）石油醚，500 mL，8 瓶；

（5）NaOH，500 g，1 瓶；

（6）浓盐酸，500 mL，1 瓶。

试剂配制：

（1）0.1 mol/L NaOH 溶液：称取固体 NaOH 4 g，溶至 1 L 蒸馏水中，用橡胶塞封试剂瓶；按组分若干瓶或两组 1 瓶（100 mL）。

（2）0.1 mol/L HCl 溶液：在通风橱中量取 8.62 mL 浓盐酸，稀释到 1 L。按组分若干瓶或两组 1 瓶（200 mL）。

3. 实验用品

每组用品：

（1）500 mL 锥形瓶，2 个；

（2）250 mL 锥形瓶，4 个；

（3）1 mL 取液器，1 只；

（4）1 mL 替补头，1 盒；

（5）1 000 mL 烧杯，1 个；

（6）200～250 mL 烧杯，1 个；

（7）20 cm 玻璃棒，1 个；

（8）记号笔，1 支；

（9）50 mL 量筒，1 个；

（10）6~8 cm 的玻璃加料漏斗，1 个；

（11）铁架台，1 台；

（12）1 000 mL 回流装置，1 套（含 1 000 mL 烧瓶、冷凝器、橡胶管、固定冷凝器的夹子及与铁架台配套用的双顶丝）；

（13）普通磁力搅拌器，1 台（可控温，含搅拌子，与回流烧瓶配套使用）；

（14）层析柱（底部装有烧结玻璃、旋塞，上部是具塞的磨砂口），20 mm × 30 cm，1 只；

（15）计时闹钟（或用手机），1 个。

共用实验用品：

（1）称量用天平（量程 200 g）（含配套用的称量纸），2 台；

（2）8~9 cm 布氏漏斗，5 只；

（3）封口膜，1 卷；

（4）吸耳球，5 个；

（5）8~9 cm 滤纸，4 盒；

（6）剪刀，3 把；

（7）1 000 mL 试剂瓶，1 个；

（8）普通 C_{18} 液相色谱柱；

（9）0. 22 μm 滤器，1 包；

（10）蒸馏水，1 桶；

（11）手套，2 包；

（12）5 mL 离心管，1 包；

（13）标签纸，若干；

（14）100 mL 量筒，2 个；

（15）1 000 mL 量筒，1 个；

（16）500 mL 量筒，1 个；

（17）抽滤用缓冲瓶，5 只（与布氏漏斗配套）。

4. 实验仪器

（1）物料粉碎机，1 台；

（2）旋转蒸发仪，3~5 台；

（3）水浴锅，3 台；

（4）HPLC 仪，2 套；

（5）水泵，2~4 台（与旋蒸和抽滤配套）；

（6）普通磁力搅拌器，5 台（含搅拌子）；

（7）鼓风干燥箱，1~2 台。

六、实验内容

1. 实验材料的预处理

大豆是主要的油料作物，含有大量的油脂。以大豆作为原料，应该先进行脱脂操作，或者使用脱脂后的豆粕，干燥后进行粉碎。如果采用大豆为原料，需要先用石油醚等进行脱脂；使用的豆粕残油率 <1%，经 60 ℃鼓风干燥至恒重、粉碎备用。大豆的脱脂处理，得出大豆（或者豆粕）含油率为_____%。

（1）豆粕材料的脱脂操作：用石油醚进行脱脂即可。称取一定量的大豆豆粕，用 5~10 倍体积的石油醚回流 3 h，然后过滤，保存好滤液；滤饼再煮一次，以彻底去除油脂。为节省课时，实验技术人员可以提前进行。

（2）黄豆的脱脂操作：普通黄豆经 60 ℃鼓风干燥至恒重、粉碎。称取一定量的大豆粉末，用 5~10 倍体积的石油醚回流 3 h，然后过滤，保存好滤液；滤饼再煮一次，以彻底去除油脂。

2. 大豆异黄酮的提取与浓缩

本实验采用正交设计的方法进行设计，不同实验组采用不同条件。提取液为 50%、70%、90% 的乙醇水溶液；料液比为 1:10、1:15 和 1:20（g:mL）；提取时间用 0.5 h、1.0 h、1.5 h；提取温度采用 50 ℃、65 ℃、80 ℃。其正交设计试验表如表 5-1。本组选用实验条件为_____。每个实验组提取一次。

表 5-1　大豆异黄酮提取的正交设计实验表 L_9 (3^4)

实验	乙醇比例/%	料液比/(mL·g^{-1})	提取时间/h	提取温度/℃	提取量/mg
1	50	10	0.5	50	
2	50	15	1.0	65	
3	50	20	1.5	80	
4	70	10	1.0	80	
5	70	15	1.5	50	
6	70	20	0.5	65	
7	90	10	1.5	65	
8	90	15	0.5	80	
9	90	20	1.0	50	

1）回流萃取操作

（1）搭建好回流装置。

（2）根据上述实验设计，如第 1 组，取 30 g 原料，放入回流瓶，加入 10 倍体积（即 300 mL）的 50% 乙醇，升高温度至 50 ℃，提取 0.5 h。

（3）过滤：用布氏漏斗进行过滤，保留好滤饼。提取 1 次即可。

对照组：可考虑选择第 4 组。进行两次提取：在第 1 次提取结束后，将滤饼重新放回回流瓶，进行二次提取，单独保存滤液。

样品的保存：取样 1 mL 提取液，用于 HPLC 分析。

2）减压脱乙醇

将上述提取液用旋蒸仪脱去乙醇（温度在 45～55 ℃，回收乙醇），得到大豆异黄酮的浓缩粗水提液。转移至小试剂瓶或锥形瓶中，备用（回收的样品体积：＿＿＿＿＿＿mL）。

3. 大豆异黄酮的吸附法纯化

本实验采用两种纯化方法，一是氧化铝吸附方法；二是大孔树脂吸附方法。二者使用的样品略有不同，前者所用的粗水提液需要进行 pH 调整，后者是直接用上述粗水提液。

1）氧化铝层析柱精制大豆异黄酮的操作

在上述粗水提液中加入 0.1 mol/L 的盐酸或者 0.1 mol/L 的氢氧化钠溶液，调节 pH 至中性。此时，中性溶液中将出现沉淀，然后用布氏漏斗过滤（单层或双层滤纸），得到的沉淀物即为含大豆异黄酮的粗产物。抽滤后，将黏附有提取物的滤纸置于烘箱中于 50～60 ℃烘至恒重，备用。

（1）氧化铝层析柱的干法装柱与平衡：相对于湿法装柱，干法装柱更方便，但是要注意干法装柱的缺陷是容易产生气泡，导致柱子填料不均匀。因为氧化铝在洗脱剂中不会形成溶胶，使用氧化铝层析柱时多采用干法装柱。

先取一小块脱脂棉放入层析柱底部，或者使用带有筛板的玻璃层析柱垂直固定在铁架台上。然后用加料漏斗向层析柱中加氧化铝粉末，用吸耳球轻轻敲击柱子侧面，直至氧化铝不再沉降。接着，可以采用真空泵抽柱子以确保氧化铝压实，否则氧化铝中残留的大量气体会导致装柱效果不佳。装柱高度为 20～24 cm（此时柱高：内径一般略大于 10）。最后，用 5～6 倍柱体积的洗脱液（正丁醇）冲洗层析柱，以充分赶走气泡，使洗脱液与氧化铝之间的作用达到充分平衡，避免层析柱内出现新气泡。

（2）制样：取上述 0.2 g 中性溶液中的烘干的沉淀物溶解于适量正丁醇溶液中即可。

（3）进样及洗脱：将上述样品的正丁醇溶液加于氧化铝吸附柱上进行吸附，

打开下部出口，使样品慢慢进入层析柱，然后关闭下端出口；在层析柱中加入正丁醇，连接好管路，用正丁醇溶液淋洗，洗出大豆异黄酮的不同组分，流速 $2 \sim 3$ mL/min。用紫外检测器在 254 nm 进行检测，用不同试管或者锥形瓶进行收集（按峰收集）；然后分别用旋转蒸发仪进行浓缩，得到大豆异黄酮的精制产物。

2）大孔树脂对大豆异黄酮的纯化

除使用上述的氧化铝吸附柱纯化大豆异黄酮外，也可以使用大孔树脂对其进行吸附纯化。用上述的大豆水溶液直接进样，水冲洗后用不同浓度的乙醇水溶液冲洗即可。具体操作如下：

（1）AB-8 大孔树脂的预处理：取约 120 mL 大孔树脂，用乙醇浸泡、悬浮 $3 \sim 4$ 次，然后倒出乙醇（回收），直到倒出液无浑浊为止。然后用蒸馏水悬浮 $3 \sim 4$ 次，以除去树脂内的乙醇，备用。

（2）装柱：在铁架台上垂直固定好层析柱，在底部加入 $5 \sim 8$ cm 高的蒸馏水，关闭下端出口，将处理并悬浮好的树脂倒入层析柱，装调高度为 $34 \sim 36$ cm，然后用 $3 \sim 5$ 倍蒸馏水冲洗层析柱，流速为 _____ mL/min（可以采用 $2 \sim 4$ mL/min）。

（3）进样及冲洗：以 $1 \sim 3$ mL/min 的流速上样（粗水提取液 $100 \sim 200$ mL）；进样后用蒸馏水冲洗柱内或管道内的杂质等。

（4）洗脱：冲洗结束后，依次用 1 个柱体积的 10% 乙醇、1 个柱体积 40% 乙醇、2 个柱体积 80% 乙醇洗脱，分别收集 40% 乙醇和 80% 乙醇洗脱液，洗脱流速 $2 \sim 4$ mL/min，分别蒸干溶剂，得到大豆异黄酮精制产物，重量分别为 _____g、_____g。各浓度乙醇洗脱大豆异黄酮洗脱率为 _____%、_____%，大豆异黄酮总回收率为 _____%（回收率：收集产物总重量与上样量之比）。

4. 大豆异黄酮的乙醇重结晶

取上述 $100 \sim 200$ mg 大豆异黄酮精制产物，加入 $30 \sim 40$ mL 丙酮于丙酮沸点（55 ℃）溶解，用滤纸过滤不溶物，水浴加热蒸干丙酮，得到 _____mg 纯化样品；然后使用热无水乙醇完全溶解纯化样品，放置在 4 ℃ 环境对大豆异黄酮进行重结晶，得到晶体称重 _____mg。

所得结晶中大豆异黄酮纯度（需要用 HPLC 定量）达到 _____%，回收率为 _____%。

5. 高效液相色谱检测大豆异黄酮

使用 HPLC 仪器进行标准曲线的制作。

准确称取大豆异黄酮的主要成分物质（可以选染料木素、染料木苷、大豆苷元、大豆苷和黄豆黄苷中的 2 种）标准物质 5 mg，用色谱纯甲醇定容至 50 mL，即标准液。分别移取标准液的 0.1 mL、0.5 mL、0.8 mL、1.2 mL、5 mL 置于 10 mL 容量瓶中，加乙醇定容，254 nm 处进行检测，用标准物质浓度对色谱曲线的峰面积作图，得到大豆异黄酮各成分的标准曲线。

HPLC 色谱条件为：

采用普通 C_{18}（150 mm × 4.6 mmID，5 μm）色谱柱，以甲醇和水溶液（3/7）为流动相，流速为 1 mL/min，柱温为 40 ℃，检测波长为 254 nm，进样量为 10 μL。

样品检测和分析：

样品为前述实验中获得的各个样品，包括提取样品（粗水溶液或者粗水溶液蒸干的固体产）、精制的样品、丙酮溶解的纯化样品和乙醇重结晶的产品，用色谱纯甲醇进行溶解（浓度约为 0.05 mg/mL），经过 0.22 μm 的滤器过滤，在 HPLC 仪上进样分析。

6. 实验结果处理

可以针对大豆异黄酮的各成分进行得率计算，也可以综合大豆异黄酮的所有成分进行得率计算。

$$W = (C \times V/M) \times 100\%$$

式中：C 为大豆异黄酮浓度，mg/mL；V 为大豆异黄酮提取液的体积，mL；M 为所用的大豆粉或粉饼的质量，mg；W 为大豆异黄酮得率。

综合班级中不同提取条件，进行数据分析，完成实验报告。

七、思考题

（1）文献中提供的大豆异黄酮主要成分包括哪些物质？须给出明确的文献出处（1~2 篇）。

（2）在本实验结果的基础上运用理论课所学知识，你认为用何种方法或技术能够获得大豆异黄酮的纯品？

（3）根据整理的实验结果，分析大豆异黄酮提取的影响因素中最大的影响因素是哪个？其他影响因素对提取率影响如何？

（4）除了实验中使用的乙醇浓度、提取温度、提取溶剂与物料比、提取时间等因素对大豆异黄酮的提取有影响之外，还有哪些影响因素，如何进行实验设计证明？

参考文献

［1］杨守凤，徐建雄. 大豆异黄酮提取和纯化的最新研究进展［J］. 饲料研究，2013（12）：15－19.

［2］康新莉，田蒙蒙，闫丽萍，等. 大豆异黄酮的纯化工艺研究［J］. 应用化工，2013（11）：2015－2017.

［3］李雪莹，王铎，范素杰，等. 大豆异黄酮的提取优化与测定［J］. 大豆科学，2018（4）：303－309.

［4］张海军，苏连泰，李琳，等. 高效液相色谱法（HPLC）测定大豆异黄酮含量的研究［J］. 大豆科学，2011（4）：672－675.

实验 18　辣椒有效成分的提取和分离

组长：_____操作核查员：_____数据记录员：_____

辣椒是一年生草本茄科植物，原产于中南美洲热带地区，据考古学调查，辣椒在其本土生长栽培历史已达 5 000 ~ 6 500 年之久。我国是辣椒的种植生产大国，南北均有广泛栽种，产量居世界第一位，年总产量高达 5 000 万 ~ 6 000 万吨。我国早在明代就有关于辣椒的药理作用论述，明代的《食物本草》中载有辣椒"消宿食，解结气，开胃口，辟邪恶，杀腥气诸毒"的说法，其他药物书籍也多有描述。辣椒能温中散热、除湿杀虫、消食解毒、抑菌止痒、开郁去痰，可以治疗风湿性关节炎、关节疼痛、扭伤或挫伤及毒虫咬伤等症。医学研究表明，辣椒不仅营养丰富，其中辣椒素和钴的含量高，而且含有能力很强的杀菌素，也可预防癌症、治疗数十种疾病。

辣椒中含有多种有效成分。其果实中含有辣椒素（capsaicin）类化合物、类胡萝卜色素（包括辣椒红素、叶黄素、β-胡萝卜素等）、维生素（包括维生素 A、维生素 B_2、维生素 C 和维生素 P，其中维生素 C 含量丰富，居各种蔬菜之冠）、有机酸、挥发油等，《美国药典 24》版已将辣椒素收载，将该产品作为治疗疱疹后遗神经痛、糖尿病性神经痛的首选药物。辣椒红素、辣椒玉红素已被美国、英国、日本、EEC（欧洲经济共同体）、WHO（世界卫生组织）和中国国标等国家和组织审定为无限制性使用的天然食品添加剂，其在国际市场需求量大。

辣椒中的辛辣成分由一系列同系物或相似物所组成，它们的结构和性质非常相似，被统称为辣椒素类物质，至今已发现有 20 种以上的辣椒素类物质，它们主要是辣椒素、二氢辣椒素、降二氢辣椒素等。其中辣椒素（69%）和二氢辣椒素（22%）占总量的 90% 以上，结构式如图 5-3 所示。

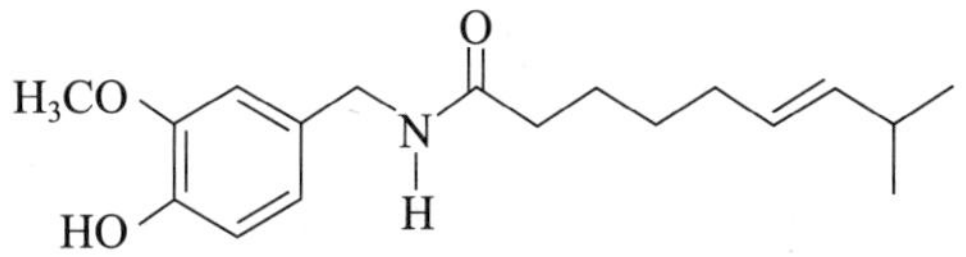

（a） 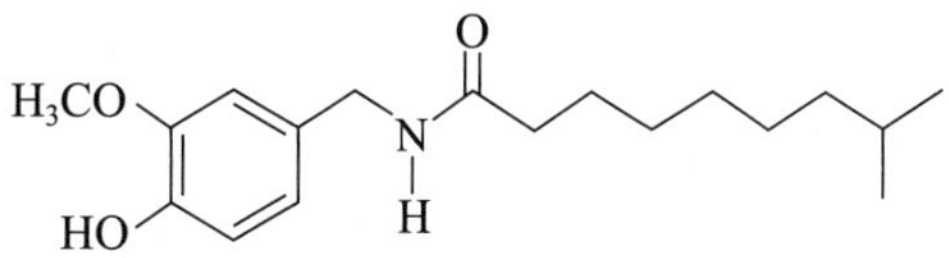　　　　　　　　　　　　　　　　（b）

图 5-3　辣椒素和二氢辣椒素结构式

（a）辣椒素；（b）二氢辣椒素

辣椒的显色物质主要是辣椒红色素，辣椒红色素是天然红色素的一种，别名辣椒红、辣椒色素、椒红素、辣红素，是一种存在于成熟红辣椒果实中的四萜类橙红色色素，属类胡萝卜色素。辣椒红色素主要含辣椒红素（capsanthin）和辣椒玉红素（分子结构见图 5 – 4）。辣椒果皮含有丰富的辣椒红素和辣椒玉红素。纯的辣椒红色素是有光泽的深红色针状结晶，呈橙红、橙黄色调。纯的辣椒红色素熔点为 175 ℃左右，易溶于有机溶剂，如丙酮、三氯甲烷、植物油、乙醚、乙醇等，不溶于甘油和水。与浓无机酸作用显蓝色。具有较好的分散性，在 pH 为 3～12，温度为 25～70 ℃较为稳定；还原剂对其基本无影响，耐氧化性差，金属离子中 K^+、Na^+、Al^{3+}、Zn^{2+}、Ca^{2+} 对其无影响，可与这些添加剂一起使用，但应避免与 Cu^{2+}、Fe^{2+}、Fe^{3+} 及有机酸一起使用；辣椒红素耐光性差，暴露于室外强光下易褪色。

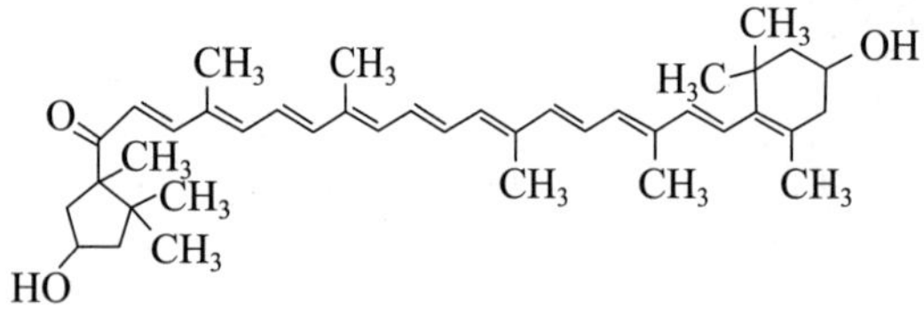

图 5 – 4　辣椒红素和辣椒玉红素分子结构

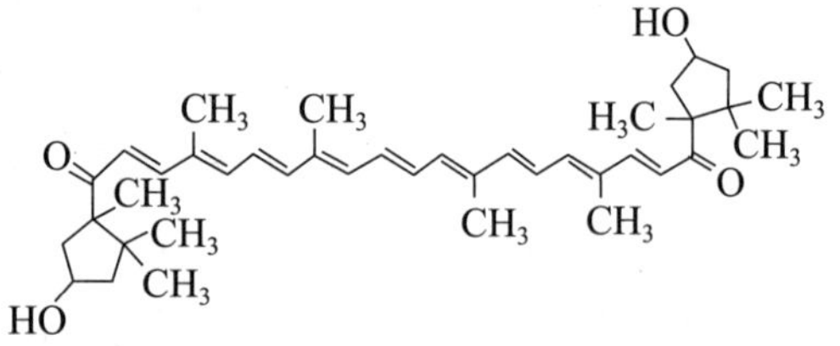

(a) 辣椒红素；(b) 辣椒玉红素

在提取辣椒红色素过程中，考虑到辣椒素类物质是辣椒中的辛辣成分，因此辣椒素类物质应该尽可能除去。

辣椒素属于有机胺类生物碱（其结构特点是氮原子不结合在环内）。一般生物碱的提取方法，按所用溶剂的不同可分为以下几种。

（1）水提取法：直接以水为溶剂，采用一定的提取工艺来提取生物碱；本实验即采取此方法。

（2）酸性水溶液提取法：采用偏酸性水溶液，使生物碱与酸作用生成盐而进行提取。

（3）碱性水溶液提取法：对于那些化学结构非常独特、化学性质与一般生物碱不同且在酸性或中性条件下不稳定的生物碱，采用稀 NaOH 溶液进行提取。

（4）有机溶剂提取法：对于游离生物碱及其盐类一般采用乙醇提取法。其他有机溶剂法则是根据相似相溶原理，对于不同性质的生物碱选取最佳的有机溶剂进行提取。

在提取辣椒素操作中，研究人员也经常采取超声波、微波等辅助技术以加速提取过程。①超声提取过程产生强烈的振动、空化、搅拌，与传统提取方式比较具有收率高、生产周期短、无须加热、有效成分不被破坏等优点。②微波辅助提取时，提取物与溶剂共同处于微波场中，目标组分分子受到高频电磁波的作用，产生剧烈振荡，分子本身获得了巨大的能量以挣脱周边环境的束缚，当环境存在一定的浓度差时，可以在极短时间内实现分子自内向外的迁移，最后达到一个平衡点，这就是微波可以短时间内实现提取的原因。

可以采用光谱法和高效色谱法对活性成分辣椒素等进行检测。

一、实验目的

（1）了解天然化合物溶剂提取法的原理、实验设计和基本操作。

（2）掌握辣椒素等活性成分的提取、纯化和含量测定方法。

二、实验要求

（1）学生在老师的指导下查阅相关的文献，包括生物活性成分的一般提取方法、纯化技术，辣椒成分的理化性质、提取和纯化技术、检测方法。

（2）独立完成一个实际样品中辣椒成分的提取、纯化和含量测定；同时对本班级的研究结果进行整体分析，找出规律。

（3）通过完整实验过程，能灵活处理和解决实验中遇到的问题，优化实验方法，提高实验过程中分析和解决问题的综合能力。

（4）根据整理的实验结果，按照科技论文的格式撰写实验报告。

三、教学形式

教学以研究型、工程型方式进行。正常分组，但每组操作之间有一定区别；实验分若干个操作环节，连续进行；实验结果组间共享，在分析中一并讨论。

四、预习内容

（1）辣椒素和辣椒红素等成分的基本理化性质。

（2）样品提取液中目标成分的检测方法有哪些？溶液萃取的基本操作有哪几类？

（3）反相 HPLC 分析法的应用有哪些？

五、实验材料、器材与仪器

1. 实验材料（供一个实验班用）

市售干红辣椒，每组 50～100 g，共 1 kg。

2. 试剂与配制（供一个实验班用）

（1）乙醇，500 mL，8 瓶；

（2）乙酸丁酯，500 mL，8 瓶；

（3）正己烷，500 mL，8 瓶；

（4）NaOH，500 g，1 瓶；

（5）盐酸，500 mL，1 瓶；

（6）正相硅胶，500 g，1 瓶。

试剂配制：

（1）1 mol/L NaOH 水溶液：称取 40 g NaOH，溶解到 1 L（终体积）蒸馏水中。

（2）1 mol/L HCl 水溶液：在通风橱中量取 86.2 mL 浓盐酸，稀释到 1 L（终体积）蒸馏水中。

3. 实验用品

每组用品：

（1）500 mL 锥形萃取器，1 个；

（2）计时器（或用手机），1 个；

（3）1 mL 取液器，1 只；

（4）1 mL 替补头，1 盒；

（5）250 mL 量筒，1 个；

（6）20 cm 玻璃棒，1 个；

（7）10 mL 容量瓶，6 个；

（8）记号笔，1 支；

（9）铁架台（带铁圈及固定层析柱的夹子、双顶丝），1 台；

（10）普通磁力搅拌器，1 台（可控温，含搅拌子，与回流烧瓶配套使用）；

（11）层析柱（底部装有烧结玻璃、旋塞，上部是具塞的磨砂口），20 mm × 40 cm，1 只；

（12）1 000 mL 回流烧瓶，1 套（含烧瓶、冷凝器、橡胶管、固定冷凝器的夹子及与铁架台配套用的双顶丝）。

共用实验用品：

（1）称量用天平（量程 200 g，含配套用的称量纸），2 台；

（2）500 mL 量筒，2 个；

（3）抽滤瓶（含布氏漏斗），4~5 套；

（4）封口膜，1 卷；

（5）8~9 cm 滤纸，4 盒；

（6）剪刀，3 把；

（7）手套，2 包；

（8）普通 C_{18} 液相色谱柱；

（9）0.22 μm 水性滤膜（5 cm），1 盒；

（10）标签纸，若干；

（11）100 mL 量筒，2 个；

（12）2 mL 或 5 mL 离心管，1 包；

（13）1 000 mL 旋蒸用烧瓶，8~10 个；

（14）蒸馏水，1 桶。

4. 实验仪器

（1）物料粉碎机，1 台；

（2）4 孔或 6 孔水浴锅，3~4 台；

（3）鼓风干燥箱，1 台；

（4）HPLC 仪，2 套；

（5）旋转蒸发仪，4~5 套；

（6）紫外 - 可见分光光度计，3~4 台；

（7）超声波提取器，1~2 台；

（8）微波提取器，1~2 台；

（9）80~100 目筛子，1 套；

（10）精密电子天平，1 台。

六、实验内容

1. 实验材料的预处理

本实验采用市售干红辣椒为原料，对干红辣椒进行干燥（50~60 ℃，烘 6~8 h），然后用粉碎机把干红辣椒进行粉碎，过 80 目筛，所得辣椒粉用于提取分离操作。（本操作应提前进行，节约实验课时。）

2. 辣椒有效成分的提取与浓缩

班级分若干组，每组选用不同的乙醇和水比例的溶液（50%，60%，70%，80%，90%）。在加热的条件下，进行传统溶剂提取，并对提取时间进行研究，在不同时间取样（30 min，60 min，120 min）100 μL，以备检测。提取时间为 2 h，提取次数为一次。下面所给出的方法，各学校可根据各自教学班自由选取。

（1）高温水煮法：每组称取 50 g 混匀后的辣椒样品，置于 1 000 mL 回流瓶中，加入一定乙醇浓度的提取液 750 mL，浸泡 1 h，然后置于设定温度下煎煮，其间不断搅拌。

加热结束的溶液待放凉后，用双层滤纸进行真空过滤，滤液于旋转蒸发仪浓缩，获得浸膏（_____ g），确保将乙醇去除干净，标清样品号。

（2）超声波提取法：称取 50 g 混匀后的辣椒样品，置于 1 000 mL 烧杯中，加入 750 mL 一定浓度的乙醇提取液，浸泡 1 h，然后置于超声波提取器中。超声处理 5 min，停 1 min，共处理 1 h。

提取后，用双层滤纸进行过滤，滤液于旋转蒸发仪浓缩，获得浸膏（_____ g），确保将乙醇去除干净，标清样品号。

（3）微波提取法：称取 50 g 混匀后的辣椒样品，置于 1 000 mL 烧杯中，加入 750 mL 一定浓度的乙醇提取液，浸泡 1 h，然后置于微波提取器中。微波处理 5 min，停 1 min，共处理 20 min。

提取后，用双层滤纸进行过滤，滤液于旋转蒸发仪浓缩，获得浸膏（_____ g），确保将乙醇去除干净，标清样品号。

3. 辣椒有效成分的萃取

取得到浸膏 2 g（或每组实际获得的提取物的总量），用 1 mol/L 的 NaOH 20 mL 溶解，得到溶液（_____ mL），并用正己烷 20 mL 进行萃取，萃取两次，记录有机溶液体积（_____ mL），然后用 1 mol/L 盐酸溶液调 pH 小于 6 后，继续用前述有机溶剂 20 mL 进行萃取，两次萃取液合并，体积为（_____ mL），用旋转蒸发仪浓缩所得萃取液，并干燥，得到萃取物固体（_____ mg）。该固体为天然辣椒有效成分混合物粗品。

比较常规高温溶剂提取与超声萃取提取和微波提取等提取物重量百分数。

4. 辣椒有效成分的层析法分离

用柱层析的方法从上述粗萃取物中分离提纯辣椒有效成分。

注：每组所用样品是上述粗萃取物的混合样，以确保各实验组进行层析时的样品是相同的。

（1）装柱及柱平衡：普通硅胶柱的装填方法有两种，即干法装柱和湿法装柱，本次实验选择湿法装柱。将层析柱垂直固定在铁架台上，底部加入 5～7 cm 高的乙酸乙酯和正己烷（1/1，V/V）混合溶剂，打开底部的旋塞，排出管道内的空气，然后倒入用上述混合溶剂悬浮的硅胶，硅胶会较快速度下沉，沉降高度可控制在 24～26 cm（即柱高：内径一般大于 10∶1）（实际高度是_____ cm）；用 3～5 倍的上述混合溶剂冲洗层析柱，以淋洗其中的杂质和装填均匀，其间也可以用铅笔或吸耳球轻敲层析柱。

注：在装柱、柱平衡及后续的进样、洗脱过程中，要确保液体始终高于或略高于硅胶介质，不能让气泡进入层析柱内，以免影响层析效果。由于采用的是易挥发的有机溶剂，因此整个过程要时刻观察层析柱内的液体蒸发情况。

（2）制样：将 2 g 硅胶倒入适量的上述萃取物粗品（_____mg）的纯乙醇溶液中，充分搅拌，在水浴上慢慢蒸干溶剂。

（3）上样：把制好的样品均匀平整地加在层析柱吸附剂的上端，可在硅胶表面覆盖一薄层脱脂棉（或者海砂），以减少液体对硅胶界面的冲击；盖好上盖。

（4）洗脱：打开检测器；接上恒流泵，每组按照选好的洗脱剂比例进行洗脱。采用乙酸乙酯和乙醇的混合比例分别为 9/1、8/2、7/3、6/4、5/5 等比例进行洗脱（每个比例洗脱 3~5 个柱体积）。本组所使用的洗脱剂比例为_____，流速为 2~4 mL/min。

注：①每组用的洗脱剂是不同的；②若学时充分的话，每个组可以依次用上述溶剂冲洗层析柱并分别收集。至少是每个班选取 1~2 组进行本操作，以便作为对照，判断各层析溶剂的洗脱情况。

（5）收集：在紫外检测器（280 nm）上看到有吸收峰出现时，用锥形瓶收集出峰部分洗脱液，共有_____个吸收峰，分别浓缩洗脱液，获得辣椒有效成分粗品。计算各种有效成分的提取率为_____%。

（6）定量：制作辣椒有效成分的标准曲线。用辣椒素、二氢辣椒素等标准物质制作系列标准浓度乙醇溶液，制作标准曲线（可参照 HPLC 标准溶液配制）。用无水乙醇_____mL 溶解有效成分粗品_____mg（按照 0.5 mg/mL标准配制），用标准曲线对比，在分光光度计上（280 nm）进行定量分析，有效成分粗品共有_____mg。

注：此定量操作，在开展下面的 HPLC 操作时，可以省去；若不进行 HPLC法定量，需要进行。

5. 高效液相色谱法检测辣椒素

使用 HPLC 仪，进行样品纯度的检测和标准曲线的制作。

准确称取辣椒素和二氢辣椒素的标准物质各 5 mg，分别用无水乙醇定容至 10 mL（0.5 mg/mL），即原始溶液。分别移取标准液的 0.5 mL、1 mL、2 mL、3 mL、4 mL、5 mL 置于 10 mL 容量瓶中，加乙醇定容，300 nm 处测定吸光值，得到辣椒素和二氢辣椒素的标准曲线。

HPLC 色谱条件为：采用 C_{18}（250 mm×4.6 mmID，5 μm）色谱柱，以甲醇-水溶液（80/20）为流动相，流速为 1 mL/min，柱温为 25 ℃，检测波长为 280 nm，进样量为 10 μL。

对上述的萃取物固体——有效成分粗品进行纯度分析。分别称量25 mg 固体溶于 100 mL 无水乙醇中，并用 0.22 μm 滤器过滤，然后在 HPLC 上分析，并进行定量计算。所分析的样品中，乙醇粗提取液中辣椒素为_____mg/mL；萃取后的样品中辣椒素为_____mg/g；层析后的样品中辣椒素为_____mg/g。

6. 实验结果处理

对各组不同实验条件获得的数据进行整理，整理全班数据并对提取分离的结果进行讨论和分析。整理分离色谱图，并计算各提取物的比例（产率）。

七、思考题

（1）采用不同比例的乙醇水溶液提取辣椒，结果说明了什么问题？为什么可以用碱溶液、酸溶液进行萃取？查阅文献回答。

（2）在不同的提取时间所获得的辣椒素量的变化与什么因素有关？

（3）在柱层析分离的装柱和淋洗过程中应该注意什么问题？

（4）在辣椒素层析分离过程中要始终保持洗脱剂液面高于上层硅胶，为什么？

参考文献

[1] 詹家荣，施险峰，安国成. 辣椒素的制备技术以及应用前景 [J]. 化学试剂，2010，32（5）：417－421.

[2] 王遵臣，于海宁，沈生荣，等. 辣椒素分子印迹聚合物的制备及其在固相萃取中的应用 [J]. 食品科学，2013，34（12）：45－49.

[3] 王立升，张阳，庞丽. HPLC 法测定广西指天椒中三种辣椒碱类物质的含量 [J]. 广西大学学报，2009，34（3）：332－335.

实验 19　灵芝酸类成分的提取与分离

组长：_____操作核查员：_____数据记录员：_____

灵芝在我国古代被人盛传为仙草，可治愈百病。古代医学家发现灵芝通过扶正固本使人体处于平衡状态。从现代医学的眼光看是起了生物反应调节剂的作用，近 30 年的研究表明，灵芝中的多糖类、灵芝酸类等是其重要的活性成分。灵芝多糖可提高机体免疫力，提高机体耐缺氧能力，消除自由基，抑制肿瘤生长，抵抗射线的辐射，提高肝脏、骨髓、血液合成 DNA、RNA、蛋白质的能力等，即通过直接或间接对免疫系统的影响，维持机体的免疫调节平衡，提高机体抗病能力。灵芝酸类属三萜类物质，具有典型高度氧化的羊毛甾烷结构（图 5-5）。取代基团的不同，使得灵芝酸类呈现多种衍生物，碳原子数为 C_{24}、C_{27} 和 C_{30}；目前已从灵芝子实体和灵芝孢子中分离 100 多种类似物。灵芝酸虽然呈现一定的极性基团，但整体上表现出疏水性，因此一般用乙醇或氯仿等有机溶剂进行抽提。灵芝酸 A 和灵芝酸 B 是含量最高，也是最早分离纯化的灵芝酸类成分。灵芝酸对于一些肿瘤有显著的抑制作用，这也是目前灵芝酸类成分受到广泛关注的原因。

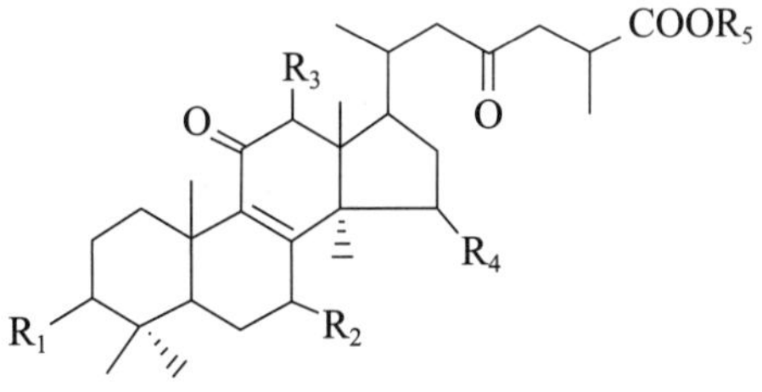

图 5-5　灵芝三萜类化合物的基本结构

注：$R_1 \sim R_5$ 可以是 H 或其他极性或疏水性基团。

灵芝酸在碱性条件下转变成可溶于水的盐形式，因此本实验拟采用弱碱提取方式对其进行提取，然后进行酸化，使其以不溶于水的有机酸形式析出，再通过萃取或离心、过滤方法浓缩，进一步采取硅胶层析方法纯化。

硅胶是一种普遍使用的极性吸附剂，硅胶颗粒（相当于固定相）表面的硅羟基可以和样品内的极性分子发生非特异的相互作用，进而吸附不同种类、大小、极性的物质分子，而非极性的分子则不与硅胶颗粒发生吸引作用。如果在洗脱剂（流动相）添加一定量的极性溶剂，则可以根据极性的大小将吸附在硅胶颗粒表面的分子逐步洗脱（近似于挤兑）下来，进而将不同的成分分开。

一、实验目的

（1）了解天然化合物的提取原理、实验设计和基本操作。

（2）掌握灵芝子实体中灵芝酸的提取与分离技术。

二、实验要求

（1）学生在老师的指导下查阅相关的文献，包括生物活性成分的一般提取方法、纯化技术，灵芝酸的理化性质、提取和纯化技术、检测方法。

（2）独立完成一个实际样品中灵芝酸的提取、分离工作；同时对本班级的研究结果进行整体分析，找出规律。

（3）通过完整实验过程，能灵活处理和解决实验中遇到的问题，优化实验方法，提高实验过程中分析和解决问题的综合能力。

（4）根据实验结果，按照科技论文的格式撰写实验报告。

三、教学形式

教学以研究型、工程型方式进行。正常分组，但每组操作之间有一定区别；实验分若干个操作环节，连续进行；实验结果组间共享，在分析中一并讨论。

四、预习内容

（1）从相关文献中查阅灵芝酸基本的理化性质。

（2）样品提取液中目标成分的富集方法有哪些？灵芝酸的纯化方法有哪些？原理是什么？

五、实验材料、器材与仪器

1. 实验材料（供一个实验班用）

市售灵芝子实体（片状），每组 30～50 g，共 1 kg。实验开始前，需要进行烘干和一定的破碎处理。

2. 试剂与配制（供一个实验班用）

（1）乙醇，500 mL，8 瓶；

（2）氯仿，500 mL，4 瓶；

（3）甲醇，500 mL，10 瓶；

（4）$NaHCO_3$，500 g，6 瓶；

（5）无水硫酸钠，500 g，4 瓶；

（6）盐酸，500 mL，4 瓶；

（7）巴比妥钠。

试剂配制：

0.05 mol/L 巴比妥钠溶液的配制：称取 10.31 g 巴比妥钠（MW = 206.17）溶解后定容至 1 000 mL。

3. 实验用品

每组用品：

（1）50 mL 离心管，4 只；

（2）50 mL 离心管架，1 个；

（3）5 mL 取液器，1 只；

（4）5 mL 替补头，1 盒；

（5）500 mL 回流瓶（圆底烧瓶），1 个；

（6）与回流瓶配套的冷凝管，1 个；

（7）500 mL 烧杯，1 个；

（8）200 ~ 250 mL 试剂瓶或三角瓶，6 ~ 8 个；

（9）500 mL 或 1 000 mL 萃取瓶，1 个；

（10）带圆形铁圈的铁架台，1 个；

（11）记号笔，1 支；

（12）500 mL 量筒，1 个；

（13）层析柱（内径 20 mm，高 45 ~ 50 cm），带有聚四氟乙烯柱塞，16 只；

（14）滴管，2 个。

共用实验用品：

（1）称量用天平（量程 200 g）（含配套用的称量纸），2 台；

（2）离心管平衡用台秤，2 ~ 3 台（各含两个 50 mL 或 100 mL 烧杯，烧杯固定在托盘上）；

（3）8 ~ 9 cm 布氏漏斗，6 只；

（4）抽滤用缓冲瓶，6 只（与布氏漏斗配套）；

（5）8 ~ 9 cm 滤纸，4 盒；

（6）剪刀，4 把；

（7）1 000 mL 试剂瓶，4 个；

（8）连接冷凝管和水龙头的乳胶管，若干；

（9）2.5 L 或 4 L 试剂瓶，4 ~ 6 个；

（10）滤瓶（配 0.22 μm 滤膜）；

（11）封瓶膜，2 卷；

（12）标签纸，若干；

（13）1 000 mL 量筒，1 个；

（14）500 mL 量筒，1 个；

（15）蒸馏水，2 桶；

（16）PE 手套，2 包；

（17）硅胶（300～400 目），4 瓶（500 g）；

（18）口罩，若干；

（19）碎冰，20～30 kg；

（20）计时闹钟，若干个（可用手机计时）。

4. 实验仪器

（1）物料粉碎机，1 台；

（2）紫外－可见分光光度计，4 台；

（3）大容量离心机（50 mL×6），2～3 台；

（4）旋蒸仪，4 套；

（5）单孔或多孔水浴锅/加热套，4～6 台；

（6）普通磁力搅拌器，16 台（含搅拌子）；

（7）抽气用水泵，2～4 台（8～10 个抽气口）；

（8）普通层析装置（带有紫外检测仪、层析柱、柱塞泵及连接管线等），若干台；

（9）普通高效液相层析仪（配常规 C_{18} 分析柱），若干台。（若不对分离到的灵芝酸组分进行组分分析，可以不配备此设备。）

六、实验内容

1. 实验材料的预处理

市售灵芝干片于50～60 ℃烘干至恒重（6～8 h），简单掰碎成2～4 cm 大小，然后用粉碎机粉碎；材料混匀后备用。另取适量灵芝干片用剪刀剪成0.5 cm 见方、混匀；再取一定量的灵芝片，简单掰碎成2～4 cm 大小即可。（本步操作提前进行。）

2. 实验设计

灵芝酸类的提取效果与多种因素有关，如提取温度、提取次数、提取前的浸泡时间、粉碎情况、提取溶剂情况等，由于提取过程采用恒温回流条件，因此本实验主要考虑其他 4 个因素对灵芝酸类提取的影响，故在多组同学进行实验时可考虑采用正交设计（$L_9(3^4)$）的方法来考察何种因素对提取效果的影响最大，以便于优化提取工艺。本实验考察的实验因素及水平如表 5 – 2 所示，实验设计见表 5 – 3。

表 5 – 2　本实验考察的实验因素及水平

水平	提取溶剂中氯仿含量/%	提取次数/次	提取前的浸泡时间/h	物料粉碎度/级
1	0	1	0	低
2	95	2	1.0	中
3	100	3	1.5	高

注：提取溶剂中氯仿含量是指氯仿在乙醇作为提取溶剂时所占的比例（下同）。

表 5 – 3　实验设计（$L_9(3^4)$）

实验	提取溶剂中氯仿含量/%	提取次数	提取前的浸泡时间/h	物料粉碎度/级	灵芝酸提取量/mg
1	0	1	0.5	低	
2	0	2	1.0	中	
3	0	3	1.5	高	
4	95	1	1.0	高	
5	95	2	1.5	低	
6	95	3	0.5	中	
7	100	1	1.5	中	
8	100	2	0.5	高	
9	100	3	1.0	低	

3. 灵芝酸类的提取 1（有机溶剂提取法）

根据表 5 – 3 的正交设计，9 个实验组每组条件都不相同。如实验 1 组的条件是：提取溶剂中氯仿含量为 0（即用纯乙醇提取）、提取 1 次、回流前浸泡 0.5 h、灵芝片简单掰碎或保持原状；实验 7 组的条件是：提取溶剂为纯氯仿、提取 1 次、回流前浸泡 1.5 h、灵芝片用手充分掰碎。对于实验组超过 9 组的情况，可以对上述任何一组或几组采用多组重复的方法。

各组将灵芝原料 20 g 装入 500 mL 回流瓶，按 1∶15 的料液比加入提取溶剂 300 mL，开启冷凝管，浸泡一定时间，启动加热装置，温度在 50～60 ℃，回流 1.0 h，然后倒出回流液，保存好。如进行第 2 次提取，按 1∶10 的料液比向回流瓶中加入提取溶剂 200 mL，回流，1.0 h 后倒出回流液并与前次回流液合并；

第 3 次提取操作同第 2 次，合并 3 次滤液后用滤纸过滤，体积_____mL。

对于使用不同溶剂的实验小组，以下操作略有区别：

（1）对于仅用氯仿提取的实验组，将过滤后提取液全部（可以分几次）转移至旋蒸仪中，浓缩至 100~150 mL，再转入分液漏斗中，加入约 100 mL 饱和的碳酸氢钠进行萃取，再重复 1 次。

合并碳酸氢钠萃取液，体积_____mL，冰浴放置 1~2 h，然后用冰浴中冷置的 6 mol/L HCl 以滴加的方式进行酸化处理，边滴加边搅拌，用 pH 试纸检测 pH 变化过程，直至 pH=3~4，停止酸化，冷置后，用氯仿萃取 2~3 次，合并氯仿萃取液，加入适量的无水 Na_2SO_4 以吸收氯仿液中水分，旋蒸后即可得到灵芝酸类成分（_____mg，颜色呈_____）。用药勺将灵芝酸粉末从烧瓶中取出，标记好，以用于组分的初步分离。

（2）对于使用乙醇（纯乙醇及 5% 乙醇）的实验组，将过滤后提取液全部（可以分几次）转移至旋蒸仪中，在 40~60 ℃ 条件下彻底蒸干，然后再用 100~150 mL 氯仿溶解，不溶物保存，氯仿溶解液转入分液漏斗中，加入约 100 mL 饱和的碳酸氢钠进行萃取，再重复 1 次。

合并碳酸氢钠萃取液，体积_____mL，冰浴放置 1~2 h，然后用冰浴中冷置的 6 mol/L HCl 以滴加的方式进行酸化处理，边滴加边搅拌，用 pH 试纸检测 pH 变化过程，直至 pH=3~4，停止酸化，冷置后，用氯仿萃取 2~3 次，合并氯仿萃取液，加入适量的无水 Na_2SO_4 以吸收氯仿液中水分，旋蒸后即可得到灵芝酸类成分（_____mg，颜色呈_____）。用药勺将灵芝酸粉末从烧瓶中取出，标记好，以用于组分的初步分离。

注 1：在超过 9 组进行分组实验的情况下，可以将重复组的提取液合并，根据情况决定是否需要蒸干以使用氯仿溶解。

注 2：对于有兴趣的实验组，也可以在老师的指导下，在对氯仿提取液或溶解液进行饱和 Na_2CO_3 萃取时，尝试不同饱和度溶液如 50%、80%、100% 三种溶液进行，以研究哪个饱和度更经济些。

4. 灵芝酸类的提取 2（弱碱提取法）

1~2 组同学采用此方法。

1）提取

取 50 g 灵芝子实体粉末装入 1 000 mL 三角瓶，按 1∶15 的料液比加入 0.05 mol/L 巴比妥钠提取液 500 mL，浸泡 30~60 min 后，置于 100 ℃ 条件下煎煮 1 h（以提取液温度到达设定温度开始计时），简单封口以保湿，其间不断搅拌。

提醒：补充溶液蒸发会导致液体体积减小。补救方法：达到预定温度时，简单标记液面高度，以便适当补充水分以保持水分总量。

煎煮结束的提取液用自来水降温（约 10 min），之后用布氏漏斗双层滤纸进行过滤，尽量将提取液抽提干净，滤液再于 10 000g 离心 15 min（或用双层滤纸再过滤 1 次），保存好上清液（_____mL），该样品中不能含有任何可见颗粒状杂质，标清样品号，从中取 3~5 mL 单独保存，以用于多糖含量的测定。

第 2 次提取：将第 1 次过滤后所得到的物料（圆饼状）重新放回提取烧杯，加入 500 mL（按料液比 1∶10 计）提取液，用玻棒搅散，重新提取 1 次，保存好所得的提取液（_____mL）。

第 3 次提取：操作同上，所得的提取液体积为_____mL。

2）浓缩

50 g 灵芝子实体粉末经 3 次提取后，将提取液合并，体积为_____mL（估计在 1 100~1 400 mL 范围内），分批装入烧瓶，用旋转蒸发仪浓缩至 150~200 mL，浓缩液 10 000g 离心 15 min，弃沉淀，保留好上清液，体积_____mL。

3）酸化及萃取

将上述上清液在冰浴中放置 1~2 h，然后用冰浴中冷置的 6 mol/L HCl 以滴加的方式进行酸化处理，边滴加边搅拌，用 pH 试纸检测 pH 变化过程，直至 pH=3~4，停止酸化，冷置后，用氯仿萃取 2~3 次，合并氯仿萃取液，加入适量的无水 Na_2SO_4 以吸收氯仿液中水分，旋蒸后即可得到灵芝酸类成分（_____mg，颜色呈_____）。用药勺将灵芝酸粉末从烧瓶中取出，标记好，以用于组分的初步分离。

5. 灵芝酸类的初步分离

层析柱：内装普通硅胶（200~300 目），柱直径 20 mm，高 50~60 cm，实际装填高度在 45 cm 左右。

监测：紫外检测器，254 nm。

流速：1.5 mL/min。

收集：按单峰或几个相连的密集峰分段收集。

流动相：用一定比例的氯仿-甲醇混合物进行，使极性逐步增加。

（1）氯仿；

（2）氯仿∶甲醇（98∶2）；

（3）氯仿∶甲醇（95∶5）；

（4）氯仿∶甲醇（50∶50）。

样品：上述两大类提取法提取得到的粗灵芝酸粉末，用氯仿溶解，浓度 20~50 mg/mL。

1）常规液相操作系统

成套装置（含泵、进样阀、层析柱、检测器、记录仪、收集器）或简易装置（含层析柱、检测器、记录仪）均可，前者可机器进样或手动进样，后者全手工进样。层析装置示意图见图1–5。

2）进样及洗脱

此柱为半制备柱，进样体积较大，进样时，硅胶柱顶端介质开始吸附样品中的有色杂质，颜色加深，待有约1/4柱高显示深色时，停止进样，本次进样体积_____mL。进样后，按峰收集，依次按氯仿；氯仿：甲醇（98：2）；氯仿：甲醇（95：5）；氯仿：甲醇（50：50）洗脱、收集。保存好层析曲线，该洗脱曲线及峰形是判断从水相提取法提取酸性提取物的重要参照物。

根据层析图决定收集的样品是否合并。

6. 灵芝酸类成分的高效液相层析分析

用普通高效液相色谱法检测灵芝酸样品中的含量。

分析柱：普通C_{18}柱（ODS柱，直径4.6 mm，长250 mm）。

样品溶解及过滤处理：将上述得到的不同的灵芝酸类提取物分别用甲醇溶解，浓度1~2 mg/mL，之后用0.22 μm滤器过滤，密封保存。

流动相：5%乙酸/乙腈=3/7，配制后用0.22 μm过滤装置过滤。

进样分析：进样量（10 μL），流速1.0 mL/min，检测温度25 ℃。

观察出峰情况，保存好色谱图，可以采用标准品对照进行定量，或用灵芝酸的不同成分的标准曲线进行定量，对比不同提取方法得到的提取物和初步分离灵芝酸产物的纯度。

七、思考题

灵芝酸的纯化过程常用到硅胶吸附层析法。从灵芝酸类成分的结构和硅胶分离的机理两个方面给予解释。

参考文献

［1］KUBOTA T, ASAKA Y, MIURA I, et al. Structures of ganoderic acid A and B two new lanostane type bitter triterpenes from Ganoderma lucidum（Fr.）Karst［J］. Helvetica chimica acta, 1982, 65（2）：611–619.

［2］王赛贞，林冬梅，林占熺，等. RP–HPLC和UV–VIS法测定灵芝不同收获期的多糖肽和灵芝酸［J］. 药物评价研究，2012，35（3）：190–194.

［3］赵东旭. 灵芝中生物活性成分的提取、分离及抗癌作用研究［D］. 北京：北京理工大学，1999.

［4］赵东旭，王利波，杨新林，等. 灵芝子实体抗肿瘤成分提取的研究［J］. 北京理工大学学报（自然科学版），1999，19（6）：782 - 786.

［5］林志彬. 灵芝的抗肿瘤作用机制［J］. 基础医学与临床，2000，20（5）：391 - 393.

第6章

数据分析与实验设计

6.1 数据处理的统计学基础

6.1.1 误差及分析

实验数据总是存在误差，误差即指一种被测样品的测定结果与其真值的不符合性，真值往往是不能确切知道的，通常以多次测定结果的平均数来近似地代表真值。根据误差的来源和性质，目前通常将误差分为两大类，即系统误差和随机误差。

1. 系统误差

系统误差是指一系列测定值存在相同倾向的偏差，或大于真值，或小于真值，一般是恒定的。其原因不外乎是分析方法的不完善，或实验方法本身有问题；或是仪器性能不良，试剂配制不当；或是操作人员对某项操作技术不熟练、不正确。通过对上述影响因素加以完善，可以降低甚至消除系统误差。

2. 随机误差

排除系统误差后，由其他不确定因素造成的误差，称为随机误差。随机误差的大小不同，结果的正负是偶然发生的。一般不可预测，也无法去除，但可以通过合理的实验设计来降低随机误差，选取合适的统计方法来估计随机误差，这也是生物统计的主要目的之一。

6.1.2 数据分析

我们设计一个简单实验，从实验设计理论、数据的描述和假设检验理论以及分析基本步骤，来阐述生物统计学分析中几个基础问题。

例1 为比较新旧菌株所表达的蛋白含量是否有显著差异，在培养条件、生长状况等外界条件一致的情况下，随机选取新旧菌株各 11 个样本，分别测定其蛋白含量，获得数据见表 6－1。

表 6－1　新旧菌株所表达的蛋白含量数据

分组	蛋白含量/mg										
旧菌种	1.33	1.19	1.23	1.17	1.54	1.15	1.26	0.36	0.52	1.46	1.12
新菌种	2.13	2.12	1.63	1.72	2.52	2.18	1.87	2.19	1.65	1.69	1.97

1. 实验设计

实验设计的基本目的是合理安排实验因素，避免系统误差，降低随机误差，通过较少的观察例数，获取尽可能丰富的信息，从而对样本所在总体做出可靠、正确的推断。

实验设计的基本原则是 R. A. Fisher 的实验设计三原则，即重复、随机化和局部控制，它是实验设计中必须遵循的基本原则。

重复是指实验中同一处理实施在两个或两个以上的实验单位，目的在于估计实验误差和降低实验误差。

随机化是指在对实验对象进行分组时必须使用随机的方法，使实验对象进入各实验组的机会相等，以避免实验人员主观倾向的影响，这是在实验中排除非实验因素干扰的重要手段，目的是保证样本独立性，减少系统误差。

局部控制是指实验条件的局部一致性，从而降低实验误差。一般在实验环境或实验对象差异大的情况下，可设计使得在小环境或小组内非处理因素尽量一致，这就是局部控制。每一个比较一致的小环境或小组，称为单位组（或区组）。

除了实验设计的三原则外，在生物实验中还需要关注对照的设置，对照可以排除非处理因素的影响，从而衬托出处理因素的作用。对照具有对等、同步、专设的特点。

在例 1 中，"在培养条件、生长状况等外界条件一致的情况下"，体现了实验设计中的局部控制原则；"随机选取"体现了随机化原则；"选取新旧菌株各 11 个样本"，体现了重复原则。而新旧 2 组数据可以认为是互为对照。因此可见，上述实验是符合实验设计的基本原则的。

有关实验设计的详细内容，请读者参阅相关统计学书籍。

2. 数据的描述，包括误差的表述

一般对数据的集中程度和离散程度加以统计描述，针对符合正态分布资料的样本，其集中程度常用算术平均数表述，离散程度（误差）常用标准差和标

准误来表述。其公式为

算术平均数：

$$\bar{X} = \frac{\sum_{i=1}^{n} X_i}{n} = \frac{\sum X_i}{n}$$

样本标准差：

$$s = \sqrt{\frac{\sum (x - \bar{x})^2}{n - 1}}$$

样本标准误：

$$s_{\bar{x}} = \frac{s}{\sqrt{n}}$$

由上述公式可以计算出例1旧菌种蛋白含量平均值为 1.120 9 mg，标准差为 0.362 5；新菌种蛋白含量平均值为 1.970 0 mg，标准差为 0.285 0。可见新旧蛋白含量平均值有 1.97 - 1.120 9 = 0.849 1（mg）的差异，那么我们能直接得出二者有差异的结论吗？

3. 假设检验理论

假设检验是数理统计中由样本推断总体的一种方法，又称显著性检验。它是事先对总体参数或分布形式做出某种假设（原始假设和备择假设），然后利用样本信息来判断原假设是否成立。例如先假设总体参数等于某一个数值，然后利用样本信息和抽样分布理论，采用一定的统计方法计算出有关检验的统计量，依据一定的概率原则（小概率原则，一般指 $P < 0.01$ 或 $P < 0.05$），以较小的风险来判断估计数值与总体数值是否存在显著差异，决定接受原始假设还是备择假设，做出决策。其一般步骤为：提出原始假设和备择假设；确定适当的检验统计量；规定显著性水平；计算检验统计量的值；做出统计决策。

例1的假设检验步骤如下：

（1）提出原始假设与备择假设：H_0：$\mu_1 = \mu_2$（即原始假设：新旧蛋白含量的总体均数相等）；H_A：$\mu_1 \neq \mu_2$（即备择假设：新旧蛋白含量的总体均数不相等）。

（2）确定适当的检验统计量：根据经验或统计分析，我们认为例1的菌种蛋白含量总体为正态分布数据；根据抽样理论，当从2个正态总体中抽取样本，如果两个总体的标准差未知，但可假定其相等（验证见软件操作中的方差齐性检验），且两个样本又为小样本，这时抽取的样本平均数差值符合 T 分布，因此，这里我们选择的检验统计量为对应的 t 检验，更精确地说这里采用成组数据两样本平均数差异显著性 t 检验。

（3）规定显著性水平：一般采用概率值等于 0.05 和 0.01 的小概率作为显著水平。

（4）计算 T 值：根据公式 $T = \dfrac{\bar{x}_1 - \bar{x}_2}{S_{\bar{x}_1 - \bar{x}_2}}$，计算得 $T = 6.108$（计算过程略）。

（5）做出统计决策：根据自由度 $df = (n_1 - 1) + (n_2 - 1) = 20$，查表或利用软件计算 T 分布的临界值为：$T_{0.05} = 2.09$ 和 $T_{0.01} = 2.85$，其均小于计算的 T 值（6.108），也就是说，在假设原始假设成立的前提下做的一个抽样实验，证实是一个小概率事件，这在一次实验中是不可能发生的，反证了原始假设是错误的，备择假设是正确的，所以我们得到例 1 中新旧蛋白含量有显著的统计学差异的结论。从上述分析过程，我们也就不难理解，t 检验应用要求数据服从正态性、方差齐性和独立性。

特此强调，在明确了具体实验目的后，生物实验设计步骤应该在做具体实验之前就完成，进而对数据采取的具体统计方法，应该在数据采集之前就基本确定了。生物实验设计种类繁多，根据本书的特点，我们仅仅针对实验测得的数量型数据进行统计设计与分析，其他相关内容请参考有关统计书籍。图 6 - 1 是实验设计与数据分析方法简单判别流程。

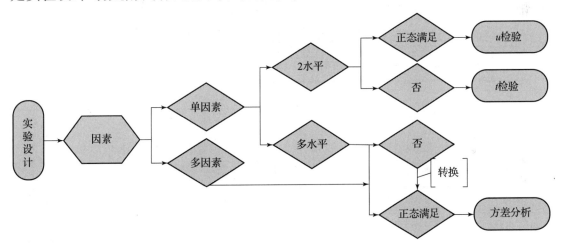

图 6 - 1　实验设计与数据分析方法简单判别流程（仅针对计量数据类型）

6.2　试验数据的统计分析及软件应用

前面我们简单介绍了数据的误差、实验设计、假设检验等基本理论和概念，下面将以具体的实验数据为例进行分析，尤其重点介绍利用统计软件和计算机对实验数据分析的具体应用。

例 2　某一实验室拟引入某新菌种，并对其某一蛋白含量进行研究分析，随着研究的深入，根据不同实验目的，列举了对应的如下几种常见的统计分析方法。

（1）该菌种为新品种，需要对所表达的蛋白含量情况做基本了解（分析方法：描述统计）。

（2）该菌种与实验室旧菌种所表达的蛋白含量有无差别（分析方法：独立样本 t 检验）。

（3）不同温度对新菌种所表达的蛋白含量的影响（分析方法：单因素方差分析）。

（4）不同 pH、不同微量元素对新菌种所表达的蛋白含量的影响（分析方法：多因素方差分析）。

（5）考察温度、配方、pH 等多个因素对新菌种所表达蛋白含量的影响，寻找最佳的培养条件（分析方法：正交设计）。

6.2.1 描述性统计

描述性统计是对数据进行收集、整理和分析，并通过图表或统计的方式对数据的分布状态、数字特征进行描述的方法，主要包括集中程度和离散程度的描述。

以前述的某一拟引进的新菌种为例，需要对蛋白含量情况做基本了解（分析方法：描述统计），获得如下数据（表 6 - 2）。

表 6 - 2　拟引进的新菌种（共 50 个样本）的蛋白含量数据

样品编号	蛋白含量/mg								
1 ~ 10	2.2	1.76	2.34	2.38	1.83	2.56	1.45	1.78	1.66	2.01
11 ~ 20	2.02	1.69	1.91	1.88	2.27	1.7	2.6	2.05	1.9	1.36
21 ~ 30	1.58	1.75	2.69	2.04	2.07	1.9	1.72	2.01	2.11	2.23
31 ~ 40	2.25	1.85	2.14	2.02	2.33	1.88	1.99	1.87	1.33	1.94
41 ~ 50	2.03	2.4	2.21	2.17	1.85	2.03	2.65	1.49	1.94	1.86

我们利用专业统计软件 SPSS 20（Statistical Product and Service Solutions，版本 20）对上述 50 个菌种样本的蛋白含量数据进行描述统计分析，目的是获得数据的集中和离散状况，数据的分布状况（是否是正态分布）和数据的可视化（图表）。

具体操作如下。

1. 定义变量，录入数据

打开 SPSS，在变量视图窗口，输入变量"蛋白含量"，类型为"数值（N）"，度量标准为"度量（S）"（图 6 -2）；单击数据视图窗口，录入 50 个蛋白含量的数据，如图 6 -3 所示。

图 6 - 2　定义变量

2. 描述统计

选择"分析"—"描述统计"—"探索",在弹出对话框中,将"蛋白含量"选入"因变量列表"(图 6 - 4);单击"统计量",出现图 6 - 5 对话框,可以根据要求选择,这里保持默认即可;单击"绘制",出现图 6 - 6 对话框,可以根据要求选择,这里选择了"按因子水平分组""直方图"和"带检验的正态图";其他默认即可;单击"确定",获得运行结果。

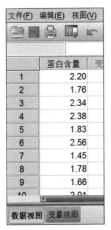

图 6 - 3　录入数据

图 6 - 4　探索对话框

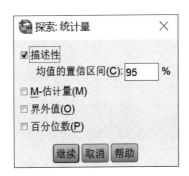

图 6 - 5　探索:统计量对话框

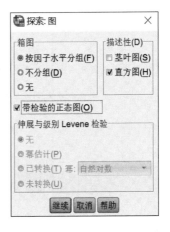

图 6 - 6　探索:绘制对话框

3. 统计结果

表 6 – 3 给出了数据的基本统计参数，蛋白含量均值为 1.999 36 反映了数据的集中程度，标准差为 0.311 83 反映了数据的离散程度；此外还有中位数、四分位间距、极值、置信区间、偏度和峰度等有关参数。

表 6 – 3　描述统计结果：参数列表

描述			统计量	标准误
蛋白质含量	均值		1.993 6	0.044 1
	均值的 95% 置信区间	下限	1.905	
		上限	2.082 2	
	5% 修整均值		1.991 7	
	中值		2	
	方差		0.097	
	标准差		0.311 83	
	极小值		1.33	
	极大值		2.69	
	范围		1.36	
	四分位距		0.39	
	偏度		0.166	0.337
	峰度		0.066	0.662

图 6 – 7 是数据的直方图，展示了数据的频数分布情况，可以看出数据呈现

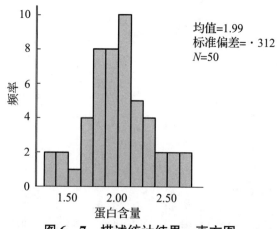

均值=1.99
标准偏差=·312
N=50

图 6 – 7　描述统计结果：直方图

单峰对称的特点，结合正态性 Q - Q 图（图 6 - 8 数据围绕直线呈现两侧随机分布），以及正态性假设检验（表 6 - 4，$P = 0.661$，值大于 0.1），说明蛋白含量数据呈正态分布。图 6 - 9 是以中位数和四分位间距为基础绘制的箱图，适合偏态资料的描述，而且该图可以方便地标注出异常值供参考。例如图 6 - 9 右图是蛋白数据在录入第 10 个数据时候，将 2.01 误输入为 0.201，箱图标注出该点数据异常。

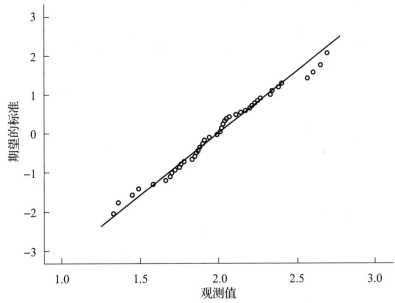

图 6 - 8　描述统计结果：正态性 Q - Q 图

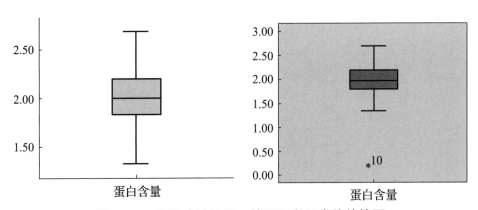

图 6 - 9　描述统计结果：箱图和有异常值的箱图

表 6 - 4　描述统计结果：正态性显著检验

正态性检验						
	Kolmogorov - Smirnova			Shapiro - Wilk		
	统计量	df	Sig.	统计量	df	Sig.
蛋白含量	0.088	50	. 200 *	0.983	50	0. 661

经过上述操作，我们对新品种菌株所表达的蛋白含量有了初步认识，其平均数为 1.999 4，标准差为 0.311 8，而且数据呈现正态分布。

6.2.2 T 检验

T 检验是对最多 2 组均数进行比较的常用方法。根据统计抽样原理，当从 2 个正态总体中抽取样本，如果总体的标准差未知，或样本含量较小（生物学中一般指 n 小于 30），适合使用 T 检验。T 检验要求数据满足正态性、方差齐性和独立性。T 检验方法一般有单个均数的比较、独立样本 T 检验和配对 T 检验，本章仅对独立样本 T 检验加以描述。

以前述的实验室新菌种与实验室旧菌种所表达的蛋白含量有无差别（分析方法：独立样本 T 检验）的实验分析为例进行介绍，为了比较新旧菌株所表达的蛋白含量是否有显著差异，在培养条件、生长状况等外界条件一致的情况下，我们随机选取新旧菌株各 11 个样本，分别测定其蛋白含量，获得数据见表 6-1。

具体分析操作如下：

1. 定义变量，录入数据

打开 SPSS，在变量视图窗口，输入变量"蛋白含量"，类型为"数值（N）"，度量标准为"度量（S）"；输入变量"分组变量"；单击数据视图窗口，在变量"蛋白含量"下录入 50 个蛋白含量的数据，在变量"分组变量"下，新旧蛋白含量的分组分别以 1 和 2 代表，数据如图 6-10 所示。

进一步在 SPSS 的"变量视图"中，变量"分组变量"中，打开"值"对话框，定义 1 和 2 的含义（图 6-11），这一步的完善有助于数据的保存和后期他人对数据的理解。

	蛋白含量	分组变量
1	1.33	1
2	1.19	1
3	1.23	1
4	1.17	1
5	1.54	1
6	1.15	1
7	1.26	1
8	.36	1
9	.52	1
10	1.46	1
11	1.12	1
12	2.13	2
13	2.12	2
14	1.63	2
15	1.72	2
16	2.52	2
17	2.18	2
18	1.87	2
19	2.19	2
20	1.65	2
21	1.69	2
22	1.97	2

图 6-10 SPSS 数据

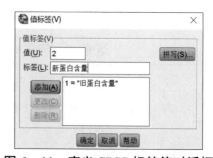

图 6-11 定义 SPSS 标签值对话框

2. 定义 T 检验对话框

选择 SPSS"分析"—"比较均值"—"独立样本 T 检验",在弹出对话框中,将"蛋白含量"选入"检验变量",将"分组变量"选入"分组变量"(图 6 – 12);单击"定义组",出现图 6 – 13 对话框,填入 1 和 2;单击"继续","选项"保持默认即可,"确定"后获得运行结果。

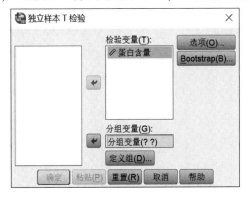

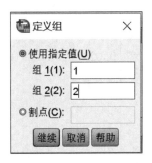

图 6 – 12　独立样本 T 检验对话框　　　　图 6 – 13　定义组对话框

3. 统计结果

在 SPSS 结果输出页面中可见 2 个表格,表 6 – 5"组统计量"描述新旧蛋白含量的样本数、平均数和标准差等参数;表 6 – 6"独立样本检验"显示了 T 检验结果,其中方差齐性 Levene 检测的 Sig. 值,即 $p = 0.882$,大于 0.1,所以本例满足方差齐性;对应双侧检验 P 值为 0.000,小于 0.01,所以结论为新旧菌株蛋白含量差异极显著。

表 6 – 5　新旧蛋白含量的基本参数

组统计量					
分组变量		N	均值	标准差	均值的标准误
蛋白含量	旧蛋白含量	11	1. 120 9	0. 362 45	0. 109 28
	新蛋白含量	11	1. 97	0. 284 96	0. 085 92

6. 2. 3　方差分析

上述的 T 检验可以对 2 组均数进行显著性检验,如果实验设计是单因素多水平或多因素实验,用 T 检验进行两两检验会加大犯错概率,这种情况下应该使用方差分析。

表 6 - 6 独立样本 T 检验结果

独立样本检验									
		Levene 检验				均值方程的 T 检验			
		F	Sig.	t	df	Sig.（双侧）	均值差值	标准误差值	差分的 95%置信区间	
									下限	上限
蛋白含量	假设方差相等	0.023	0.882	6.108	20	0	-0.849 09	0.139 01	1.139 07	-0.559 12
	假设方差不相等			6.108	18.945	0	-0.849 09	0.139 01	1.140 1	-0.558 08

方差分析就是在若干能相互比较的资料组中，把产生变异的原因加以区分开来，从而判断各因素对试验结果影响程度的一种常用统计学方法。方差分析本质上是一种假设检验，主要用于多个样本间均数的比较。

方差分析应用条件为：各样本须是相互独立的随机样本；各样本均来自正态总体；相互比较的各样本所来自的总体方差相等，即满足方差齐性。

以前述的新菌种为例，研究不同温度对新菌种所表达的蛋白含量的影响（分析方法：单因素方差分析），在其他外界条件一致的情况下，我们随机选取新菌种 40 个样本，随机分为 4 组，分别在 25 ℃、30 ℃、35 ℃和 40 ℃下培养 24 h 后测定其蛋白含量，获得数据见表 6 - 7。

表 6 - 7 不同温度对菌株所表达的蛋白含量的影响数据

温度	蛋白含量/mg									
25 ℃	0.82	0.35	0.98	0.37	1.22	1.64	0.72	1.47	1.39	1.3
30 ℃	0.71	1.64	1.83	1.29	1.47	1.57	2.04	0.97	0.91	1.61
35 ℃	2.56	1.82	1.8	2.41	2.16	2.7	2.54	1.86	2.04	2.12
40 ℃	2.56	1.82	1.8	2.41	2.16	2.7	2.54	1.86	2.04	2.12

1. 定义变量，录入数据

打开 SPSS，在变量视图窗口，输入变量"蛋白含量"，类型为"数值(N)"，度量标准为"度量（S）"；输入变量"温度"；单击数据视图窗口，在变量"蛋白含量"下录入蛋白含量的数据，在变量"温度"下，25 ℃、30 ℃、35 ℃和40 ℃的分组分别以1、2、3 和4 代表，数据如图6 –14 所示。

进一步在 SPSS 的"变量视图"中，变量"温度"中，打开"值"对话框，定义各个分组的含义（图6 –15），这一步的完善有助于数据的保存和后期他人对数据的理解。

	蛋白含量	温度			
1	.82	1	21	2.56	3
2	.35	1	22	1.82	3
3	.98	1	23	1.80	3
4	.37	1	24	2.41	3
5	1.22	1	25	2.16	3
6	1.64	1	26	2.70	3
7	.72	1	27	2.54	3
8	1.47	1	28	1.86	3
9	1.39	1	29	2.04	3
10	1.30	1	30	2.12	3
11	.71	2	31	1.21	4
12	1.64	2	32	1.84	4
13	1.83	2	33	1.93	4
14	1.29	2	34	2.31	4
15	1.47	2	35	1.98	4
16	1.57	2	36	.93	4
17	2.04	2	37	1.83	4
18	.97	2	38	.83	4
19	.91	2	39	1.57	4
			40	1.16	4

图 6 –14　录入的 SPSS 数据　　　图 6 –15　定义"温度"的标签值

2. 单因素方差分析

选择 SPSS"分析"—"比较均值"—"单因素 ANOVA"，在弹出对话框中，将"蛋白含量"选入"因变量列表"，将"温度"选入"因子"（图6 –16）；单击"两两比较"，出现图 6 –17 对话框，可以根据要求选择所列的统计方法，这里选择了 LSD、S – N – K 和Duncan 方法；单击"继续"后再单击"选项"，在弹出对话框中选择了描述性、方差同质性检验和均值图（图6 –18）；其他选项保持默认即可，"确定"后获得运行结果。

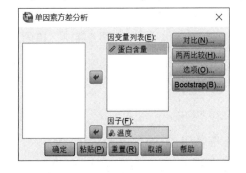

图 6 –16　单因素方差分析对话框

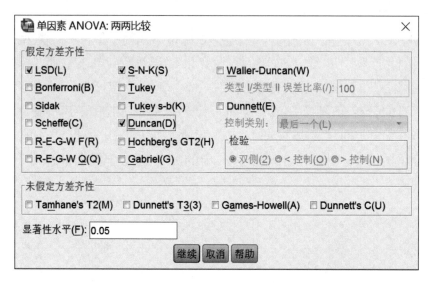

图 6 – 17 单因素方差分析"两两比较"对话框

图 6 – 18 单因素方差分析"选项"对话框

3. 统计结果

在 SPSS 单因素方差分析结果输出页面中，表 6 – 8 为不同温度下蛋白含量的样本数、平均数和标准差等参数，其中不同温度组中，35 ℃下蛋白含量均值最大；表 6 – 9 "方差齐性检验"显示方差 Levene 检验 $P = 0.491$，大于 0.1，所以本例满足方差齐性；表 6 – 10 方差分析表显示，组间自由度等于 3，组内自由度等于 36，$F = 15.852$，P 值为 0.000，小于 0.01，所以结论为不同温度下蛋白含量差异极显著。

表 6 - 8　单因素方差分析结果：关于描述统计量

温度/℃	N	均值	标准差	标准误	均值的95%置信区间		极小值	极大值
					下限	上限		
25	10	1.026	0.452 75	0.143 17	0.702 1	1.349 9	0.35	1.64
30	10	1.404	0.427 27	0.135 11	1.098 3	1.709 7	0.71	2.04
35	10	2.201	0.332 15	0.105 03	1.963 4	2.438 6	1.8	2.7
40	10	1.559	0.498 83	0.157 74	1.202 2	1.915 8	0.83	2.31
总数	40	1.547 5	0.597 38	0.094 45	1.356 4	1.738 6	0.35	2.7

蛋白含量（表头）

表 6 - 9　单因素方差分析结果：方差齐性检验

方差齐性检验

蛋白含量

Levene 统计量	df1	df2	显著性
0.821	3	36	0.491

表 6 - 10　单因素方差分析结果：方差分析表

单因素方差分析

蛋白含量

	平方和	df	均方	F	显著性
组间	7.197	3	2.399	12.852	0
组内	6.72	36	0.187		
总数	13.918	39			

由于方差分析表只是揭示温度分组的变异对比误差（组内）的变异有极显著差异，却无法说明不同温度之间的比较状况，因此，在方差分析显著的情况下，往往会继续进行不同分组（或不同水平）下的"多重比较"，又称"后期比较"；这一点已经在步骤 2 的"两两比较"进行了选择。SPSS 在常见的"假定方差齐性"下有多种"两两比较"方法可供选择，各自算法的特点和适用性请参阅相关书籍。这里选择了比较常用的 LSD、S - N - K 和 Duncan 方法，它们的灵敏度（结果易检验出显著性）LSD 最高，S - N - K 在比较组数太多时并不

推荐，Duncan 方法常用于单因素方差分析。在本例中，这三种方法获得的多重比较结果就存在差异，可以根据具体问题选择分析结果。

表 6 – 11 为 LSD 法多重比较结果，该表列出了不同温度均值差，如果差值达到统计显著，则在其右上角标注 * 号，并在显著性中列出概率值。从结果可知，25 ℃ 与 35 ℃ 和 40 ℃ 比较均达到极显著；30 ℃ 与 35 ℃ 比较达到极显著；35 ℃ 与其他组温度比较均极显著；40 ℃ 与 25 ℃ 和 35 ℃ 比较达到极显著。

表 6 – 11　单因素方差分析结果：多重比较（LSD 法）

多重比较							
因变量：蛋白含量							
（I）温度/℃			均值差	标准误	显著性	95% 置信区间	
						下限	上限
LSD	25	30	– 0.378	0.193 22	0.058	– 0.769 9	0.013 9
		35	– 1.175 00 *	0.193 22	0	– 1.566 9	– 0.783 1
		40	– .533 00 *	0.193 22	0.009	– 0.924 9	– 0.141 1
	30	25	0.378	0.193 22	0.058	– 0.013 9	0.769 9
		35	– .797 00 *	0.193 22	0	– 1.188 9	– 0.405 1
		40	– 0.155	0.193 22	0.428	– 0.546 9	0.236 9
	35	25	1.175 00 *	0.193 22	0	0.783 1	1.566 9
		30	.797 00 *	0.193 22	0	0.405 1	1.188 9
		40	.642 00 *	0.193 22	0.002	0.250 1	1.033 9
	40	25	.533 00 *	0.193 22	0.009	0.141 1	0.924 9
		30	0.155	0.193 22	0.428	– 0.236 9	0.546 9
		35	– .642 00 *	0.193 22	0.002	– 1.033 9	– 0.250 1

表 6 – 12 是在 alpha = 0.05 水平下（alpha = 0.01 水平结果略），S – N – K 和 Duncan 法多重比较结果。该表将不同温度均数从小到大排列，位于同一列的均数相互之间没有达到统计显著性，不同列的具有显著性；由结果可知 35 ℃ 与其他温度组比较差异达到极显著，25 ℃ 与 40 ℃ 比较达到显著水平，其他组之间没有统计学差异。由于 LSD 检验灵敏度最高，S – N – K 和 Duncan 法多重比较结果与 LSD 存在差异，可以根据具体问题选择分析结果。

表 6 – 12　单因素方差分析结果：多重比较（S – N – K 和 Duncan 法，alpha = 0.05 水平下）

蛋白含量/mg					
	温度/℃	N	alpha = 0.05 的子集		
			1	2	3
Studentl – Newman – Keu sa	25	10	1.026		
	30	10	1.404	1.404	
	40	10		1.559	
	35	10			2.201
	显著性		0.058	0.428	1
Duncan	25	10	1.026		
	30	10	1.404	1.404	
	40	10		1.559	
	35	10			2.201
	显著性		0.058	0.428	1

图 6 – 19 均数图也直观地呈现了 4 组温度下均数的变换趋势，提示该实验最佳温度应该在 30 ℃到 40 ℃之间，可以为之后的实验提供参考。

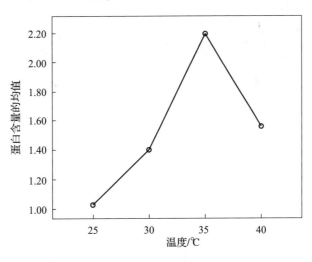

图 6 – 19　单因素方差分析结果：均数图

总之，对其他感兴趣的影响因素，例如 pH、微量元素、培养基类型等，可通过相似的实验设计获取数据并进行单因素的方差分析，这里就不做详细描述了。

6.2.4 多因素方差分析

单因素方差分析可以判断单个因素对实验结果的影响程度，但有些情况下，我们想在一次实验中研究多个影响因素对实验结果的影响，确定影响因素，排除非影响因素，更重要的是：可以获得不同因素之间的交互作用。

交互作用：简单来讲，当一个因素的效果在另一个因素的每一个水平上表现不同时，就称这两个因素之间存在交互作用。因素间存在交互作用时，单纯研究某个因素的作用是没有意义的，必须进行多因素方差分析实验，也就是说，在这种情况下对每个因素进行单因素方差分析，是无法满足研究要求的。

以不同 pH 不同微量元素对新菌种蛋白含量的影响（分析方法：多因素方差分析）为例，为了研究 pH 和微量元素（Fe^{2+}）对新菌种蛋白含量的影响，设计 2 因素 3 水平的多因素实验，在其他外界条件一致的情况下，采取完全随机试验，每个处理设置 3 个重复，培养 24 h 后测定其蛋白含量，获得数据见表 6 - 13。

表 6 - 13 不同 pH 不同微量元素对菌株蛋白含量的影响数据

pH	微量元素/mg								
	5			10			15		
6	1.21	1.08	0.89	1.54	1.49	2.04	1.47	1.19	1.29
7	1.11	1.08	1.23	1.81	2.03	2.11	2.09	1.77	1.89
8	1.5	1.63	1.34	1.94	1.82	1.44	2	1.59	1.89

1. 定义变量名称，输入数据

打开 SPSS，在变量视图窗口，输入变量"蛋白含量"，类型为"数值（N）"，度量标准为"度量（S）"；输入变量"微量元素"和"pH"；单击数据视图窗口，在变量"蛋白含量"下录入蛋白含量的数据，此时"微量元素"和"pH"变量中，各水平分别以 1、2、3 代表，如图 6 - 20 所示。

进一步在 SPSS 的"变量视图"中，对变量"微量元素"和"pH"定义各个分组的含义，这一步的完善有助于数据的保存和后期他人对数据的理解。

	蛋白含量	微量元素	pH
1	1.21	1	1
2	1.08	1	1
3	.89	1	1
4	1.54	2	1
5	1.49	2	1
6	2.04	2	1
7	1.47	3	1
8	1.19	3	1
9	1.29	3	1
10	1.11	1	2
11	1.08	1	2
12	1.23	1	2
13	1.81	2	2
14	2.03	2	2

图 6 - 20 录入的 SPSS
数据（部分）

2. 设置多因素方差分析对话框

选择 SPSS"分析"—"一般线性模型"—"单变量",在弹出对话框中,将"蛋白含量"选入"因变量列表",将"微量元素"和"pH"选入"固定因子"(如图 6-21 所示,因为微量元素和 pH 采用的水平取值是根据以往研究结果或研究经验来指定的,而不是随机选取的,所以这里选入"固定因子")。

在"模型"对话框中,保持默认"全因子"即可。注意:如果多因素方差分析每个处理没有重复的话,这样要指定因素"主效应",因为没有重复是无法测得因素的交互作用的。

在"绘制"对话框中(图 6-22),将"微量元素"选入"水平轴",同时将"pH"选入"单图",单击"添加"后在分析结果中将绘制"微量元素"与"pH"的均数图,该图也可以考察因素的交互作用。单击"两两比较",出现图 6-23 对话框,将"因子"中所列"微量元素"和"pH"选入"两两比较检验",然后可以根据要求选择所列的统计方法,这里选择了 LSD 和 S-N-K 方法;单击"继续"后再单击"选项",在弹出对话框中选择了描述统计、方差齐性检验(图 6-24);其他选项保持默认即可,"确定"后获得运行结果。

图 6-21　多因素方差分析对话框

图 6-22　多因素方差分析"绘制"对话框

图 6-23　多因素方差分析"两两比较"对话框

图 6-24　多因素方差分析"选项"对话框

3. 统计结果

在 SPSS 多因素方差分析结果输出页面中，表 6 – 14 "描述性统计量" 给出不同微量元素和 pH 下蛋白含量的样本数、平均数和标准差；表 6 – 15 "方差齐性检验" 显示方差 Levene 检验 $P = 0.284$，大于 0.1，所以本例满足方差齐性；表 6 – 16 方差分析表显示，因素 "微量元素" 自由度等于 2，总自由度等于 27，$F = 22.516$，P 值为 0.000，小于 0.01，所以因素 "微量元素" 对蛋白含量大小影响达到极显著水平；因素 "pH" 自由度等于 2，$F = 8.719$，P 值为 0.002，小于 0.01，所以因素 "pH" 对蛋白含量大小影响也达到极显著水平；同理，对于微量元素与 pH 的交互作用，自由度等于 4，$F = 3.103$，P 值为 0.042，小于 0.05，结论二者存在交互作用，且达到显著水平。

表 6 –14　分析结果：描述性统计量

描述性统计量				
因变量：蛋白含量				
微量元素		均值	标准偏差	N
5 mg	pH = 6.0	1.06	0.160 93	3
	pH = 7.0	1.14	0.079 37	3
	pH = 8.0	1.49	0.145 26	3
	总计	1.23	0.229 24	9
10 mg	pH = 6.0	1.69	0.304 14	3
	pH = 7.0	1.983 3	0.155 35	3
	pH = 8.0	1.733 3	0.261 02	3
	总计	1.802 2	0.254 94	9
15 mg	pH = 6.0	1.316 7	0.141 89	3
	pH = 7.0	1.916 7	0.161 66	3
	pH = 8.0	1.826 7	0.212 21	3
	总计	1.686 7	0.318 36	9
总计	pH = 6.0	1.355 6	0.331 52	9
	pH = 7.0	1.68	0.423 08	9
	pH = 8.0	1.683 3	0.237 12	9
	总计	1.573	0.361 58	27

表 6 – 15　分析结果：方差齐性检验

误差方差等同性的 Levene 检验 a			
因变量：蛋白含量			
F	df1	df2	Sig.
1. 345	8	18	0. 284

表 6 – 16　分析结果：方差分析表

主体间效应的检验					
因变量：蛋白含量					
源	Ⅲ 型平方和	df	均方	F	Sig.
校正模型	2. 740a	8	0. 343	9. 36	0
截距	66. 804	1	66. 804	1 825. 423	0
微量元素	1. 648	2	0. 824	22. 516	0
pH	0. 638	2	0. 319	8. 719	0. 002
微量元素 * pH	0. 454	4	0. 114	3. 103	0. 042
误差	0. 659	18	0. 037		
总计	70. 203	27			
校正的总计	3. 399	26			

表 6 – 17 为不同微量元素 LSD 法多重比较结果，该表列出了微量元素 5 mg、10 mg 和 15 mg 均值比较结果，从结果可知，5 mg 与 10 mg 和 15 mg 比较均达到极显著差异；10 mg 与 15 mg 比较没有统计学差异。

表 6 – 18 是在 alpha = 0.05 水平下，S – N – K 法多重比较结果，可见比较结果与 LSD 法一致，5 mg 与 10 mg 和 15 mg 比较均达到显著差异（在 alpha = 0.01 下结果相同）。

表 6 – 19 和表 6 – 20 为不同 pH 水平之间的 LSD 法和 S – N – K 法多重比较结果，该结果显示两种方法结果是一致的，即 pH = 6 与 pH = 7 和 pH = 8 比较达到统计学极显著水平（P 值小于 0.01）；pH = 7 和 pH = 8 比较没有差异。

表6–17　不同微量元素 LSD 法多重比较结果

多个比较							
因变量：蛋白含量							
（Ⅰ）微量元素			均值差值（I–J）	标准误差	Sig.	95% 置信区间	
						下限	上限
LSD	5 mg	10 mg	–0.572 2 *	0.090 18	0	–0.761 7	–0.382 8
		15 mg	–0.456 7 *	0.090 18	0	–0.646 1	–0.267 2
	10 mg	5 mg	0.572 2 *	0.090 18	0	0.382 8	0.761 7
		15 mg	0.115 6	0.090 18	0.216	–0.073 9	0.305
	15 mg	5 mg	0.456 7 *	0.090 18	0	0.267 2	0.646 1
		10 mg	–0.115 6	0.090 18	0.216	–0.305	0.073 9

注：* 表示均值差值在 0.05 级别上较显著。

表6–18　分析结果：微量元素多重比较（S–N–K 法）

蛋白含量				
	微量元素	N	子集	
			1	2
Student – Newman – Keuls[a,b]	5 mg	9	1.23	
	15 mg	9		1.686 7
	10 mg	9		1.802 2
	Sig.		1	0.216

注：a. 使用调和均值样本大小 = 9.000。

　　b. alpha = 0.05。

表6–19　分析结果：pH 多重比较（LSD 法）

多个比较							
因变量：蛋白含量							
（Ⅰ）pH			均值差值（I–J）	标准误差	Sig.	95% 置信区间	
						下限	上限
LSD	pH = 6.0	pH = 7.0	–.324 4 *	0.090 18	0.002	–0.513 9	–0.135
		pH = 8.0	–.327 8 *	0.090 18	0.002	–0.517 2	–0.138 3

多个比较							
因变量：蛋白含量							
(I) pH			均值差值 (I−J)	标准误差	Sig.	95% 置信区间	
						下限	上限
LSD	pH = 7.0	pH = 6.0	.324 4 *	0.090 18	0.002	0.135	0.513 9
		pH = 8.0	−0.003 3	0.090 18	0.971	−0.192 8	0.186 1
	pH = 8.0	pH = 6.0	.327 8 *	0.090 18	0.002	0.138 3	0.517 2
		pH = 7.0	0.003 3	0.090 18	0.971	−0.186 1	0.192 8

注：* 表示均值差值在 0.05 级别上较显著。

表 6 – 20　分析结果：微量元素多重比较（SNK 法）

蛋白含量				
	pH	N	子集	
			1	2
Student – Newman – Keuls[a,b]	pH = 6.0	9	1.355 6	
	pH = 7.0	9		1.68
	pH = 8.0	9		1.683 3
	Sig.		1	0.971

注：a. 使用调和均值样本大小 = 9.000。

　　b. alpha = 0.05。

图 6 – 25 为蛋白含量边际均数图，该图以折线图的形式展示不同水平下蛋白均数的直观变化趋势，可见 pH = 7.0，微量元素 10 mg 下的蛋白含量最高；边际均数图也可以观察因素之间是否存在交互作用，例如该例以微量元素为横坐标，pH 为分类绘制的蛋白含量均值图，如果图中折线变化不平行，明显存在交叉，提示因素间存在交互作用，该结论也被表 6 – 16 方差分析表显著性检验证实。

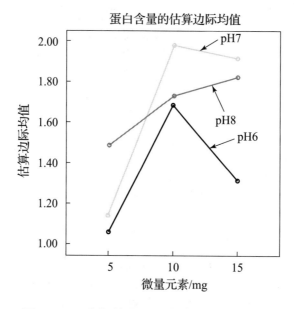

图 6 – 25　分析结果：蛋白含量边际均数图

6.2.5　正交实验设计实例分析

例如通过对上述例子的试验数据分析，我们大致了解了影响因素温度、微量元素和 pH 对新菌种某类蛋白含量有显著影响，温度在 35 ℃左右、微量元素在 10 mg、pH 在 7.0 左右蛋白含量最高，而且微量元素和 pH 存在交互作用；如果我们想获得最高蛋白含量下这 3 个因素更为详细的水平，势必要更加细分各水平，例如温度围绕 35 ℃选择 34 ℃、35 ℃、36 ℃、37 ℃和 38 ℃；同理，还需要对微量元素和 pH 细致划分。这样包含各因素全部水平组合的多因素多水平的全面实验设计，工作量大，处理组合数按几何量级数增长。例如 2 个因素各具 3 个水平的实验，有 $3^2 = 9$ 个处理组合；3 个因素各具 3 个水平的试验，有 $3^3 = 27$ 个处理组合；4 个因素各具 3 个水平的试验，有 $3^4 = 81$ 个处理组合。全面实验由于受实验场地、实验动物、经费等限制而难以实施。正交实验设计就是针对类似情况的一种优化实验方案。

正交实验设计是利用正交表来安排与分析多因素实验的一种设计方法。由于正交表具有均衡分散和整齐可比性，正交实验设计可以用部分实验来代替全面实验，通过对部分实验结果的分析，了解全面实验的情况，不但可以区别因素的主次，更可以选择最优水平组合。正交实验设计需要对实验对象有较多了解，适用 3 个以上因素，且交互作用少的实验（若交互作用都存在，则不能减少工作量）。

一般采用多因素方差分析来对正交实验获得的计量数据进行分析。而正交实验设计的关键是选择合适的正交表来安排并实施实验，我们从手工选择生成正交实验方案与 SPSS 生成正交实验方案和统计分析两个方面来论述。

1. 手工选择生成正交实验方案

一般的统计学教程和书籍都会在附表给出常用的正交表，以便于研究人员设计正交实验方案。相同水平的正交表是最为普遍的，即各因素具有相同的水平，这类正交表常用 $L_k(m^j)$ 表示，其中 L 表示正交，k 表示用该正交表设计的实验处理数，m 表示实验因素的水平数，j 表示该表最多可能安排的效应或互作数。每一正交表皆由 k 行 j 列构成。如 $L_8(2^7)$ 表示该正交表的设计共 8 个处理，可用于安排每因素皆具 2 个水平的实验因素，最多能够估计 7 种效应（主效应和交互作用）。

确定了因素及其水平后，根据因素、水平及需要考察的交互作用的多少来选择合适的正交表。选用正交表的原则是：既要能安排下实验的全部因素，又要使部分水平组合数（处理数）尽可能的少。一般情况下，实验因素的水平数应恰好等于正交表记号中括号内的底数；因素的个数（包括交互作用）应不大于正交表记号中括号内的指数；各因素及交互作用的自由度之和要小于所选正交表的总自由度，以便估计实验误差。若各因素及交互作用的自由度之和等于所选正交表总自由度，则可采用有重复正交实验来估计实验误差。

下面仍然以上述考察温度、配方、pH 共 3 个因素对新菌种蛋白含量的影响实验为例，来选取合适的正交表，寻找最佳的培养条件（分析方法：正交设计）为例，设计 3 因素 3 水平的正交实验。根据上述实验结果，温度采用 35 ℃、36 ℃和 37 ℃；微量元素采用 10 mg、11 mg 和 12 mg；pH 采用 6.0、7.0 和 8.0。

详细步骤如下。

（1）此例有 3 个因素，每个因素有 3 个水平，则选择 $L_k(m^j)$ 中，$m = 3$（3 为水平数）的正交表。

（2）此例有 3 个因素，$L_k(3^j)$ 中，j 大于 3。

（3）若不考察交互作用，此例各因素自由度之和为因素数个数×（水平数 − 1）= 3×（3 − 1）= 6，而 $L_9(3^4)$ 总自由度 9 − 1 = 8，故可以选用 $L_9(3^4)$ 正交表（表 6 − 21），其中正交表中 A、B、C 和 D 代表因素，1、2 和 3 代表对应因素的 3 个水平；这样将温度、pH 和微量元素按顺序安排在 A、B 和 C 列，就获得正交实验表格（表 6 − 22），严格按照处理组合进行实验，获取实验"蛋白含量数据"，就可以进一步进行数据分析了。

表 6−21　L_9（3^4）正交表

试验号	列号			
	1	2	3	4
1	1	1	1	1
2	1	2	2	2
3	1	3	3	3
4	2	1	2	3
5	2	2	3	1
6	2	3	1	2
7	3	1	3	2
8	3	2	1	3
9	3	3	2	1

表 6−22　该例的正交实验表格

处理号	因素				实验结果（蛋白含量）
	A（温度）	B（pH）	C（微量元素）	D（空）	
1	1(35 ℃)	1(6.0)	1(10 mg)	1	
2	1(35 ℃)	2(7.0)	2(11 mg)	2	
3	1(35 ℃)	3(8.0)	3(12 mg)	3	
4	2(36 ℃)	1(6.0)	2(11 mg)	3	
5	2(36 ℃)	2(7.0)	3(12 mg)	1	
6	2(36 ℃)	3(8.0)	1(10 mg)	2	
7	3(37 ℃)	1(6.0)	3(12 mg)	2	
8	3(37 ℃)	2(7.0)	1(10 mg)	3	
9	3(37 ℃)	3(8.0)	2(11 mg)	1	

　　假设该例子温度与 pH，pH 与微量元素存在一级交互作用，那么正交表的选择步骤如下。

　　（1）此例有 3 个因素，每个因素有 3 个水平，则选择 L_k（m^j）中，$m=3$（3 为水平数）的正交表。

（2）此例有 3 个因素，且温度与 pH，pH 与微量元素存在一级交互作用，$L_k(3^j)$ 中，j 大于 5。

（3）此例 3 因素自由度之和为因素数个数 ×（水平数 −1）= 3 ×（3 −1）= 6，而 A 与 B，B 与 C 的自由度 = 2 ×（3 −1）×（3 −1）= 8，总自由度为 = 6 + 8 + 1 = 15，此时应选用 $L_{27}(3^{13})$（表 6 − 23）。

注： 为什么此处用 $L_{18}(3^7)$ 正交表不合适？因为 $L_{18}(3^7)$ 为非标准正交表，非标准正交表不能考察因素的交互作用。一般常见的非标准正交表有 $L_{12}(2^{11})$、$L_{20}(2^{19})$、$L_{24}(2^{23})$、$L_{28}(2^{27})$、$L_{18}(3^7)$、$L_{32}(4^9)$、$L_{50}(5^{11})$ 等。

此刻选用 $L_{27}(3^{13})$ 正交表所安排的实验方案，实际上已经是全面实验方案，也达不到减少实验工作量的目的，但我们仍然以该例来简单说明有交互作用的正交表表头设计。

（4）根据上述正交表选择原则，选择 $L_{27}(3^{13})$ 正交表见表 6 − 23。将温度与 pH 分别安排在表第 1 列和第 2 列，那么根据 $L_{27}(3^{13})$ 二列交互作用表（表 6 − 24），显示温度与 pH 交互作用应该安排在第 3 列和第 4 列；接着将微量元素安排在第 5 列，那么 pH 与微量元素交互作用应该安排在第 8 列和第 11 列；最终根据 $L_{27}(3^{13})$ 正交实验安排为：温度（第 1 列），pH（第 2 列）和微量元素（第 5 列），其中温度与 pH 交互作用在第 3 列和第 4 列，pH 与微量元素交互作用在第 8 列和第 11 列。

表 6 − 23　$L_{27}(3^{13})$ 正交表

试验号	列号												
	1	2	3	4	5	6	7	8	9	10	11	12	13
1	1	1	1	1	1	1	1	1	1	1	1	1	1
2	1	1	1	1	2	2	2	2	2	2	2	2	2
3	1	1	1	1	3	3	3	3	3	3	3	3	3
4	1	2	2	2	1	1	1	2	2	3	3	3	3
5	1	2	2	2	2	2	2	3	3	1	1	1	1
6	1	2	2	2	3	3	3	1	1	2	2	2	2
7	1	3	3	3	1	1	1	3	3	2	2	2	2
8	1	3	3	3	2	2	2	1	1	3	3	3	3
9	1	3	3	3	3	3	3	2	2	2	1	1	1

试验号	列号												
	1	2	3	4	5	6	7	8	9	10	11	12	13
10	2	1	2	3	1	2	3	1	2	3	1	2	3
11	2	1	2	3	2	3	1	2	3	1	2	3	1
12	2	1	2	3	3	1	2	3	1	2	3	1	2
13	2	2	3	1	1	2	3	2	3	1	3	1	2
14	2	2	3	1	2	3	1	3	1	2	1	2	3
15	2	2	3	1	3	1	2	1	2	3	2	3	1
16	2	3	1	2	1	2	3	3	1	2	2	3	1
17	2	3	1	2	2	3	1	1	2	3	3	1	2
18	2	3	1	2	3	1	2	2	3	1	1	2	3
19	3	1	3	2	1	3	2	1	3	2	1	3	2
20	3	1	3	2	2	1	3	2	1	3	2	1	3
21	3	1	3	2	3	2	1	3	2	1	2	1	3
22	3	2	1	3	1	3	2	2	1	3	3	2	1
23	3	2	1	3	2	1	3	3	2	1	1	3	2
24	3	2	1	3	3	2	1	1	3	2	2	1	3
25	3	3	2	1	1	3	2	3	2	1	2	1	3
26	3	3	2	1	2	1	3	1	3	2	3	2	1
27	3	3	2	1	3	2	1	2	1	3	1	3	2

表6-24　L_{27}（3^{13}）二列间的交互作用表

列号	1	2	3	4	5	6	7	8	9	10	11	12	13
（1）	（1）	3	2	2	6	5	5	9	8	8	12	11	11
		4	4	3	7	7	6	10	10	9	13	13	12

续表

列号	1	2	3	4	5	6	7	8	9	10	11	12	13
(2)			1	1	8	9	10	5	6	7	5	6	7
			4	3	11	12	13	11	12	13	8	9	10
(3)			(1)	1	9	10	8	7	5	6	6	7	5
				2	13	11	12	12	13	11	10	8	9
(4)				(4)	10	8	9	6	7	5	7	5	6
					12	13	11	13	11	12	9	10	8
(5)					(5)	1	1	2	3	4	2	4	3
						7	6	11	13	12	8	10	9
(6)						(6)	1	4	2	3	3	2	4
							5	13	12	11	10	9	8
(7)							(7)	3	4	2	4	3	2
								12	11	13	9	8	10
(8)								(8)	1	1	2	3	4
									10	9	5	7	6
(9)									(9)	1	4	2	3
										8	7	6	5
(10)										(10)	3	4	2
											6	5	7
(11)											(11)	1	1
												13	12
(12)												(12)	1
													11

2. SPSS 生成正交实验方案和统计分析

下面以考察温度、配方、pH 共 3 个因素对新菌种蛋白含量的影响，寻找最佳的培养条件（分析方法：正交设计）为例，设计 3 因素 3 水平的正交实验。根据上述实验结果，温度采用 35 ℃、36 ℃ 和 37 ℃；微量元素采用 10 mg、11 mg 和 12 mg；pH 采用 6.0、7.0 和 8.0。

详细步骤如下。

（1）生成正交设计表。

选择 SPSS "数据" — "正交设计" — "生成"，在弹出的对话框中，"因子名称"输入"pH"，单击"添加"按钮后，单选"pH"，再单击"定义值"，在弹出的对话框中，定义变量的各个水平；同理，输入并定义"微量元素"和"温度"；"创建新数据集"，输入文件名"New"，如图 6-26 所示；此外，为了每次生成同样的表格而不是随机的正交表，可以选择"将随机数初始值重置为"，填上数值，本例填写"100"。

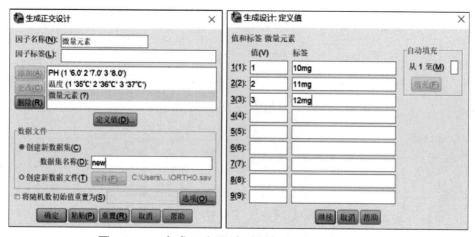

图 6-26 生成正交设计对话框和定义值对话框

单击"确定"，则生成正交设计表格数据，如图 6-27 所示；该例子的无重复全面实验将需要 3^3 即 27 次实验（水平数的因素数次方），而正交设计最少需要 3^2，即 9 次实验（水平数的平方），可见正交设计大大简化了实验安排。

（2）获得实验数据。

严格按照图 6-27 的实验水平组合来进行实验，并建立"蛋白含量"变量来保存实验结果；为了更直观显示正交设计实验安排与对应

PH	温度	微量元素	STATUS_	CARD_
3	3	3	0	1
1	3	2	0	2
1	1	1	0	3
2	2	2	0	4
2	1	3	0	5
3	2	1	0	6
2	3	1	0	7
1	2	3	0	8
3	1	2	0	9

图 6-27 正交设计实验安排数据表

实验数据，可以选择 SPSS "数据" - "正交设计" - "显示"，在对话框中选择各因素和蛋白含量，格式"试验者列表"（图 6-28），确定产生表 6-25 的实验者列表，这样实验人员可以依据该表格安排实验，并记录数据。

将实验所获得数据严格对应各自水平组合输入 SPSS "蛋白含量"中（图 6-29）；由此，在不考虑交互作用的前提下，使用 9 个处理的正交实验设计来替代了需要 27 次的全面实验，并得到了对应的统计分析结果。

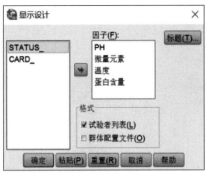

图 6 – 28 实验安排显示对话框

	PH	温度	微量元素	STATUS_	CARD_	蛋白含量
1	3	3	3	0	1	1.10
2	1	3	2	0	2	1.70
3	1	1	1	0	3	.81
4	2	2	2	0	4	2.96
5	2	1	3	0	5	1.68
6	3	2	1	0	6	1.80
7	2	3	1	0	7	1.70
8	1	2	3	0	8	1.65
9	3	1	2	0	9	1.60

图 6 – 29 正交设计数据

表 6 – 25 正交设计实验 – 实验者列表

卡列表					
	卡标识	微量元素	温度	pH	蛋白质含量
1	1	12 mg	37 ℃	8	
2	2	12 mg	35 ℃	7	
3	3	10 mg	35 ℃	6	
4	4	11 mg	36 ℃	7	
5	5	10 mg	36 ℃	8	
6	6	11 mg	37 ℃	6	
7	7	12 mg	36 ℃	6	
8	8	11 mg	35 ℃	8	
9	9	10 mg	37 ℃	7	

（3）多因素方差分析。

正交设计数据分析依旧采用多因素方差分析，按照类似上一例子的操作进行即可。

注：该正交设计目的是选择最优水平组合，实验没有设定重复，这样要指定因素"主效应"；选择 SPSS"分析" – "一般线性模型" – "单变量"，在"模型"对话框中，点选"设定"，在构建项"类型"中选择"主效应"，然后将 3 个因素选入"模型"中，如图 6 – 30 所示。其他选项按照多因素方差分析操作进行，"确定"后获得运行结果。

（4）统计结果。

在 SPSS 多因素方差分析结果输出页面中，表 6 – 26 主效应方差分析表显

图 - 30　模型选项中需指定"主效应"

示，3 个因素对蛋白含量大小影响达到显著水平；表 6 - 27、表 6 - 28 和表 6 - 29 分别是这 3 个元素各水平，在 0.05 水平下 S - N - K 法的两两比较，结果可见：pH = 7.0 蛋白含量最高，且与 pH = 6.0 和 8.0 有显著差异，与 pH = 6.0 和 8.0 没有统计学差异；微量元素在 11 mg 下蛋白含量最高，且与 10 mg 和 12 mg 比较存在显著差异；温度 36 ℃ 与其他温度水平比较差异显著，且该温度下蛋白含量最高。

表 6 - 26　主效应方差分析表

主体间效应的检验					
因变量: 蛋白质含量					
源	Ⅲ型平方和	df	均方	F	Sig.
校正模型	2.735[a]	6	0.456	52.806	0.019
截距	25	1	25	2 895.753	0
温度	0.917	2	0.459	53.112	0.018
微量元素	1.022	2	0.511	59.193	0.017
pH	0.796	2	0.398	46.112	0.021
误差	0.017	2	0.009		
总计	27.753	9			
校正的总计	2.753	8			

注：a. R 方 = 0.994（调整 R 方 = 0.975）。

表 6 – 27　因素 "pH" 两两比较（S – N – K 法和 Duncan 法）

蛋白质含量				
	pH	N	子集	
			1	2
Student – Newman – Keuls[a,b]	6	3	1.436 7	
	8	3	1.476 7	
	7	3		2.086 7
	Sig.		0.651	1
Duncan[a,b]	6	3	1.436 7	
	8	3	1.476 7	
	7	3		2.086 7
	Sig.		0.651	1

注：a. 使用调和均值样本大小 = 3.000。

　　b. alpha = 0.05。

表 6 – 28　因素 "温度" 两两比较（S – N – K 法和 Duncan 法）

蛋白质含量				
	温度/℃	N	子集	
			1	2
Student – Newman – Keuls[a,b]	35	3	1.386 7	
	37	3	1.5	
	36	3		2.113 3
	Sig.		0.274	1
Duncan[a,b]	35	3	1.386 7	
	37	3	1.5	
	36	3		2.113 3
	Sig.		0.274	1

注：a. 使用调和均值样本大小 = 3.000。

　　b. alpha = 0.05。

表 6-29　因素 "微量元素" 两两比较（S-N-K 法和 Duncan 法）

蛋白质含量				
	微量元素/mg	N	子集	
			1	2
Student - Newman - Keuls[a,b]	10	3	1. 363 3	
	12	3	1. 5	
	11	3		2. 136 7
	Sig.		0. 213	1
Duncan[a,b]	10	3	1. 363 3	
	12	3	1. 5	
	11	3		2. 136 7
	Sig.		0. 213	1

注：a. 使用调和均值样本大小 = 3.000。

　　b. alpha = 0.05。

综上所述，该正交设计认为使得新菌种蛋白含量最高的最优组合为 pH = 7.0、微量元素 = 11 mg 和温度 = 36 ℃。

通过上述手工或 SPSS 软件设计正交实验可知，正交实验适合较少或不考虑交互作用的多因素多水平实验，尽管 SPSS 可以方便地生成和分析正交实验表格数据，但大多数生成的是非标准正交表，无法估计交互作用，读者可以采用 Minitab、Design Expert 和 R 等软件来帮助设计复杂的正交实验。

参考文献

[1] 吴冠芸，潘华珍，吴羽军. 生物化学与分子生物学实验常用数据手册 [M]. 北京：科学出版社，2000：133.

[2] 赵东旭，王利波，杨新林，等. 灵芝子实体抗肿瘤成分提取的研究 [J]. 北京理工大学学报（自然科学版），1999，19（6）：782-786.

[3] 杜荣骞. 生物统计学 [M]. 2 版. 北京：高等教育出版社，2003.

[4] 张文彤. SPSS 统计分析基础教程 [M]. 2 版. 北京：高等教育出版社，2017.

附　　录

附录一　常用药品及其主要性质

1. 蛋白类

部分常用蛋白的基本理化性质见附表1。

附表1　部分常用蛋白的基本理化性质

蛋白质	Mr	pI	备注
β-半乳糖苷酶	116 000	4.5~6.0（取决于材料）	单肽链，高分子量标准参照物；用于酶联免疫检测；作为表达基因
牛血清清蛋白（BSA）	66 200	4.7	单肽链，高分子量标准参照物
人血红蛋白（A）	67 000（亚基15 300）	7.1	四聚体，蛋白质的pI标准物
过氧化氢酶	57 000	5.4（牛）	单肽链，高分子量标准参照物
碳酸酐酶	31 000	6.0（牛）	单肽链，中分子量标准参照物，蛋白质的pI标准物
溶菌酶	14 400	10.5	单肽链，低分子量标准参照物
细胞色素C	16 900	9.6	蛋白质的pI标准物
胰岛素	5 800	5.3	
核糖核酸酶A	13 700	9.5	
胰蛋白酶	26 600（人）	6.1	

2. 核酸类

部分常见核酸的长度及分子量见附表2。

附表2　部分常见核酸的长度及分子量

核酸	核苷酸数	分子量
λDNA	48 502（dsDNA）	3.0×10^7
pBR322 DNA	4 363（dsDNA）	2.8×10^6
28S rRNA	4 800	1.6×10^6
23S rRNA	3 700	1.2×10^6
18S rRNA	1 900	6.1×10^5
16S rRNA	1 700	5.5×10^5
5S rRNA	120	3.6×10^4
tRNA（E. coli）	75	2.5×10^4

3. 常用酸碱百分浓度、比重和当量浓度的关系

常用酸碱百分浓度、比重和当量浓度的关系见附表3。

附表3　常用酸碱百分浓度、比重和当量浓度的关系

试剂	相对分子质量	比重/$(g \cdot cm^{-3})$	摩尔浓度/$(mol \cdot L^{-1})$	重量百分比浓度/%	配制1 L，1 mol/L所需要加入的体积/mL
氨水	35.0	0.90	14.8	28.0	67.6
NaOH	40.0	1.53			
冰醋酸	60.05	1.05	17.4	99.7	57.5
盐酸	36.5	1.19	11.9	36.5	86.2
硝酸	63.02	1.42	15.8	70.0	62.5
高氯酸	100.5	1.67	11.6	70.0	108.7
磷酸	80.0	1.69	14.6	85.0	55.2
硫酸	98.1	1.84	17.8	95.0	55.6

注：具体的试剂浓度以试剂瓶标示为准。

4. 常用有机溶剂

常用有机溶剂的基本理化性质见附表4。

附表4　常用有机溶剂的基本理化性质

试剂	常压下的沸点/℃	常压、共沸物为水时的沸点/℃	分子量	介电常数	备注
苯	80.2	69.3	78.11	2.29	
乙醚	34.5	34.2	74.11	4.34	
氯仿	61.2		119.38	4.81	
乙酸乙酯	77.1	70.4	88.11	6.02	
吡啶	115		79.10	12.3	
正丁醇	117.8	92.4	74.12	17.8	
丙酮	56.5		58.08	20.7	
乙醇	78.4	78.1	46.07	26	
甲醇	64		32.04	33.6	
乙腈	82		41.06	37.5	
甲酸	101	107.3	46.03	58.5	

附录二　常用缓冲液的配制

1. 甘氨酸－盐酸缓冲液（0.05 mol/L，pH2.2～3.6，25 ℃）

首先配制0.2 mol/L甘氨酸溶液，然后量取25 mL 0.2 mol/L甘氨酸溶液 + x mL 0.2 mol/L盐酸溶液，加蒸馏水稀释至100 mL。

0.2 mol/L甘氨酸溶液的配制：称取15.01 g甘氨酸（MW = 75.05）溶解后定容至1 L。

不同pH的甘氨酸－盐酸缓冲液兑制配方见附表5。

附表5　甘氨酸－盐酸缓冲液（0.05 mol/L，pH2.2～3.6，25 ℃）兑制配方

pH	0.2 mol/L盐酸溶液	pH	0.2 mol/L盐酸溶液
2.2	22.0	3.0	5.7
2.4	16.2	3.2	4.1
2.6	12.1	3.4	3.2
2.8	8.4	3.6	2.5

2. 磷酸氢二钠 – 柠檬酸缓冲液（pH2.6 ~ 7.6，25 ℃）

首先配制 0.1 mol/L 柠檬酸溶液和 0.2 mol/L 磷酸氢二钠，然后按附表 6 比例兑制即可。

附表 6　磷酸氢二钠 – 柠檬酸缓冲液（pH2.6 ~ 7.6，25 ℃）兑制配方

pH	0.1 mol/L 柠檬酸/mL	0.2 mol/L Na₂ HPO₄/mL	pH	0.1 mol/L 柠檬酸/mL	0.2 mol/L Na₂HPO₄/mL
2.6	89.10	10.90	5.2	46.40	53.60
2.8	84.15	15.85	5.4	44.25	55.75
3.0	79.45	20.55	5.6	42.00	58.00
3.2	75.30	24.70	5.8	39.55	60.45
3.4	71.50	28.50	6.0	36.85	63.15
3.6	67.8	32.20	6.2	33.90	66.10
3.8	64.5	35.50	6.4	30.75	69.25
4.0	61.45	38.55	6.6	27.25	72.75
4.2	58.60	41.40	6.8	22.75	77.25
4.4	55.90	44.10	7.0	17.65	82.35
4.6	53.25	46.75	7.2	13.05	86.95
4.8	50.70	49.30	7.4	9.15	90.85
5.0	48.50	51.50	7.6	6.35	93.65

0.1 mol/L 柠檬酸溶液的配制：称取 21.01 g 柠檬酸·H_2O（MW = 210.1）溶解后定容至 1 L。

0.2 mol/L 磷酸氢二钠溶液的配制：称取 21.01 g Na_2HPO_4·$2H_2O$（MW = 178.05）溶解后定容至 1 L。

3. 柠檬酸 – 柠檬酸钠缓冲液（0.1 mol/L，pH3.0 ~ 6.2）

首先配制 0.1 mol/L 柠檬酸溶液和 0.1 mol/L 柠檬酸钠，然后按附表 7 比例兑制即可。

附表7　柠檬酸–柠檬酸钠缓冲液（0.1 mol/L，pH3.0~6.2）兑制配方

pH	0.1 mol/L 柠檬酸/mL	0.1 mol/L 柠檬酸钠/mL	pH	0.1 mol/L 柠檬酸/mL	0.1 mol/L 柠檬酸钠/mL
3.0	82.0	18.0	4.8	40.0	60.0
3.2	77.5	22.5	5.0	35.0	65.0
3.4	73.0	27.5	5.2	30.0	69.5
3.6	68.5	31.5	5.4	25.5	74.5
3.8	63.5	36.5	5.6	21.0	79.0
4.0	59.0	41.0	5.8	16.0	84.0
4.2	54.0	46.0	6.0	11.0	88.5
4.4	49.5	50.5	6.2	8.5	92.0
4.6	44.5	55.5			

0.1 mol/L 柠檬酸溶液的配制：称取 21.01 g 柠檬酸·H_2O（MW = 210.1）溶解后定容至 1 L。

0.1 mol/L 柠檬酸钠溶液的配制：称取 29.41 g 柠檬酸·$2H_2O$（MW = 294.1）溶解后定容至 1 L。

4. 醋酸–醋酸钠缓冲液（0.2 mol/L，pH3.7~5.8，18 ℃）

首先配制 0.2 mol/L 醋酸溶液和 0.1 mol/L 醋酸钠，然后按附表8 比例兑制即可。

附表8　醋酸–醋酸钠缓冲液（0.2 mol/L，pH3.7~5.8，18℃）兑制配方

pH	0.2 mol/L 醋酸/mL	0.2 mol/L 醋酸钠/mL	pH	0.2 mol/L 醋酸/mL	0.2 mol/L 醋酸钠/mL
3.7	90.0	10.0	4.8	41.0	59.0
3.8	88.0	12.0	5.0	30.0	70.0
4.0	82.0	18.0	5.2	21.0	79.0
4.2	73.5	26.5	5.4	14.0	86.0
4.4	63.0	37.0	5.6	9.0	91.0
4.6	51.0	49.0	5.8	6.0	96.0

0.2 mol/L 醋酸溶液的配制：量取 11.7 mL 冰醋酸（MW = 60.0），用蒸馏水稀释、定容至 1 L。

0.2 mol/L 醋酸钠溶液的配制：称取 27.22 g 醋酸钠·3H$_2$O（MW=136.1）溶解后定容至 1 L。

5. 磷酸盐缓冲液（pH5.8~8.0，25 ℃）

1）磷酸氢二钠-磷酸二氢钠缓冲液（0.2 mol/L，pH5.8~8.0，25 ℃）

首先配制 0.2 mol/L 磷酸氢二钠溶液和 0.2 mol/L 磷酸二氢钠，然后按附表9比例兑制即可。

附表9　磷酸氢二钠-磷酸二氢钠缓冲液（0.2 mol/L，pH5.8~8.0，25 ℃）兑制配方

pH	0.2 mol/L Na$_2$HPO$_4$/mL	0.2 mol/L NaH$_2$PO$_4$/mL	pH	0.2 mol/L Na$_2$HPO$_4$/mL	0.2 mol/L NaH$_2$PO$_4$/mL
5.8	8.0	92.0	7.0	61.0	39.0
6.0	12.3	87.7	7.2	72.0	28.0
6.2	18.5	81.5	7.4	81.0	19.0
6.4	26.5	73.5	7.6	87.0	13.0
6.6	37.5	62.5	7.8	91.5	8.5
6.8	49.5	51.0	8.0	94.7	5.3

0.2 mol/L 磷酸氢二钠溶液的配制：称取 35.61 g Na$_2$HPO$_4$·2H$_2$O（MW=178.05）溶解后定容至 1 L。或称取 71.64 g Na$_2$HPO$_4$·12H$_2$O（MW=358.22）溶解后定容至 1 L。

0.2 mol/L 磷酸二氢钠溶液的配制：称取 31.21 g NaH$_2$PO$_4$·2H$_2$O（MW=156.03）溶解后定容至 1 L。或称取 27.6 g NaH$_2$PO$_4$·H$_2$O（MW=138.0）溶解后定容至 1 L。

2）磷酸氢二钠-磷酸二氢钾缓冲液（1/15 mol/L，pH5.0~8.6）

首先配制 1/15 mol/L（0.067 mol/L）磷酸氢二钠溶液和 1/15 mol/L（0.067 mol/L）磷酸二氢钾，然后按附表10 比例兑制即可。

附表10　磷酸氢二钠-磷酸二氢钾缓冲液（1/15 mol/L，pH5.0~8.6）兑制配方

pH	1/15 mol/L Na$_2$HPO$_4$/mL	1/15 mol/L KH$_2$PO$_4$/mL	pH	1/15 mol/L Na$_2$HPO$_4$/mL	1/15 mol/L KH$_2$PO$_4$/mL
4.92	1.0	99.0	6.98	60.0	40.0
5.29	5.0	95.0	7.17	70.0	30.0

pH	1/15 mol/L Na$_2$HPO$_4$/mL	1/15 mol/L KH$_2$PO$_4$/mL	pH	1/15 mol/L Na$_2$HPO$_4$/mL	1/15 mol/L KH$_2$PO$_4$/mL
5.91	10.0	90.0	7.38	80.0	20.0
6.24	20.0	80.0	7.73	90.0	10.0
6.47	30.0	70.0	8.04	95.0	5.0
6.64	40.0	60.0	8.34	97.5	2.5

1/15 mol/L 磷酸氢二钠溶液的配制：称取 11.876 g Na$_2$HPO$_4$·2H$_2$O（MW = 178.05）溶解后定容至 1 L。

1/15mol/L 磷酸二氢钾溶液的配制：称取 9.078 g KH$_2$PO$_4$·2H$_2$O（MW = 136.09）溶解后定容至 1 L。

3）磷酸钾缓冲液（0.1 mol/L，pH5.8~8.0）

0.1 mol/L 磷酸二氢钾溶液的配制：称取 13.609 g KH$_2$PO$_4$·2H$_2$O（MW = 136.09）溶解后定容至 1 L。

0.1 mol/L 磷酸氢二钾溶液的配制：称取 22.822 g K$_2$HPO$_4$·3H$_2$O（MW = 228.22）溶解后定容至 1 L。

不同 pH 的缓冲液按附表11 给定的比例兑制即可。

附表11　磷酸钾缓冲液（0.1 mol/L，pH5.8~8.0）兑制配方

pH	0.1 mol/L K$_2$HPO$_4$/mL	0.1 mol/L KH$_2$PO$_4$/mL	pH	0.1mol/L K$_2$HPO$_4$/mL	0.1 mol/L KH$_2$PO$_4$/mL
5.8	8.5	91.5	7.0	61.5	38.5
6.0	13.2	86.8	7.2	71.7	28.3
6.2	19.2	80.8	7.4	80.2	19.8
6.4	27.8	72.2	7.6	86.6	13.4
6.6	38.1	61.9	7.8	90.8	9.2
6.8	49.7	50.3	8.0	94.0	6.0

6. 磷酸二氢钾–氢氧化钠缓冲液（0.05 mol/L，pH5.8~8.0，20 ℃）

首先配制 0.2 mol/L 磷酸二氢钾溶液和 0.2 mol/LNaOH 溶液，然后按附表12兑制并稀释至 20 mL 即可。

附表 12　磷酸二氢钾－氢氧化钠缓冲液（0.05 mol/L，pH5.8~8.0，20 ℃）兑制配方

pH	0.2 mol/L KH$_2$PO$_4$/mL	0.2 mol/L NaOH/mL	pH	0.2mol/L KH$_2$PO$_4$/mL	0.2 mol/L NaOH/mL
5.8	5	0.372	7.0	5	2.963
6.0	5	0.570	7.2	5	3.500
6.2	5	0.860	7.4	5	3.950
6.4	5	1.260	7.6	5	4.280
6.6	5	1.780	7.8	5	4.520
6.8	5	2.365	8.0	5	4.680

0.2 mol/L 磷酸二氢钾溶液的配制：称取 27.218 g KH$_2$PO$_4$·2H$_2$O（MW = 136.09）溶解后定容至 1 L。

0.2 mol/L 氢氧化钠溶液的配制：称取 8.0 g 氢氧化钠（MW = 40）溶解后定容至 1 000 mL。

7. 巴比妥－盐酸缓冲液（pH6.8~9.6，18 ℃）

首先配制 0.04 mol/L 巴比妥钠溶液 100 mL，然后按附表 13 与一定体积的 0.2 mol/L 盐酸混合即可。

附表 13　巴比妥－盐酸缓冲液（pH6.8~9.6，18 ℃）兑制配方

pH	0.2 mol/L HCl/mL	pH	0.2 mol/L HCl/mL	pH	0.2 mol/L HCl/mL
6.8	18.4	7.8	11.47	8.8	2.52
7.0	17.8	8.0	9.39	9.0	1.65
7.2	16.7	8.2	7.21	9.2	1.13
7.4	15.3	8.4	5.21	9.4	0.70
7.6	13.4	8.6	3.82	9.6	0.35

0.04 mol/L 巴比妥钠溶液的配制：称取 0.825 g 巴比妥钠（MW = 206.17）溶解后定容至 1 000 mL。

8. Tris－盐酸缓冲液（0.05 mol/L，pH7.1~8.9，25 ℃）

首先配制 0.1 mol/L 三羟甲基氨基甲烷（Tris）溶液 50 mL，然后按附表 14 与一定体积的 0.1 mol/L 盐酸混合，定容至 100 mL 即可。

附表 14　Tris - 盐酸缓冲液（0.05 mol/L，pH7.1~8.9，25 ℃）兑制配方

pH	0.1 mol/L 盐酸/mL	pH	0.1 mol/L 盐酸/mL	pH	0.1 mol/L 盐酸/mL
7.10	45.7	7.80	34.5	8.50	14.7
7.20	44.7	7.90	32.0	8.60	12.4
7.30	43.4	8.00	29.2	8.70	10.3
7.40	42.0	8.10	26.2	8.80	8.5
7.50	40.3	8.20	22.9	8.90	7.0
7.60	38.5	8.30	19.9		
7.70	36.6	8.40	17.2		

注：Tris 溶液可从空气中吸收 CO_2，使用时要将瓶盖密封紧。

0.1 mol/L Tris 溶液的配制：称取 12.11 g Tris（MW = 121.14）溶解后定容至 1 L。

9. 甘氨酸 - 氢氧化钠缓冲液（0.05 mol/L，pH8.6~10.6，25 ℃）

首先配制 0.2 mol/L 甘氨酸溶液 50 mL，然后按附表 15 与一定体积的 0.2 mol/LNaOH 混合，加水稀释至 200 mL 即可。

附表 15　甘氨酸 - 氢氧化钠缓冲液（0.05 mol/L，pH8.6~10.6，25 ℃）兑制配方

pH	0.1 mol/L NaOH/mL	pH	0.1 mol/L NaOH/mL
8.6	4.0	9.6	22.4
8.8	6.0	9.8	27.2
9.0	8.8	10.0	32.0
9.2	12.0	10.4	38.6
9.4	16.8	10.6	45.6

0.2 mol/L 甘氨酸溶液的配制：称取 15.01 g 甘氨酸（MW = 75.07）溶解后定容至 1 L。

0.2 mol/L NaOH 溶液的配制：称取 8.0 g 甘氨酸（MW = 40.0）溶解后定容至 1 L。

10. 碳酸钠 - 碳酸氢钠缓冲液（0.10 mol/L，pH9.2~10.8）

首先配制 0.1 mol/L 碳酸钠溶液和 0.1 mol/L 碳酸氢钠溶液，然后按附表 16 比例兑制即可。

附表 16 碳酸钠 – 碳酸氢钠缓冲液 (0.10 mol/L, pH9.2 ~ 10.8) 兑制配方

pH		0.1 mol/L Na₂CO₃ 溶液/mL	0.1 mol/L NaHCO₃ 溶液/mL	pH		0.1 mol/L Na₂CO₃ 溶液/mL	0.1 mol/L NaHCO₃ 溶液/mL
20 ℃	4 ℃			20 ℃	4 ℃		
9.2	8.8	10	90	10.1	9.9	60	40
9.4	9.1	20	80	10.3	10.1	70	30
9.5	9.4	30	70	10.5	10.3	80	20
9.8	9.5	40	60	10.8	10.6	90	10
9.9	9.7	50	50				

0.1 mol/L 碳酸钠溶液的配制: 称取 28.62 g $Na_2CO_3 \cdot 10H_2O$ (MW = 286.2) 溶解后定容至 1 L。

0.1 mol/L 碳酸氢钠溶液的配制: 称取 8.4 g $NaHCO_3$ (MW = 84.0) 溶解后定容至 1 L。注: 有 Ca^{2+}、Mg^{2+} 时不能使用。

附录三 一些常用数据表

1. 真空度及换算

某一相对密闭体系的真空度一般指相对真空度, 指被测体系的压力与测量地点大气压 (atm) 的差值, 可用压力真空表测量。在没有真空的状态下, 真空表的初始值为 "0", 即表示 1 个大气压 (101 325 Pa)。当测量真空度时, 它的值介于 0 和 – 101 325 Pa (或 0.1 MPa) 之间, 均为负值。

1 atm = 760 mm Hg = 101 325 Pa ≈ 14.5 PSI

1 kPa = 10 mbar = 0.01 bar

1 mmHg = 1.32 mbar

在进行冷冻干燥时, 油泵形成的真空度一般低于 10 Pa。某一体系的真空度与压力换算如附表 17 所示。

附表 17 某一体系的真空度与压力换算

相对真空度		绝对压力/Pa	备注
水银计显示数/mmHg 柱	真空表示数/MPa		
0	0	101 325	760 mmHg 柱
– 10		100 000	~750 mmHg 柱

相对真空度		绝对压力/Pa	备注
水银计显示数/mmHg 柱	真空表示数/MPa		
−85	−0.01	90 000	70.0
−160	−0.02	80 000	70.0
−385	−0.05	50 000	85.0
−685	−0.09	10 000	95.0
	−0.095	5 000	
−753	−0.099	1 000	
	0.099 5	500	
−759	0.099 9	133.3	~1 mmHg 柱
	0.099 95	50	
	0.099 99	10	

2. 离心机的离心因子与转速、离心半径的关系

使用说明：在具体的使用过程中，相对离心强度能够更为准确地表示离心强度，因为在相同转速的情况下，转子半径对相对离心力的影响很大，半径越大，离心强度越大，沉淀效果越好。如附图 1 所示，斜虚线显示半径、转速、相对离心强度之间的关系，在半径为 5.5 cm、1 820 r/min 时，相对离心强度为 $200 \times g$；半径为 5.5 cm、18 200 r/min 时，相对离心强度为 20 000 $\times g$。若转子半径发生改变，想达到同样的相对离心强度 20 000 $\times g$，此时只需要固定斜虚线与相对离心力柱的交叉点，自由转动该虚线即可，虚线与转子速度柱的交叉点即为所需要的转速。

3. 盐析（硫酸铵）饱和度换算表

盐析（硫酸铵）饱和度换算如附表 18 所示。

4. 颗粒大小的表示与筛网的筛孔孔径（目数）的关系

筛分粒度就是颗粒可以通过筛网的筛孔尺寸，以 1 英寸（25.4 mm）宽度的筛网内的筛孔数表示，因而称之为"目数"，网目数与对应的颗粒直径如附表 19 所示。目前在国内外尚未有统一的粉体粒度技术标准，各个企业都有自己的粒度指标定义和表示方法。国内常用的样筛、孔径（药典）与对应的目数如附表 20 所示。

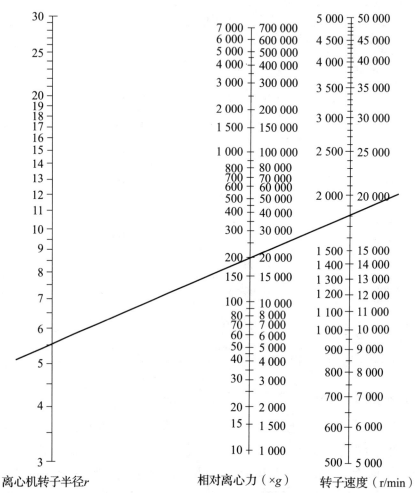

离心机转子半径r   相对离心力（×g） 转子速度（r/min）

附图1　离心力与离心机转速测算图

附表18　盐析（硫酸铵）饱和度换算表

		\multicolumn{17}{c}{在℃时硫酸铵的终浓度/%饱和度}
		20	25	30	35	40	45	50	55	60	65	70	75	80	85	90	95	100
硫酸铵初始浓度/%饱和度		\multicolumn{17}{c}{每1 000 mL溶液中所需要加入的固体硫酸铵的克数}
	0	106	134	164	194	226	258	291	326	361	398	436	476	516	559	603	650	697
	5	79	108	137	166	197	229	262	296	331	368	405	444	484	526	570	615	662
	10	53	81	109	139	169	200	233	266	301	337	374	412	452	493	536	581	627
	15	26	54	82	111	141	172	204	237	271	306	343	381	420	460	503	547	592
	20	0	27	55	83	113	143	175	207	241	276	312	349	387	427	469	512	557
	25		0	27	56	84	115	146	179	211	245	280	317	355	395	436	478	522

续表

	在℃时硫酸铵的终浓度/% 饱和度																
	20	25	30	35	40	45	50	55	60	65	70	75	80	85	90	95	100
硫酸铵初始浓度/% 饱和度	每 1 000 mL 溶液中所需要加入的固体硫酸铵的克数																
30			0	28	56	86	117	148	181	214	249	285	323	362	402	445	488
35				0	28	57	87	118	151	184	218	254	291	329	369	410	453
40					0	29	58	89	120	153	187	222	258	296	335	376	418
45						0	29	59	90	123	156	190	226	263	302	342	383
50							0	30	60	92	125	159	194	230	268	308	348
55								0	30	61	93	127	161	197	235	273	313
60									0	31	62	95	129	164	201	231	279
65										0	31	63	97	132	168	205	244
70											0	32	65	99	134	171	209
75												0	32	66	101	137	174
80													0	33	67	103	139
85														0	34	68	105
90															0	34	70
95																0	35
100																	0

注：本表只显示硫酸铵在 0 ℃时在水中溶解后的饱和度。硫酸铵在水中的溶解度在 0 ~ 30 ℃范围内，随温度的升高，溶解度升高，有较好的线性关系；在 0 ℃、100% 饱和情况下，硫酸铵的摩尔浓度为 3.90 mol/L。在 0 ℃、1 L 水或稀溶液中加入约 700 g 硫酸铵使之饱和后，溶液体积扩大到约 1.36 L。

附表 19　网目数与对应的颗粒直径

网目数	对应的颗粒直径/μm	网目数	对应的颗粒直径/μm
10	1 700	250	58
50	270	300	48
100	150	325	45
150	106	400	38
200	75		

附表20 国内常用的样筛、孔径（药典）与对应的目数

筛号	对应的颗粒直径/μm	网目数	筛号	对应的颗粒直径/μm	网目数
1	2 000 ±70	10	6	150 ±6.6	100
2	850 ±29	24	7	125 ±5.8	120
3	355 ±13	50	8	90 ±4.6	150
4	250 ±9.9	65	9	75 ±4.1	200
5	180 ±7.6	80			

目前国际上比较流行用等效体积颗粒的计算直径来表示粒径，以 μm 或 mm 为单位。

附录四　常用的生化分离介质

1. 吸附剂

在进行某些生物小分子的分离操作时，常用吸附剂进行吸附、富集或分离，该过程借助极性或非极性基团之间的非特异性相互作用来完成，通常不具有离子交换作用。Amberlite 大网格吸附剂的某些物理性质见附表21。

附表21　Amberlite 大网格吸附剂的某些物理性质

吸附剂		功能基团	汞孔率		比表面积/($m^2 \cdot g^{-1}$)	平均孔径/Å	骨架密度/($g \cdot cm^{-3}$)	湿真密度/($g \cdot cm^{-3}$)
			空隙度/(体积·%$^{-1}$)	孔容/(mL·g^{-1})				
非极性芳香族吸附剂	XAD-1	苯乙烯二乙烯苯			100	205	1.06	1.02
	XAD-2	苯乙烯二乙烯苯	39.3	0.648	300	90	1.08	1.02
	XAD-3	苯乙烯二乙烯苯			526	44		
	XAD-4	苯乙烯二乙烯苯	50.2	0.976	784	50	1.058	1.02
	XAD-5	苯乙烯二乙烯苯			415	68		

吸附剂		功能基团	汞孔率		比表面积/$(m^2 \cdot g^{-1})$	平均孔径/Å	骨架密度/$(g \cdot cm^{-3})$	湿真密度/$(g \cdot cm^{-3})$
			空隙度/(体积·%$^{-1}$)	孔容/$(mL \cdot g^{-1})$				
中等极性吸附剂	XAD-6	甲基丙烯酸酯			63	498		
	XAD-7	甲基丙烯酸酯	58.2	1.144	450	90	1.251	1.05
	XAD-8	甲基丙烯酸酯	51.9	0.787	140	235	1.259	1.09
极性吸附剂	XAD-9	硫氧基	40.2	0.545	69	366	1.262	
	XAD-10	酰胺			69	352		
	XAD-11	酰胺			69	352	1.209	
	XAD-12	强极性 N-O 基	50.4	0.880	22	1 300	1.169	

2. 离子交换层析介质

不同厂家生产的离子交换介质的材质、交联度/强度、颗粒均匀度、交联的功能基团的密度等或有区别，但所交联的功能基团基本上是一样的。如材质有不规则形状的羧甲基纤维素（cellulose）、球形葡聚糖凝胶（sephadex）、聚丙烯酰胺凝胶（bio-gel P）、琼脂糖凝胶（sepharose）等，常用的弱阴离子功能基团是 DEAE $[-OCH_2CH_2NH^+(C_2H_5)_2]$，强阴离子功能基团是 QAE $[-OCH_2CH_2N^+(C_2H_5)_2CH_2CH(OH)CH_3]$、QA $[-OCH_2CH(OH)N^+(CH_3)_3]$、TEAE $[-OCH_2N^+(C_2H_5)_3]$；常用的弱阳离子功能基团是 CM（$-OCH_2COOH$），强阳离子功能基团是 SE（$-OCH_2CH_2SO_3H$）、SP（$-OCH_2CH_2CH_2SO_3H$）。各离子交换介质见附表22～附表24。

附表22 纤维素类离子交换介质

名称	外观	全交换容量/（μmol·mL^{-1}）	有效容量/(mg·mL^{-1})	厂家
DE23	纤维状	150	60（BSA）	Whatman
CM23	纤维状	80	85（Lys）	Whatman

名称	外观	全交换容量 / (μmol·mL⁻¹)	有效容量 /(mg·mL⁻¹)	厂家
DE52	微粒状	190	130 (BSA)	Whatman
CM52	微粒状	190	210 (Lys)	Whatman
DE53	微粒状	400	150 (BSA)	Whatman
CM32	微粒状	180	200 (Lys)	Whatman
DEAE - Sephacel	珠状	170	160 (BSA)	Amersham Pharmacia Biotech

注：表中缩写 BSA 为牛血清白蛋白，Lys 为溶菌酶。有效容量测定条件为 0.01 mol/L、pH8.0 的缓冲液。

附表 23　葡聚糖类离子交换介质

名称	功能基团	全交换容量 / (μmol·mL⁻¹)	有效容量 /(mg·mL⁻¹)	生产厂家
DEAE - Sephadex A - 25	DEAE	500	70 (Hb)	Amersham Pharmacia Biotech
QAE - Sephadex A - 25	QAE	500	50 (Hb)	
CM - Sephadex C - 25	CM	560	50 (Hb)	
SP - Sephadex C - 25	SP	300	30 (Hb)	
DEAE - Sephadex A - 50	DEAE	175	250 (Hb)	
QAE - Sephadex A - 50	QAE	100	200 (Hb)	
CM - Sephadex C - 50	CM	170	350 (Hb)	
SP - Sephadex C - 50	SP	90	270 (Hb)	

注：表中 Hb 为牛红蛋白。有效容量测定条件为 0.01 mol/L、pH8.0 的缓冲液。

附表 24　琼脂糖类离子交换介质

名称	功能基团	全交换容量 / (μmol·mL⁻¹)	有效容量 /(mg·mL⁻¹)	生产厂家
DEAE - Sepharose CL - 6B	DEAE	150	100 (Hb)	Amersham Pharmacia Biotech
CM - Sepharose CL - 6B	CM	120	100 (Hb)	

续表

名称	功能基团	全交换容量 /(μmol·mL^{-1})	有效容量 /(mg·mL^{-1})	生产厂家
DEAE – Bio – Gel A	DEAE	20	45（Hb）	Bio Rad
CM – Bio – Gel A	CM	20	45（Hb）	Bio Rad
Q – Sepharose – Fast Flow	Q	150	100（Hb）	Amersham Pharmacia Biotech
S – Sepharose – Fast Flow	S	150	100（Hb）	Amersham Pharmacia Biotech

注：表中 Hb 为牛红蛋白。有效容量测定条件为 0.01 mol/L、pH8.0 的缓冲液。

3. 凝胶过滤层析介质

凝胶过滤用的介质材料同离子交换层析用的介质，多是由天然或人工合成的水溶性好的高分子聚合而成，一般可耐受高温高压、强酸强碱的处理，内部具有一定孔径。凝胶过滤层析介质相关数据见附表 25 ~ 附表 28。

附表 25　凝胶过滤层析介质的基本理化性质

名称	骨架	颗粒大小/μm	排阻范围/kD	衍生系列	厂家
Sephadex G – 50	葡聚糖	20 ~ 100	1.3 ~ 30	Sephadex LH	Amersham Pharmacia Biotech
Sephadex G – 75	葡聚糖	120	3 ~ 80	Sephasorb HP	Amersham Pharmacia Biotech
Sephadex G – 100	葡聚糖	100 ~ 300	4 ~ 100		Amersham Pharmacia Biotech
Sephadex G – 150	葡聚糖		5 ~ 300		Amersham Pharmacia Biotech
Sephadex G – 200	葡聚糖		5 ~ 600		Amersham Pharmacia Biotech
Sepharose 6B	琼脂糖	45 ~ 165	10 ~ 4 000	Sepharose CL	Amersham Pharmacia Biotech
Sepharose 4B	琼脂糖	45 ~ 165	60 ~ 2 000	1）Sepharose high Performance 2）Sepharose Fast Flow	Amersham Pharmacia Biotech
Sepharose 2B	琼脂糖	60 ~ 200	70 ~ 4 000		Amersham Pharmacia Biotech

名称	骨架	颗粒大小/μm	排阻范围/kD	衍生系列	厂家
Bio – Gel A – 0.5m	琼脂糖	40~80	1~100		Bio Rad
Bio – Gel A – 1.5m		80~150	1~1 500		
Bio – Gel A – 5m		150~300	10~5 000		
Bio – Gel A – 15m			40~15 000		
Bio – Gel A – 50m			100~50 000		
Bio – Gel P – 10	聚丙烯酰胺	40~300 不定（参考厂家产品目录）	1.5~20		Bio Rad
Bio – Gel P – 30			2.5~40		
Bio – Gel P – 60			3~60		
Bio – Gel P – 100			5~100		
Bio – Gel P – 150			15~150		
Bio – Gel P – 200			30~200		
Bio – Gel P – 300			60~400		
Trisacry			10~15 000		Amersham Pharmacia Biotech
Sephacryl S – 200	葡聚糖 – 双丙烯酰胺	40~105	5~250		Amersham Pharmacia Biotech
Sephacryl S – 300		40~105	10~1 500		
Sephacryl S – 500 HR		25~75	40~20 000		
Sephacryl S – 400 HR		25~75	20~8 000		
Sephacryl S – 300 HR		25~75	10~1 500		
Sephacryl S – 200 HR		25~75	5~250		

续表

名称	骨架	颗粒大小/μm	排阻范围/kD	衍生系列	厂家
Ultrogel AcA 202	葡聚糖 - 双丙烯酰胺	60 ~ 140	1 ~ 15		Amersham Pharmacia Biotech
Ultrogel AcA 54			5 ~ 70		
Ultrogel AcA 44			10 ~ 130		
Ultrogel AcA 34			20 ~ 350		
Ultrogel AcA 22			100 ~ 1 200		

注：Sephadex G 后面的阿拉伯数为凝胶得水值的 10 倍。例如，G - 25 为每克凝胶膨胀时吸水 2.5 g，G - 25 为每克凝胶膨胀时吸水 20 g。因此，"G" 反映了凝胶的交联程度、膨胀程度及分部范围。

附表 26　Sephadex 的某些技术参数

分子筛类型	干颗粒大小/μm	分子量分级的范围		溶胀后体积/克	吸水值/(mL·g⁻¹)	溶胀所需最少时间/h		柱头压力/cm
		球形蛋白/kD	葡聚糖（线性分子）/kD			室温	沸水浴	
Sephadex G - 50 粗级 中级 细级	100 - 300 50 - 150 20 - 80	1.5 ~ 30	0.5 ~ 10	9 ~ 11	5.0 ± 0.3	6	2	
Sephadex G - 75 超细	40 - 120 10 - 40	3 ~ 70	1 ~ 50	12 ~ 15	7.5 ± 0.5	24	3	40 ~ 160
Sephadex G - 100 超细	40 - 120 10 - 40	4 ~ 150	1 ~ 1 000	15 ~ 20	10.0 ± 1.0	48	5	24 ~ 96
Sephadex G - 150 超细	40 - 120 10 - 40	5 ~ 400	1 ~ 1 500	20 ~ 30 18 - 22	15.0 ± 1.5	72	5	9 ~ 36
Sephadex G - 200 超细	40 - 120 10 - 40	5 ~ 800	1 ~ 2 000	30 ~ 40 20 - 25	20.0 ± 2.0	72	5	4 ~ 16

附表 27　聚丙烯酰胺凝胶（Bio Rad 公司产品）的某些技术数据

型号	排阻的下限（分子量）/kD	分级分离的范围（分子量）/kD	膨胀后的床体积/(mL·g^{-1}干胶)	室温溶胀所需最少时间/h
Bio – Gel P – 10	10	5 ~ 17	12.4	2 ~ 4
Bio – Gel P – 30	30	20 ~ 50	14.9	10 ~ 12
Bio – Gel P – 60	60	30 ~ 70	19.0	10 ~ 12
Bio – Gel P – 100	100	40 ~ 100	19.0	24
Bio – Gel P – 150	150	50 ~ 150	24.0	24
Bio – Gel P – 200	200	80 ~ 300	34.0	48
Bio – Gel P – 300	300	100 ~ 400	40.0	48

注：表中 Hb 为牛红蛋白。有效容量测定条件为 0.01 mol/L、pH8.0 的缓冲液。

附表 28　sepharose 与 bio – gel 的某些技术数据

名称及型号	凝胶内琼脂糖百分含量/w/w	排阻的下限（分子量）/kD	分级分离的范围（分子量）/kD	流速/(cm·h^{-1})	生产厂家
Sepharose 4B	4		300 ~ 3 000	11.5	Pharmacia, Uppsala, Sweden
Sepharose 2B	2		2 000 ~ 25 000	10	
Bio – Gel A – 0.5m	10	500	<10 ~ 500	15 ~ 20	
Bio – Gel A – 1.5m	8	1 500	<10 ~ 1 500	15 ~ 20	
Bio – Gel A – 5m	6	5 000	<10 ~ 5 000	15 ~ 20	Bio – Rad, U.S.A
Bio – Gel A – 15m	4	15 000	<40 ~ 15 000	15 ~ 20	
Bio – Gel A – 50m	2	50 000	<100 ~ 50 000	5 ~ 15	

注：Sepharose 系列的颗粒大小在 45 ~ 200 μm；Bio – Gel A 系列指颗粒大小为中型规格，直径在 75 ~ 150 μm 范围内。

4. 亲和层析介质

常见的亲和介质的某些技术数据见附表29。

附表29　常见的亲和介质的某些技术数据

名称及型号	骨架	活化方式	生产厂家
NHS – activated HP	Sepharose high Performance	NHS	Amersham Pharmacia Biotech
NHS – activated Sepharose 4 FF	Sepharose 4 FF	NHS	
CNBr – activated Sepharose 4B	Sepharose 4B	CNBr	
CNBr – activated Sepharose 4 FF	Sepharose 4 FF	CNBr	
Epoxy – activated Sepharose 6B	Sepharose 6B	Epoxy	
ECH – activated Sepharose 4B	Sepharose 4B	Epoxy	
EAH – activated Sepharose 4 FF	Sepharose 4B	Epoxy	
Affi – Gel 10	交联琼脂糖	NHS	BioRad
Affi – Gel 15	交联琼脂糖	NHS	
Affi – Prep 10	合成高分子	NHS	
AF – Tresyl 650M	合成高分子		TSK
AF – Epoxy 650M	合成高分子	Epoxy	

5. 疏水层析介质

常见的疏水作用层析介质见附表30。

附表30　常见的疏水作用层析介质

名称及型号	功能基团	粒径大小/μm	生产厂家
Butyl Sepharose 4 Fast Flow	正丁烷基	45 ~ 165	Amersham Pharmacia Biotech
Octyl Sepharose 4 Fast Flow	正辛烷基	45 ~ 165	
Phenyl Sepharose 4 Fast Flow	苯基	45 ~ 165	
Macro – prep Methy HIC Support	甲基	50	BioRad
Macro – prep T – butyl HIC Support	$-C(CH_3)_3$	50	
Ether – 650S	醚	20 ~ 50	TOSOH
Butyl – 650M	正丁烷基	40 ~ 90	
Phenyl – 650C	苯基	50 ~ 150	

6. 部分离子交换树脂的基本特性

部分离子交换树脂的基本特性见附表 31。

附表 31　部分离子交换树脂的基本特性

树脂牌号	类型	树脂母体或原料	功能基团	粒度/mm	含水量/%	总交换容量/(meq·g⁻¹)	允许 pH 范围	国际对照产品
强酸 1×7(732)	强酸	苯乙烯二乙烯苯	$-SO_3H$	16-50 目	45~55	4.5	0~14	Amberlite IR-120, Dowex 等
强酸 010 (732)	强酸	苯乙烯二乙烯苯, 硫酸	$-SO_3H$	0.3~1.2	45~55	4~5	1~14	Amberlite IR-120, Dowex 等
华东强酸 42°	强酸	酚醛树脂	$-SO_3H$, $-OH$	0.3~1.0	29~32	2.0~2.2	1~10	Amberlite-100 等
弱酸 122°	弱酸	水杨酸、苯酚、甲醛缩聚体	$-COOH$, $-OH$	0.3~0.84	40~50	3~4		Zerolit 216
弱酸 101×1-8(724)	弱酸	丙烯酸型	$-COOH$	0.3~0.84	<65	>9	1~14	Amberlite IRC-50 等
201×4(711) 强碱	强碱	交联聚苯乙烯	$-N^+(CH3)_3X$	0.3~1.2	40~50	>3.5	0~14	Amberlite IRA-401

续表

树脂牌号	类型	树脂母体或原料	功能基团	粒度/mm	含水量/%	总交换容量/(meq·g⁻¹)	允许 pH 范围	国际对照产品
201×7(717) 多孔强碱	强碱	交联聚苯乙烯	$-N^+(CH3)_3X$	0.3~1.2	40~50	>3.0	0~14	Amberlite IRA-400
华东弱碱 321°	弱碱	间苯二胺多乙烯 多胺甲醛缩聚体	$-NH-$		37~40	4~6	0~7	Wofatit M
弱碱 330(701)	弱碱	多乙胺环氧氯 丙烷缩聚体	$-N=-NH_2$	0.2~0.84	55~65	>9	0~7	Duolite A-30B
弱碱 311× 2(704)	弱碱	交联聚苯乙烯	$-NH-NH_2$	0.3~0.84	45~55	>5	0~7	Amberlite IR-45 等
弱碱 301°	弱碱	交联聚苯乙烯	$-N(CH_3)_2$	0.5~1.0	45~55	3.0	0~7	
大孔弱碱 702°	弱碱	交联聚苯乙烯	$-NH-NH_2$	0.3~0.84	57~63	>7.0	0~9	
大孔弱碱 703°	弱碱	交联聚苯乙烯	$-N(CH_3)_2$	0.3~0.84	58~64	>6.5	0~9	

注:酸型离子交换树脂具有高的操作温度,可到 100 ℃;碱型离子交换树脂的操作温度一般不超过 50 ℃。

参考文献

［1］ 李建武，肖能慶，余瑞元，等. 生物化学实验原理和方法［M］. 北京：北京大学出版社，1994：398.

［2］ 庞广昌，王清连. 生物化学实验技术［M］. 郑州：河南科学技术出版社，1994：222.

［3］ 李津，俞咏霆，董德祥. 生物制药设备和分离纯化技术［M］. 北京：化学工业出版社，2003：235.

［4］ 郭蔼光，郭泽坤. 生物化学实验技术［M］. 北京：高等教育出版社，2007：181.

［5］ 吴梧桐. 生物制药工艺学［M］. 北京：中国医药科技出版社，1993：95，107.